21 世纪高等学校计算机应用技术教材

Visual FoxPro 程序设计

彭国星　陈芳勤　主编

U0146467

化学工业出版社

·北京·

本书根据目前我国高等院校非计算机专业计算机课程开设的实际情况，以及全国计算机等级考试数据库考试大纲及湖南省非计算机专业等级考试大纲的要求，并结合多年从事数据库教学和数据库程序开发的实践经验编写而成。从熟悉 Visual FoxPro 的开发环境以及基本操作入手，结合了大量的数据库使用、实例，深入浅出，系统地介绍了 Visual FoxPro 数据库基础，系统初步，表、索引及数据库的操作、查询，视图，程序设计，表单，报表，工具栏及菜单栏。本书可作为高等院校非计算机专业学习数据库程序设计用教材，也可作为计算机应用人员学习 Visual FoxPro 的教材和参考用书，也可作为广大电脑学习者的参考资料。

图书在版编目 (CIP) 数据

Visual FoxPro 程序设计/彭国星，陈芳勤主编. —北京：
化学工业出版社，2009.1
　21 世纪高等学校计算机应用技术教材
　ISBN 978-7-122-04370-2

　Ⅰ.Ｖ…　Ⅱ.①彭…②陈…　Ⅲ. 关系数据库-数据库
管理系统，Visual FoxPro-程序设计-高等学校-教材
Ⅳ.TP311.138

中国版本图书馆 CIP 数据核字（2008）第 213665 号

责任编辑：旷英姿　　　　　　　　　　　文字编辑：陈　元
责任校对：郑　捷　　　　　　　　　　　装帧设计：史利平

出版发行：化学工业出版社（北京市东城区青年湖南街 13 号　邮政编码 100011）
印　　装：大厂聚鑫印刷有限责任公司
787mm×1092mm　1/16　印张 17　字数 432 千字　2009 年 3 月北京第 1 版第 1 次印刷

购书咨询：010-64518888（传真：010-64519686）　　售后服务：010-64518899
网　　址：http://www.cip.com.cn
凡购买本书，如有缺损质量问题，本社销售中心负责调换。

定　　价：29.00 元
版权所有　违者必究

21 世纪高等学校计算机应用技术教材
《Visual FoxPro 程序设计》

主　　编　　彭国星　　　陈芳勤

编　　者　　(按姓名笔画排序)

刘承宗　　　许赛华　　　李　欣

陈芳勤　　　周　浩　　　唐黎黎

黄国辉　　　彭国星　　　童　启

前　言

　　高级语言程序设计已由面向过程的程序设计逐步向面向对象的程序设计过渡，各种可视化程序设计语言越来越受到广大计算机应用工作者的喜爱。在数据库应用技术领域中，Visual FoxPro 6.0 中文版是适用于微型计算机系统的最优秀的小型关系型数据库管理系统之一。

　　本书是由多年从事高校计算机基础教学的专职教师参照《全国计算机等级考试考试大纲》（二级 Visual FoxPro）和《湖南省普通高等学校非计算机专业学生计算机应用水平考试大纲》（一、二级）的要求编写而成的。书中不少内容就是这些具有丰富的理论知识和教学经验的教师们对实践经验的总结。

　　本书从熟悉 Visual FoxPro 的开发环境以及基本操作入手，结合了大量的数据库使用、实例，深入浅出，系统地介绍了数据库基础，Visual FoxPro 系统初步，表、索引及数据库的操作、查询，视图，程序设计，表单，报表，工具栏及菜单栏。

　　同时，本书还兼顾了全国计算机等级考试的相关内容，重点突出了湖南省普通高等学校非计算机专业学生计算机应用水平考试的有关内容，从而提高学生的获证能力。为了方便教师教学和学生自学使用，编者精心制作了课件。本书适用于大中专院校非计算机专业进行数据库应用技术的教学，也可作为广大电脑学习者的参考资料。

　　本书由彭国星、陈芳勤主编，童启、许赛华、黄国辉、周浩、刘承宗、李欣、唐黎黎参编。第 1 章由童启编写，第 2 章由许赛华编写，第 3 章由黄国辉编写，第 4、5 章由周浩编写，第 6 章由陈芳勤编写，第 7 章由刘承宗编写，第 8 章由李欣编写。第 9 章由唐黎黎编写。最后全书由陈芳勤统稿。

　　由于编者水平有限，编写时间较紧，书中难免有不妥之处，恳请读者批评指正。

编　者
2008 年 12 月

目　　录

第 1 章　Visual FoxPro 基础 ················· 1
1.1　数据库系统的基本概念 ············· 1
1.1.1　计算机数据处理的发展 ····· 1
1.1.2　数据库系统的组成 ············ 2
1.1.3　数据库系统的结构 ············ 4
1.2　数据模型 ································· 6
1.2.1　实体相关概念 ··················· 6
1.2.2　实体间联系及联系的种类 ··· 6
1.2.3　实体联系的表示方法 ········· 7
1.2.4　数据模型简介 ··················· 7
1.3　关系数据库 ····························· 9
1.3.1　关系模型 ························· 9
1.3.2　关系运算 ······················· 11
1.4　Visual FoxPro 系统初步认识 ····· 12
1.4.1　Visual FoxPro 系统概述 ····· 12
1.4.2　Visual FoxPro 6.0 的用户界面 ··· 13
1.4.3　Visual FoxPro 6.0 的工作方式 ······· 16
1.4.4　Visual FoxPro 的配置 ········· 17
1.4.5　Visual FoxPro 设计工具 ····· 19
1.4.6　项目管理器 ····················· 22
习题 ··· 26
第 2 章　数据与数据运算 ·················· 29
2.1　Visual FoxPro 的数据类型 ········· 29
2.1.1　字符型 ···························· 29
2.1.2　数值型 ···························· 29
2.1.3　货币型 ···························· 29
2.1.4　逻辑型 ···························· 30
2.1.5　日期型 ···························· 30
2.1.6　日期时间型 ····················· 30
2.1.7　整型 ······························ 30
2.1.8　双精度型 ························· 31
2.1.9　浮点型 ···························· 31
2.1.10　备注型 ·························· 31

2.1.11　通用型 ·························· 31
2.1.12　字符型（二进制） ··········· 31
2.1.13　备注型（二进制） ··········· 31
2.2　常量和变量 ····························· 31
2.2.1　常量 ······························ 31
2.2.2　变量 ······························ 32
2.2.3　内存变量的操作 ··············· 33
2.3　运算符和表达式 ······················ 38
2.3.1　计算和显示命令 ··············· 38
2.3.2　运算符 ···························· 38
2.3.3　表达式 ···························· 43
2.3.4　运算优先级 ····················· 43
2.4　函数 ····································· 44
2.4.1　数值处理函数 ·················· 44
2.4.2　字符处理函数 ·················· 46
2.4.3　日期时间函数 ·················· 48
2.4.4　类型转换函数 ·················· 49
2.4.5　测试函数 ······················· 51
习题 ··· 53
第 3 章　表与数据库 ························· 55
3.1　表的创建 ······························· 55
3.1.1　表的概念 ······················· 55
3.1.2　表结构的设计 ·················· 55
3.1.3　表结构的创建 ·················· 58
3.1.4　表数据的输入 ·················· 60
3.2　表的维护 ······························· 61
3.2.1　表文件的打开与关闭 ········· 61
3.2.2　表结构的显示与修改 ········· 63
3.2.3　记录的显示 ····················· 65
3.2.4　记录的修改 ····················· 68
3.2.5　记录指针的定位 ··············· 69
3.2.6　记录的增加 ····················· 71
3.2.7　记录的删除与恢复 ············ 73

3.3　排序与索引 ································ 75
　　3.3.1　排序 ································· 75
　　3.3.2　索引 ································· 76
3.4　多表操作 ································· 79
　　3.4.1　多工作区 ···························· 79
　　3.4.2　表之间的关联 ······················· 81
　　3.4.3　表之间的联接 ······················· 82
3.5　表文件的复制 ···························· 83
　　3.5.1　复制任何文件 ······················· 83
　　3.5.2　表内容复制 ························· 83
　　3.5.3　表结构复制 ························· 84
　　3.5.4　文件重命名 ························· 84
3.6　数据库的创建及其基本操作 ··············· 84
　　3.6.1　基本概念 ···························· 84
　　3.6.2　数据库设计的一般步骤 ··············· 85
　　3.6.3　创建数据库 ························· 86
　　3.6.4　数据库操作命令 ····················· 86
3.7　在数据库中添加和移去表 ················· 88
　　3.7.1　在数据库中直接创建表 ··············· 88
　　3.7.2　向数据库中添加表 ··················· 91
　　3.7.3　从数据库中移去表 ··················· 92
3.8　数据的完整性 ···························· 92
　　3.8.1　实体完整性 ························· 92
　　3.8.2　域完整性 ···························· 93
　　3.8.3　参照完整性 ························· 93
习题 ··· 95

第4章　结构化查询语言 SQL ··············· 98
4.1　SQL 概述 ······························· 98
4.2　SQL 的数据定义命令 ····················· 99
　　4.2.1　定义基本表 ························· 99
　　4.2.2　表的删除 ··························· 101
　　4.2.3　表结构的修改 ······················ 101
4.3　SQL 的数据操作命令 ···················· 102
　　4.3.1　插入 ······························ 102
　　4.3.2　更新 ······························ 103
　　4.3.3　删除 ······························ 103
4.4　SQL 的数据查询命令 ···················· 103
　　4.4.1　简单查询 ·························· 104
　　4.4.2　联接查询 ·························· 107
　　4.4.3　嵌套查询 ·························· 108
　　4.4.4　分组与聚合函数 ···················· 108

　　4.4.5　查询集合的并运算 ··················· 109
4.5　定义视图 ································ 110
　　4.5.1　视图的定义和删除 ··················· 110
　　4.5.2　视图查询及操作 ···················· 111
　　4.5.3　关于视图的说明 ···················· 111
习题 ·· 112

第5章　查询与视图 ······················· 113
5.1　创建查询 ································ 113
　　5.1.1　基本概念 ·························· 113
　　5.1.2　使用"查询向导"建立查询 ··········· 114
　　5.1.3　使用"查询设计器"创建查询 ········· 118
　　5.1.4　定项输出查询结果 ··················· 125
　　5.1.5　利用查询结果建图形 ················· 126
5.2　创建视图 ································ 129
　　5.2.1　视图的概念 ························ 129
　　5.2.2　使用向导创建视图 ··················· 129
　　5.2.3　利用"视图设计器"创建视图 ········· 132
　　5.2.4　远程视图与连接 ···················· 134
　　5.2.5　视图与数据更新 ···················· 135
　　5.2.6　使用视图 ·························· 136
习题 ·· 137

第6章　程序设计基础 ······················ 138
6.1　程序文件的建立与运行 ··················· 138
　　6.1.1　程序的概念 ························ 138
　　6.1.2　程序文件的建立与运行 ··············· 139
　　6.1.3　程序中的辅助命令 ··················· 141
　　6.1.4　简单的输入输出命令 ················· 142
6.2　程序的基本结构 ························· 146
　　6.2.1　顺序结构 ·························· 146
　　6.2.2　选择结构 ·························· 146
　　6.2.3　循环结构 ·························· 150
6.3　多模块程序 ····························· 158
　　6.3.1　模块的定义和调用 ··················· 158
　　6.3.2　参数传递 ·························· 160
　　6.3.3　变量的作用域 ······················ 163
6.4　程序的调试 ····························· 165
　　6.4.1　程序中常见的错误 ··················· 165
　　6.4.2　调试器环境 ························ 165
　　6.4.3　设置断点 ·························· 166
　　6.4.4　调试菜单 ·························· 167
6.5　常用算法实例 ··························· 168

6.5.1 累加、连乘 …………………… 168
6.5.2 求素数 ……………………………… 169
6.5.3 穷举法 ……………………………… 170
6.5.4 递推法 ……………………………… 172
6.5.5 求最大值或最小值 ……… 172
6.5.6 有关数据库的简单程序 … 173
习题 ……………………………………… 174

第7章 表单设计 ……………………… 180
7.1 面向对象程序设计 ……………… 180
7.1.1 基本概念 ……………………… 180
7.1.2 Visual FoxPro 中的类 …… 181
7.1.3 Visual FoxPro 中类的操作 … 183
7.1.4 为控件或容器类添加对象 … 185
7.1.5 为类添加成员和定义事件 … 185
7.2 表单的基本知识 ……………… 186
7.2.1 建立表单 ……………………… 186
7.2.2 表单操作 ……………………… 191
7.2.3 表单的数据环境 …………… 192
7.2.4 表单中对象的属性设置 … 194
7.2.5 创建单文档和多文档界面 … 198
7.2.6 用表单集扩充表单 ……… 201
7.2.7 表单的常用事件 …………… 202
7.2.8 向表单添加控件 …………… 202
7.3 常用表单控件简介 …………… 204
7.3.1 标签 …………………………… 204
7.3.2 文本框 ………………………… 204
7.3.3 命令按钮 ……………………… 206
7.3.4 命令按钮组 ………………… 208
7.3.5 选项按钮组 ………………… 209
7.3.6 复选框 ………………………… 211
7.3.7 组合框 ………………………… 212
7.3.8 列表框 ………………………… 216
7.3.9 微调按钮 ……………………… 217
7.3.10 表格控件 …………………… 217
7.3.11 图像控件 …………………… 218
7.3.12 计时器控件 ………………… 219
7.3.13 页框控件 …………………… 219
7.3.14 形状和线条 ………………… 219

习题 ……………………………………… 220

第8章 报表设计 ……………………… 223
8.1 创建报表 …………………………… 223
8.1.1 利用报表向导创建报表 … 223
8.1.2 利用快速报表创建报表 … 227
8.1.3 利用报表设计器创建报表 … 228
8.2 设计报表 …………………………… 229
8.2.1 报表工具栏 ………………… 230
8.2.2 设置报表数据源 …………… 231
8.2.3 设计报表布局 ……………… 232
8.3 修改和输出报表 ………………… 238
8.3.1 修改报表 ……………………… 238
8.3.2 输出报表 ……………………… 240
习题 ……………………………………… 241

第9章 菜单与工具栏设计 ………… 243
9.1 菜单系统及其规划 …………… 243
9.1.1 菜单系统的结构 …………… 243
9.1.2 系统菜单 ……………………… 243
9.1.3 菜单系统的规划 …………… 245
9.2 菜单设计 …………………………… 245
9.2.1 菜单设计的基本过程 …… 245
9.2.2 下拉式菜单设计 …………… 246
9.2.3 快捷菜单设计 ……………… 250
9.3 菜单的常规选项和菜单选项 … 253
9.3.1 常规选项 ……………………… 253
9.3.2 菜单选项 ……………………… 253
9.3.3 定制菜单系统 ……………… 254
9.4 顶层表单的菜单加载 ………… 255
9.5 用编程方式定义菜单 ………… 256
9.5.1 条形菜单定义 ……………… 256
9.5.2 弹出式菜单定义 …………… 256
9.6 设计工具栏 ………………………… 258
9.6.1 定制 Visual FoxPro 工具栏 … 258
9.6.2 定制工具栏类 ……………… 259
9.6.3 在表单集中添加自定义工具栏 … 261
9.6.4 协调菜单和用户自定义工具
栏的关系 ……………………… 262
习题 ……………………………………… 263

参考文献 ……………………………… 264

第1章 Visual FoxPro 基础

数据处理是指对数据的收集、整理、传输、加工、存储、更新和维护等活动。数据处理技术随着计算机技术的发展而发展，数据库技术应运而生，经过 40 多年的迅速发展，取得了辉煌的成就，已成为计算机应用领域中一个重要的分支。

Visual FoxPro 是目前微机上优秀的数据库管理系统之一，正如其名中冠之的"Visual"一样，它采用了可视化的、面向对象的程序设计方法，大大简化了应用系统的开发过程，并提高了系统的模块性和紧凑性。

计算机应用人员只有掌握数据库系统的基础知识，熟悉数据库管理系统的特点，才能开发出实用的、水平较高的数据库应用系统。通过本章学习我们应了解数据库系统的基本概念、数据模型、关系数据库基本理论，数据库设计基础和 Visual FoxPro 系统初步知识。

1.1 数据库系统的基本概念

1.1.1 计算机数据处理的发展

1.1.1.1 数据与数据处理

数据（data）是对客观事物的符号表示，是用于表示客观事物的未经加工的原始素材，如图形符号、数字、字母等。在计算机科学中，数据是指所有能输入到计算机并被计算机程序处理的符号的介质的总称，是用于输入电子计算机进行处理，具有一定意义的数字、字母、符号和模拟量等的通称。数据不仅包括数字、字母、文字和其他特殊字符组成的文本形式的数据，而且还包括图形、图像、动画、影像、声音等多媒体数据。但目前使用最多、最基本的仍然是文字数据。

现实世界中的数据往往是原始的、非规范的，但它是数据的原始集合，通过这些原始数据的处理，才能产生新的数据（信息）。这一处理包括对数据的收集、记录、分类、排序、存储、计算/加工、传输、制表和递交等操作，这就是数据处理的概念。从数据处理的角度而言，信息是一种被加工成特定形式的数据，这种数据形式对于数据接收者来说是有意义的。因此，人们有时说的"信息处理"，其真正含义应该是为了产生信息而处理数据。

1.1.1.2 计算机数据管理的发展

数据管理经历了从低级到高级的发展过程，这一过程大致可分为三个阶段：手工管理阶段、文件系统阶段、数据库系统阶段。

（1）手工管理阶段

在 20 世纪 50 年代中期以前，计算机主要用于科学计算，计算机上没有操作系统，没有管理数据的专门软件，也没有像磁盘这样的设备来存储数据。这个时期数据管理的特点是：

① 数据不保存；

② 数据和程序一一对应，即一组数据对应一个程序，不同应用程序的数据之间是相互独立、彼此无关的；

③ 没有软件系统对数据进行管理，程序员不仅要规定数据的逻辑结构，而且还要在程序中设计物理结构，包括存储结构、存取方法及输入输出方式等；也就是说数据对程序不具有

独立性，数据是程序的组成部分，一旦数据在存储上有所改变，必须修改程序。

（2）文件系统阶段

数据管理从 20 世纪 50 年代后期进入文件系统阶段。操作系统中已经有了专门的管理数据的软件，一般称为文件系统。所谓文件系统是一种专门管理数据的计算机软件。在文件系统中，按一定的规则将数据组织成为一个文件，应用程序通过文件系统，对文件中的数据进行存取和加工。

文件系统数据管理的特点如下。

① 文件的逻辑结构与存储结构的转换由系统进行，使程序与数据有了一定的独立性。

② 文件系统中的文件基本上对应于某个应用程序，即数据还是面向应用的。不同的应用程序可以实现以文件为单位的共享，但是当所需要的数据有部分相同时，也必须建立各自的文件。

③ 文件系统中的文件是为某个应用服务的，文件的逻辑结构对该应用程序来说是优化的。因此，要想对现有的数据再增加一些应用很困难，系统不易扩充。一旦数据的逻辑结构改变，必须修改程序。而应用程序的改变，也将影响文件的数据结构的改变。数据和程序缺乏独立性。

（3）数据库系统阶段

从 20 世纪 60 年代后期开始，需要计算机管理的数据量急剧增长，并且对数据共享的需求日益增强。文件系统的数据管理方法已无法适应开发应用系统的需要。为了实现计算机对数据的统一管理，达到数据共享的目的，发展了数据库技术。

数据库技术的主要目的是有效地管理和存取大量的数据资源，包括：提高数据的共享性，使多个用户能够同时访问数据库中的数据；减少数据的冗余度，提高数据的一致性和完整性；提供数据与应用程序的独立性，从而减少应用程序的开发和维护代价。

为数据库建立、使用和维护而配置的软件称为数据库管理系统（DataBase Management System，DBMS）。数据库管理系统利用了操作系统提供的输入/输出控制和文件访问功能，因此它需要在操作系统的支持下运行。Visual FoxPro 就是一种在微机上运行的数据库管理系统软件。数据库系统中数据与程序的关系如图 1-1 所示。

1.1.2　数据库系统的组成

1.1.2.1　数据库系统的组成

数据库系统是指引进数据库技术后的计算机系统，实现有组织地、动态地存储大量相关数据，提供数据处理和信息资源共享的便利手段。一般来说，数据库系统由五部分组成：计算机系统、数据库、数据库管理系统、数据库管理员和用户。它们之间的层次如图 1-2 所示。

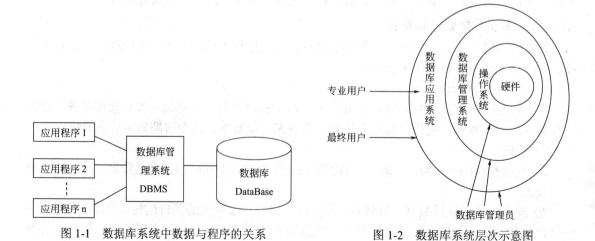

图 1-1　数据库系统中数据与程序的关系　　　　图 1-2　数据库系统层次示意图

（1）计算机系统

计算机系统是指提供数据库系统运行的软、硬件平台。硬件平台一般包括计算机中央处理器、足够大的内存、足够大容量的磁盘等联机直接存取设备和较高的通道能力，以支持对外存的频繁访问，同时还包括足够多的联机存储介质。软件平台指计算机操作系统提供的运行环境及开发工具。计算机系统提供的运行环境不恰当，将会影响数据库系统的运行效率或者根本无法运行。

（2）数据库

数据库（DataBase，DB）是指存储在计算机外存设备或网络存储设备上的、结构化的相关数据集合。它不仅包括描述事物的数据本身，而且还包括相关事务之间的联系。

数据库中的数据面向多种应用，可以被多个用户、多个应用程序共享。例如，某企业、组织或行业所涉及的全部数据的汇集。其数据结构独立于使用数据的程序，对于数据的增加、删除、修改和检索由系统软件统一控制。

（3）数据库管理系统

为了让多种应用程序并发地使用数据库中具有最小冗余度的共享数据，必须使数据与程序具有较高的独立性。这就需要一个软件系统对数据实行专门管理，即数据库管理系统。数据库管理系统（DataBase Management System，DBMS）是管理数据库的工具，是应用程序与数据库之间的接口，是为数据库的建立、使用和维护而配置的软件。

它是数据库系统的核心，建立在操作系统的基础上，实现对数据库的统一管理和控制。它需要解决两个问题：科学地组织和存储数据；高效地获取和维护数据。

它的主要功能包括以下四个方面。

① 数据定义功能：DBMS 提供数据定义语言（Data Definition Language，DDL），用户通过它可以方便地对数据库中的数据对象进行定义。

② 数据操作功能：DBMS 提供数据操作语言（Data Manipulation Language，DML），用户可以使用 DML 操作数据实现对数据库的基本操作，如查询、插入、删除和修改等。

③ 数据库的运行管理功能：它包括并发控制、存取控制（安全性检查）、完整性约束条件的检查与执行等。所有数据库的操作都要在这些控制程序的统一管理下进行，以保证事务的正确运行和数据库数据的正确有效。

④ 数据库的建立和维护功能：包括数据库初始数据的输入、转换功能、数据库的转储、恢复功能，数据库的重组织功能和性能监视、分析功能等。

（4）数据库管理员

数据库管理员（DataBase Administrator，DBA）是负责建立、维护和管理数据库系统的操作人员，他们应有丰富的计算机应用经验，对业务数据的性质、结构、流程有较全面的了解。DBA 的职责包括定义并存储数据库的内容、监督和控制数据库的使用、负责数据库的日常维护、必要时重新组织和改进数据库。

（5）用户

数据库系统的用户（User）分为两类。一类是最终用户，主要对数据库进行联机查询或通过数据库应用系统提供的界面来使用数据库。如操作员、企业管理人员、工程技术人员，他们不必了解数据库系统的结构和模式。另一类为专业用户即程序员，他们负责设计应用系统的程序模块，对数据库进行操作。他们有较多的计算机专业知识，可对所授权使用到的数据库（或视图）进行查询、插入、删除、修改操作，因此他们要了解到数据库的外模式。

1.1.2.2　数据库系统的特点

数据库系统有如下主要特点。

（1）数据共享

在数据库系统中，对数据的定义和描述已经从应用程序中分离出来，通过数据库管理系统来统一管理。数据库中的数据不仅可为同一企业或结构之内的各个部门所共享，也可为不同单位、地域甚至不同国家的用户所共享。

（2）数据结构化

数据库中的数据是有结构的，这种结构由数据库管理系统所支持的数据模型表现出来，任何数据库管理系统都支持一种抽象的数据模型。数据库中的数据文件是有联系的，在整体上服从一定的结构形式。关于数据模型将在 1.2.4 节中具体介绍。

（3）较高的数据独立性

数据独立性是指数据独立于应用程序而存在。在文件系统中，数据结构和应用程序相互依赖、相互影响。数据库系统则力求减少这种依赖，实现数据的独立性。在数据库系统中，数据库管理系统提供映像功能，实现了应用程序对数据的总体逻辑结构、物理存储结构之间较高的独立性。用户只以简单的逻辑结构来操作数据，无需考虑数据在存储器上的物理位置与结构。

（4）冗余度可控

文件系统中数据专用，每个用户拥有和使用自己的数据，造成许多数据重复，这就是数据冗余。在数据库系统实现共享后，不必要的重复将删除，但为了提高查询效率，有时也保留少量重复数据，其冗余度可由设计人员控制。

（5）数据统一控制

为保证多个用户能同时正确地使用同一个数据库，数据库系统提供以下三方面的数据控制功能。

①　安全性控制：数据库设置一套安全保护措施，保证只有合法用户才能进行指定权限的操作，防止非法使用所造成的数据泄密和破坏。

②　完整性控制：数据库系统提供必要措施来保证数据的正确性、有效性和相容性，当计算机系统出现故障时，提供将数据恢复到正确状态的相应机制。

③　并发控制：当多用户并发进程同时存取、修改数据库时，可能会发生相互干扰使数据库的完整性遭到破坏，因此，数据库系统提供了对并发操作的控制功能，对多用户的并发操作予以控制和协调，保证多个用户的操作不相互干扰。

1.1.3　数据库系统的结构

1972 年，美国国家标准协会计算机与信息处理委员会 ANSI/X3 成立了一个 DBMS 研究组，试图规定一个标准化的数据库系统结构，规定总体结构、标准化数据库系统的特征，包括数据库系统的接口和各部分所提供的功能，这就是有名的 SPARC（Standards Planning And Requirement Committee）分级结构。这三级结构以内模式、概念模式和外模式三个层次来描述数据库。

数据库系统的体系结构是数据库系统的一个总的框架，尽管实际的数据库系统的软件产品名目繁多，支持不同的数据模型、使用不同的数据库语言、建立在不同的操作系统环境之上、各有不同的存储结构，但数据库系统在总的体系结构上都具有三级模式的结构特征。

它们之间的联系经过两次转换，把用户所看到的数据变成计算机存储的数据，即三级模式两级映像。如图 1-3 所示。

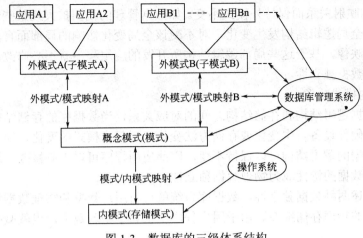

图 1-3　数据库的三级体系结构

1.1.3.1　三级模式

（1）外模式

外模式也称子模式或用户模式，它是用户（包括应用程序员和最终用户）看见和使用的局部数据的逻辑结构和特征的描述，是用户的数据视图，是与某一应用有关的数据的逻辑表示。一个应用只能启动一个外模式，一个外模式可以为多个应用启用，如图中的外模式 A 被应用 A1 和应用 A2 启用。对于同一个对象，因不同的需求，使用不同的程序设计语言，不同的用户外模式的描述可能各不相同，同一数据在外模式中的结构、类型、长度、保密级别都可能不同。

外模式属于模式的子集。数据库系统提供外模式数据定义语言（Data Definition Language，DDL），用外模式 DDL 写出的一个用户数据视图的逻辑定义的全部语句称为此用户的外模式。

（2）概念模式

概念模式简称为模式，是数据库中全体数据的逻辑结构和特征的描述，是所有用户的公共数据视图。

概念模式不同于外模式，它与具体的应用程序及高级语言无关，也不同于内模式，比内模式抽象，不涉及数据的物理存储结构和硬件环境。数据库系统提供概念模式描述语言（模式 DDL）来严格地定义模式所包含的内容，用模式 DDL 写出的一种数据库逻辑定义的全部语句，称为数据库的模式。模式是对数据库结构的一种描述，而不是数据库本身，它是装配数据库的一个框架。

（3）内模式

内模式又称为存储模式，是全部数据在数据库系统内部的表示或底层描述，即为数据的物理结构和存储方法的描述。

内模式具体描述了数据如何组织并存入外部存储器上，一般由系统程序员根据计算机系统的软硬件配置决定数据存储方法，并编制程序实现存取，因而内模式对用户是透明的。内模式是用内模式描述语言（内模式 DDL）来描述或定义。

1.1.3.2　二级映像

（1）外模式/模式映像

它定义了某个外模式和模式之间的对应关系，是数据的全局逻辑结构和数据的局部逻辑结构之间的映像，这些映像定义通常包含在各自的外模式中。当系统要求改变模式时，可改变外模式/模式的映射关系而保持外模式不变。如数据管理的范围扩大或某些管理的要求发生改变后，数据的全局逻辑结构发生变化，对不受该全局变化影响的局部而言，最多改变外模式与模式之间的映像，基于这些局部逻辑结构所开发的应用程序就不必修改。这种特性称为用户数据的逻辑数据独立性。

（2）模式/内模式映像

它定义了数据逻辑结构和存储结构之间的对应关系，当数据库的存储结构发生了改变，如存储数据库的硬件设备发生变化或存储方法变化，引起内模式的变化，由于模式和内模式之间的映像使数据的逻辑结构可以保持不变，因此应用程序可以不必修改。这种全局的逻辑数据独立于物理数据的特性成为物理数据独立性。

由于有了上述两种数据独立性，数据库系统就可将用户数据和物理数据结构完全分开，使用户避免烦琐的物理存储细节。由于用户程序不依赖于物理数据，也就减少了应用程序开发和维护的难度。

1.2　数据模型

数据库需要根据应用系统中数据的性质、内在联系，按照管理的要求来设计和组织。人们把客观存在的事物以数据的形式存储到计算机中，经历了对现实生活中事物特性的认识、概念化到计算机数据库里的具体表示的逐级抽象过程。

1.2.1　实体相关概念

1.2.1.1　实体

客观存在并且可以相互区别的事物称为实体。实体可以是实在的事物，也可以是抽象事件。例如：商品、客户等属于实体，它们是实际事物，而销售、订购、比赛等活动也是实体，它们是比较抽象的事件。

1.2.1.2　实体的属性

描述实体的特征称为属性。例如，学生实用体（学号、姓名、性别、出生日期、政治面貌）等若干属性来描述。

1.2.1.3　实体集和实体型

属性值的集合表示一个实体，而属性的集合表示一种实体的类型称为实体型。同类型的实体的集合称为实体集。

例如，在学生实体集当中，（060201，吴大伟，男，88/06/20，团员）表征学生名册中的一个具体人。

在 Visual FoxPro 中，用"表"来存放同一类实体，即实体集。例如学生登记表。Visual FoxPro 中一个"表"包含若干个字段，"表"中所包含的"字段"就是实体的属性。字段值的集合组成表中的一条记录，代表一个具体的实体，即每一条记录表示一个实体。

1.2.2　实体间联系及联系的种类

实体之间的对应关系称为联系，它反映现实世界事物之间的相互关联。如，一个学生可以有多个任课老师；一个任课老师可以教多个学生。实体间联系的种类是指一个实体型中可能出现的每一个实体与另一个实体型中多少个具体实体存在联系。两个实体间的联系可以归结为三种类型。

（1）一对一联系

一对一联系是指实体集 A 中的每一个实体与实体集 B 中的一个实体对应，反之亦然。记为 1:1。例如，学校和校长两个实体型，不包括副校长的情况下，学校和校长之间存在一对一的联系。

（2）一对多联系

实体集 A 中的每一个实体与实体集 B 中的多个实体对应，反之不然。记为 1:n。例如班级和学生两个实体型，一个班级可以有多名学生，而一名学生只属于一个班级。

一对多联系是最普遍的联系。也可以把一对一的联系看作一对多联系的一个特殊情况。

（3）多对多联系

实体集 A 中的每一个实体与实体集 B 中的多个实体对应，反之亦然。记为 m:n。例如，学生和课程两个实体型，一个学生可以选修多门课程，一个课程由多个学生选修。因此，学生和课程间存在多对多的联系。

1.2.3　实体联系的表示方法

E-R 图又被称为实体-联系图，它提供了表示实体、属性和联系的方法，用来描述现实世界的概念模型。

构成 E-R 图的基本要素是实体、属性和联系，其表示方法如下。

①　实体：用矩形表示，矩形框内写明实体名；

②　属性：用椭圆形表示，椭圆形框内写明联系的名称并用无向边将其与相应的实体连接起来；

③　联系：用菱形表示，菱形框内写明联系名，并用无向边分别与有关实体连接起来，同时在无向边旁标上联系的类型（1:1，1:n 或 m:n）。

用 E-R 图表示的教学实体模型如图 1-4 所示。

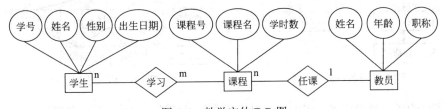

图 1-4　教学实体 E-R 图

1.2.4　数据模型简介

为了反映事物本身及事物之间的各种联系，数据库中的数据必须有一定的结构，这种结构用数据模型来表示。数据库不仅管理数据本身，而且要使用数据模型表示出数据之间的联系。可见，数据模型是数据库管理系统用来表示实体及实体间联系的方法。一个具体的数据模型应当正确地反映出数据之间存在的整体逻辑关系。数据模型应满足三方面的要求：能比较真实地模拟现实世界；容易为人所理解；便于在计算机上实现。

任何一个数据库管理系统都是基于某种数据模型的。数据库管理系统所支持的数据模型分为三种：层次模型、网状模型、关系模型。因此，使用支持某种特定数据模型的数据库管理系统开发出的应用系统相应地称为层次数据库系统、网状数据库系统、关系数据库系统。

关系模型对数据库的理论和实践产生很大的影响，成为当前最流行的数据库模型。为了使读者对数据模型有一个全面的认识，进而更深刻地理解关系模型，这里先对层次模型和网状模型作一个简单的介绍，再详细地介绍关系数据模型。

1.2.4.1 层次模型

层次数据模型用树状结构来表示各类实体及实体间的联系。满足下面两个条件的基本层次联系的集合为层次模型：

① 有且只有一个结点没有父结点，这个结点称为根结点；

② 根结点以外的其他结点有且只有一个双亲结点。

在层次模型中，每个结点表示一个实体集，实体集之间的联系用结点之间的连线（有向边）表示，这种联系是父子之间的一对多的联系。同一父结点的子结点称为兄弟结点，没有子结点的结点称为叶结点。若需要子结点有很多父结点或不同父结点的子结点间联系，则无法使用层次模式，必须改用其他模式。

层次数据模型结构的优点是：结构简单，易于操作；从上而下寻找数据容易；与日常生活的数据类型相似。其缺点是：寻找非直系的结点非常麻烦，必须通过多个父结点由下而上，再向下寻找，搜寻的效率太低。

图 1-5 给出一个层次模型的例子。其中"专业系"为根结点；"教研室"和"课程"为兄弟结点，是"专业系"的子结点；"教师"是"教研室"的子结点；"教师"和"课程"为叶结点。

1.2.4.2 网状模型

用网状结构表示实体及其之间的联系的模型称为网状模型。网状模型是层次模型的扩张，去掉了层次模型的两个限制：允许结点有多于一个的父结点；可以有一个以上的结点没有父结点。因此，网状模型可以方便地表示各种类型的联系。

图 1-6 给出了一个简单的网状模型。每一个联系都代表实体之间一对多的联系，系统用单向或双向环形链接指针来具体实现这种联系。

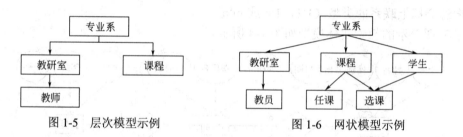

图 1-5 层次模型示例　　　　　图 1-6 网状模型示例

网状模型的优点是表示多对多的联系具有很大的灵活性，这种灵活性是以数据结构复杂化为代价的。缺点是路径太多，当增加或删除数据时，牵动的相关数据很多，重建和维护数据比较麻烦。

网状模型与层次模型在本质上是一样的。从逻辑上看，它们都是用结点表示实体，用有向边表示实体间的联系，实体和联系用不同的方法来表示；从物理上看，每一个结点都是一个存储记录，用链接指针来实现记录之间的联系。这种用指针将所有数据记录都"捆绑"在一起的特点，使得层次模型和网状模型存在难以实现系统修改与扩充等缺陷。

1.2.4.3 关系模型

针对层次模型和网状模型的这些缺陷，20 世纪 70 年代初提出了关系模型。关系模型是用二维表结构来表示实体以及实体之间联系的模型。在关系模型中，操作的对象和结果都是二维表，这种二维表就是关系。

关系模型与层次模型、网状模型的本质区别在于数据描述的一致性，模型概念单一。在关系型数据库中，每一个关系都是一个二维表，无论实体本身还是实体间的联系均用称为"关系"的二维表来表示，使得描述实体的数据本身能够自然地反映它们之间的联系。而传统的层次和网状模型是使用链接指针来存储和体现联系的。支持关系模型的数据库管理系统称为关系数据库管理系统，Visual FoxPro 系统就是一种关系数据库管理系统。

1.3　关系数据库

1.3.1　关系模型

1.3.1.1　关系术语

在用户观点下，关系模型中数据的逻辑结构是一张二维表，它由行和列组成。

以表 1-1 学生基本情况表为例，介绍关系模型中的一些术语。

表 1-1　学生基本情况表

学号	姓名	性别	出生年月	政治面貌	籍贯	入学时间
33006101	赵玲	女	1986.8.6	团员	黑龙江省哈尔滨	2006.9.6
33006102	王刚	男	1985.6.5	党员	四川省自贡市	2006.9.6
33006104	李广	男	1986.3.12	团员	山东省荷泽市	2006.9.6
……	……	……	……	……	……	……

① 关系（Relation）：一个关系对应通常说的是一张二维表。例如，表 1-1 中这张学生基本情况表就是一个关系，可以命名为学生关系。

② 元组（Tuple）：表中的一行即为一个元组。例如，表 1-1 有 3 行，对应 3 个元组。

③ 属性（Attribute）：表中的一列即为一个属性，给每一个属性起一个名称即属性名。例如，表 1-1 中有 7 列，对应的 7 个属性分别为学号、姓名、性别、出生年月、政治面貌、籍贯、入学时间。

④ 关键字：属性或属性的组合，其值能够唯一地标识一个元组。例如，表 1-1 中学号可以唯一确定一个学生，也就可以作为本关系的关键字。

⑤ 外部关键字：如果表中的一个字段不是本表的主关键字或候选关键字，而是另外一个表的主关键字或候选关键字，这个字段（属性）就称为外部关键字。

⑥ 域（Domain）：属性的取值范围。例如，性别的域是（男，女）。

⑦ 分量：元组中一个属性值。例如表 1-1 中第一个元组在学号属性上的取值为 33006101，则 33006101 就是第一个元组的一个分量。

⑧ 关系模式：对关系的描述，一般表示为：关系名（属性 1，属性 2，…，属性 n）

例如，表 1-1 的学生关系可描述为：学生（学号，姓名，性别，出生年月，政治面貌，籍贯，入学时间）。在关系模型中，实体以及实体间的联系都是用关系来表示的。

从集合论的观点来定义关系，可以将关系定义为元组的集合。关系模式是命名的属性集合。元组是属性值的集合。一个具体的关系模型是若干个有联系的关系模式的集合。

1.3.1.2　关系的特点

关系模型看起来简单，但并不能把日常手工管理所用的各种表格，按照一张表一个关系直接存放到数据库系统中。在关系模型中对关系有一定的要求，关系必须具有以下特点。

① 关系必须规范化。规范化是指关系模型中每个关系模式都必须满足一定的要求，最基本的要求是关系必须是一张二维表，每个属性值必须是不可分割的最小数据单元，即表中不能再包含表。

② 在同一关系中不允许出现相同的属性名。Visual FoxPro 不允许同一个表中有相同的字段名。

③ 关系中不允许有完全相同的元组，即冗余。

④ 在同一关系中元组及属性的顺序可以任意。

1.3.1.3 关系模型实例

一个具体的关系模型由若干个关系模式组成。在 Visual FoxPro 中，一个数据库中包含相互之间存在联系的多个表。这个数据库文件就代表一个实际的关系模型。为了反映出各个表所表示的实体之间的联系，公共字段名往往起着"桥梁"的作用。这仅仅是从形式上看，实际分析时，应当从语义上来确定联系。

例 1-1 学生基本情况-成绩-课程关系模型和公共字段名的作用

学生学籍管理数据库中有以下三个表（如图 1-7 所示）：学生基本情况（学号，姓名，性别，出生年月，政治面貌，籍贯，入学时间，简历，照片）；成绩（学号，姓名，课程代码，成绩，学期）；课程（课程代码，课程名称，学分）。

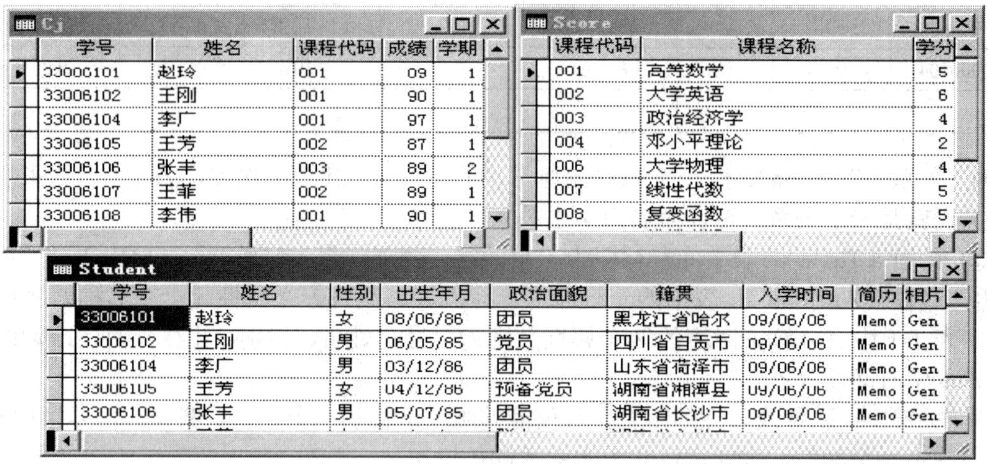

图 1-7　学生学籍管理数据库中的三个表

由学生基本情况、成绩、课程三个关系模式组成的关系模型在 Visual FoxPro 中如图 1-8 所示。

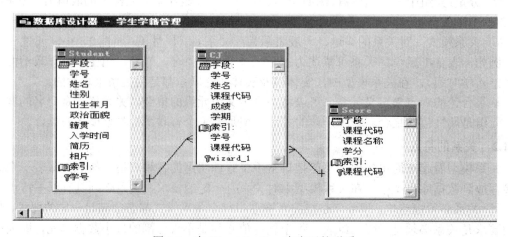

图 1-8　在 Visual FoxPro 中表示的联系

在关系数据库中，基本的数据结构是二维表，表之间的联系常通过不同表中的公共字段来体现。例如，要查询某学生某门课程的成绩，首先在课程表中根据课程名称找到课程代码，再到成绩表中，按照课程代码查找到某学生的成绩。如果要进一步查询该学生的基本情况，可以根据学号在学生基本情况表中查找到相关信息。在上述查询过程中，同名字段"学号"、"课程代码"起到了表之间的连接桥梁作用，这正是外部关键字的作用。

由例 1-1 可见，关系模型中的各个关系模式不是孤立的，它们不是随意堆砌在一起的一堆二维表，要使得关系模型正确地反映事物及事物之间的联系，需要进行关系数据库的设计。

1.3.2　关系运算

对关系数据库进行查询时，需要找到用户感兴趣的数据，这就需要对关系进行一定的关系运算。关系的基本运算有两类：一类是传统的集合运算（并、差、交等）；另一类是专门的关系运算（选择、投影、连接），有些查询需要几个基本运算的组合。

1.3.2.1　集合运算

进行并、差、交集合运算的两个关系必须具有相同的关系模式，即相同的结构。

① 并：两个相同结构关系的并运算结果是由属于这两个关系的元组组成的集合。

② 交：设有两个具有相同结构的关系 A 和 B，它们的交集是由既属于 A 又属于 B 的元组组成的集合。

③ 差：设有两个相同结构的关系 A 和 B，A 差 B 的结果是由属于 A 但不属于 B 的元组组成的集合，即差运算的结果是从 A 中去掉 B 中也有的元组。

1.3.2.2　专门的关系运算

（1）选择

选择运算是指从关系中找出满足条件的元组的操作。选择运算是从行的角度进行运算，即从水平方向抽取记录，选择的条件以逻辑表达式的形式表示，逻辑表达式的值为真的元组被选取。

经过选择运算得到的结果可以形成新的关系，其关系模式不变，但其中的元组是原关系的一个子集。

例如，在表 1-1 中，想知道学号为 33006101 的学生的籍贯，使用选择操作，可筛选掉学号为 33006101 以外的其他所有记录，从而得到籍贯为黑龙江省哈尔滨。

（2）投影

投影运算是从关系中选取若干属性（字段）组成新的关系。投影运算是从列的角度进行运算，相当于对关系进行垂直分解。投影运算可以得到一个新的关系，其关系模式所包含的属性个数往往比原关系少，或属性的排列顺序不同。

例如，在表 1-1 中，如果只想知道学生的姓名、政治面貌，投影可用于筛除其他属性，并建立一个只含姓名和政治面貌的关系。

（3）连接

连接运算是将两个关系模式的若干属性拼接成一个新的关系模式的操作，对应的新关系中，包含满足连接条件的所有元组。

连接过程是通过连接条件来控制的，连接条件中将出现两个表中的公共属性名，或者具有相同语义、可比的属性。

例如，把学生基本情况表和成绩表组合起来，便可得到一张含学号、姓名、性别、出生年月、政治面貌、籍贯、入学时间、简历、相片、课程代码、成绩、学期等字段的新表。

不同表中的公共字段（外部关键字）或者具有相同语义的字段是关系模型中体现事物之间联系的手段。

总之，在对关系数据库的查询中，利用关系的选择、投影、连接运算可以方便地分解或构造新的关系。这就是关系数据库具有灵活性和强大功能的关键之一。

1.4　Visual FoxPro 系统初步认识

1.4.1　Visual FoxPro 系统概述

Visual FoxPro 是 dBASE 数据库家族的最新成员，也是其前身 FoxPro 与可视化程序设计技术相结合的产物。Visual FoxPro 6.0（中文版）是 Microsoft 公司 1998 年发布的可视化编程语言集成包 Visual Studio 6.0 中的一员。Visual FoxPro 6.0 是可运行于 Windows95/98、WindowsXP、Windows NT 等平台的 32 位数据库开发系统，能充分发挥 32 位微处理器的强大功能，是一种用于数据库结构设计和应用程序开发的功能强大的面向对象的微机数据库软件。它采用可视化的、面向对象的程序设计方法，大大简化了应用系统的开发过程，并提高了系统的模块性和紧凑型。

1.4.1.1　Visual FoxPro 发展历史

1981 年 Ashon-Tate 公司推出了微机关系型数据库管理系统 dBASE Ⅱ，1984 年和 1985 年，又陆续推出了 dBASE Ⅲ 和 dBASE Ⅲ PLUS，一直发展到 1989 年推出的 dBASE Ⅳ。

1987 年 Fox software 公司推出了与 dBASE 兼容的 FoxBASE+1.0。并先后推出了 FoxBASE+2.0 、 FoxBASE+2.1 版本。1989 年该公司开发了 FoxBASE+的后继产品 FoxPro。

1992 年 Microsoft 公司收购了 Fox software 公司，1993 年 1 月，Microsoft 公司推出了 FoxPro 2.5 for DOS 和 FoxPro 2.5 for Windows 两种版本，使微机关系数据库系统由基于字符界面演变到基于图形用户界面。1994 年发布了 FoxPro 2.6。

随着可视化技术的迅速发展和广泛应用，Microsoft 公司将可视化技术引入了 FoxPro，于 1995 年推出了 Microsoft Visual Studio 组件， 它包括 Visual Basic、Visual C 和 Visual FoxPro 等编程工具。 1998 年 Microsoft Visual Studio 6.0 组件发布，它包括 Visual Basic 6.0、Visual C 6.0 和 Visual FoxPro 6.0 等编程工具。

1.4.1.2　Visual FoxPro 6.0 的特点

FoxPro 发展到 Visual FoxPro，功能日益强大，操作更加灵活。从数据库应用程序的设计方面看，已经从面向过程的结构化程序设计方法发展到面向对象的程序设计方法。下面介绍 Visual FoxPro 6.0 的几个显著特点。

（1）面向对象的程序设计方法

Visual FoxPro 6.0 提供了面向对象的、由事件驱动的程序设计方法，允许用户对"对象"（Object）和类（Class）进行定义，并编写相应的代码。

Visual FoxPro 预先定义和提供了一批基类，用户可以在基类的基础上定义自己的类和子类（Subclass），利用类的继承性（Inheritance），减少编程的工作量，加快软件的开发。

（2）提供可视化工具

Visual FoxPro 6.0 提供了 40 多个 3 类可视化设计和操作工具。包括：向导（Wizard）、设计器（Designer）、生成器（Builder）。

上述工具普遍采用图形界面，配置有工具栏和弹出式快捷菜单，能够帮助用户以简单的操作完成各种查询和设计任务，并自动生成程序代码，大大减轻了设计人员的工作量。

（3）增强的项目和数据库管理功能

Visual FoxPro 项目管理器全面管理项目中的数据库、应用程序和各类文档资料，使数据库的应用和开发更加方便。

Visual FoxPro 提供了超出以往微机数据库管理系统的多种数据管理功能，例如，设置字段、记录的有效性规则，表间记录的参照完整性规则等，极大地保证了数据库的安全性和完整性。

（4）支持网络应用

Visual FoxPro 6.0 的视图和表单，不仅可以访问本地数据库中的数据，还可以访问网络服务器中的数据。其网络应用主要包括：

① 支持客户/服务器结构；

② 对于来自本地、远程或多个数据库表中的异种数据，可通过本地或远程视图访问；

③ Visual FoxPro 6.0 允许建立事务处理程序来控制对数据的共享，包括支持用户共享数据，或限制部分用户访问某些数据等。

1.4.2　Visual FoxPro 6.0 的用户界面

Visual FoxPro 采用图形用户操作界面，在其界面大量使用窗口、图标和菜单等可视化技术，主要通过以鼠标为代表的指点式设备来操作。

在正常启动 Visual FoxPro 系统后，首先进入的是 Visual FoxPro 系统的主界面窗口，如图 1-9 所示。

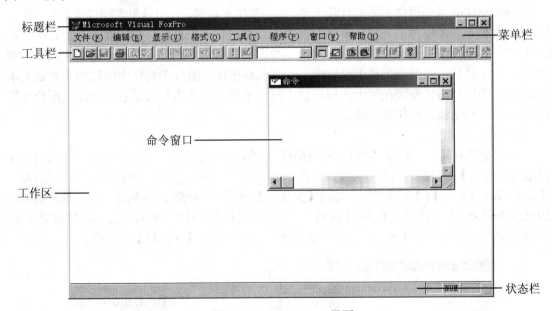

图 1-9　Visual FoxPro 界面

从图中可以看出，Visual FoxPro 的主界面窗口由标题栏、菜单栏、工具栏、工作区、状态栏和命令窗口组成，下面介绍各个部分的功能。

1.4.2.1　标题栏

标题栏上有系统程序图标、主屏幕标题、控制按钮。

左起的第一个对象是系统程序图标，单击它可以打开窗口控制菜单，使用该菜单可以移动、最大化、最小化窗口和关闭系统。

主屏幕标题是系统定义的该窗口的名称，显示为 Microsoft Visual FoxPro。

控制按钮从左到右依次为"最小化"、"最大化"和"关闭"。

1.4.2.2 菜单栏

Visual FoxPro 提供的所有功能基本上可通过系统提供的相应菜单命令来完成。所有的菜单命令按其功能被分门别类地组织起来，单击菜单栏中的各菜单项均可打开对应的菜单。

在不同状态下，菜单项会有一些变化，例如在"表设计器"状态时，菜单栏中的"项目"菜单就变成了"表"菜单。菜单栏包括多个菜单项，每个选项称为主菜单项，单击它时，即可显示一个下拉菜单。下拉菜单通常包含两个或多个菜单选项。

选择一个菜单的方法有多种，最常用的方法是用鼠标单击它们。按 F10 能够激活菜单并显示第一个主菜单选项文件菜单。另一种方法是按下 ALT+菜单项中下划线的字母，例如 ALT+E 代表选择编辑菜单项。

有些菜单拥有专用的组合键，称为快捷键。使用快捷键，就不必经过主菜单选项，而是直接跳到该选项。例如，在"编辑"下拉菜单项中，在"复制"子菜单项旁边显示出"Ctrl+C"，这表示不必调出下拉菜单，直接按"Ctrl+C"即可执行复制功能。

1.4.2.3 工具栏

打开 Visual FoxPro 时工具栏位于菜单栏下面，默认的工具栏为常用工具栏。对于经常使用的功能，利用各种工具栏调用比通过菜单调用要方便快捷。

（1）常用工具栏

Visual FoxPro 系统提供了不同环境下的 11 种常用工具栏，它们是报表控件工具栏、报表设计器工具栏、表单控件工具栏、表单设计器工具栏、布局工具栏、查询设计器工具栏、常用工具栏、打印预览工具栏、调色板工具栏、视图设计器工具栏、数据库设计器工具栏。激活其中一个工具栏，即在菜单栏下显示出一行工具栏按钮，所有工具栏中的按钮都设定文本提示功能，当鼠标指针停留在某个图标按钮上时，系统用文字的形式显示其功能。用户还可以将它们拖放到主窗口的任意位置。

（2）隐藏工具栏

工具栏会随着某一类型的文件打开而自动打开。如当新建或打开一个视图文件时，将自动显示【视图设计器】工具栏，当关闭了视图文件后该工具栏也将自动关闭。要想随时打开或隐藏工具栏，可单击【显示】|【工具栏】，弹出【工具栏】对话框，如图 1-10 所示。单击选择或清除相应的工具栏复选框，再单击【确定】按钮，便可显示或隐藏工具栏。也可右击工具栏的空白处，打开快捷菜单，如图 1-11 所示。从中选择、关闭工具栏或打开【工具栏】对话框。

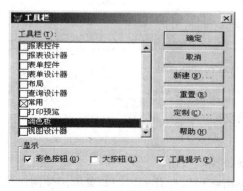

图 1-10 【工具栏】对话框   图 1-11 【工具栏】快捷菜单

（3）定制工具栏

除系统提供的工具栏以外，为方便操作，用户可以改变现有的工具栏，或根据需要组建自己的工具栏，统称定制工具栏。如，在开发学生管理系统过程中，可以把常用的工具组合在一起，建一个【学生管理】工具栏。具体方法是：在工具栏对话框中，单击【新建】按钮，打开【新工具栏】对话框，如图 1-12 所示。

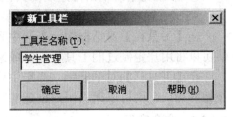

图 1-12　【新工具栏】对话框

键入工具栏名称，如，学生管理，单击【确定】按钮，弹出【定制工具栏】对话框，如图 1-13 所示，在主窗口上同时出现一个空的【学生管理】工具栏。

单击【定制工具栏】左侧【分类】列表框中的任何一类，右侧将显示该类中的所有按钮。再根据需要，选择自己需要的按钮，并将这些按钮拖放到【学生管理】工具栏上即可，如图 1-14 所示。最后单击【关闭】按钮。从而在工具栏中有了【学生管理】工具栏。

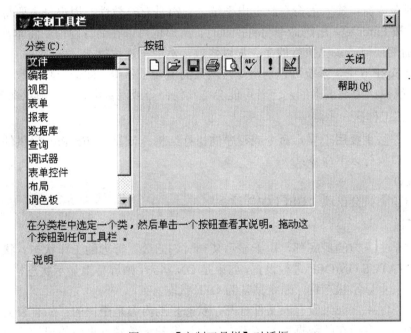

图 1-13　【定制工具栏】对话框

图 1-14　【学生管理】工具栏

（4）修改现有工具栏

要修改现有的工具栏，需按以下几步操作：

① 单击【显示】|【工具栏】，弹出【工具栏】对话框，如图 1-10 所示；

② 单击【工具栏】|【定制】按钮，弹出【定制工具栏】对话框，如图 1-13 所示；

③ 向要修改的工具栏上拖放新的图标按钮可以增加新的工具按钮；

④ 从工具栏上用鼠标直接将按钮拖放到工具栏之外可以删除该工具按钮；

⑤ 修改完毕，单击【定制工具栏】对话框上的【关闭】按钮即可。

（5）重置和删除工具栏

在【工具栏】对话框中，当选中系统定义的工具栏时，右侧有【重置】按钮，单击该按钮可以将用户定制过的工具栏恢复成系统默认的状态。

在【工具栏】对话框中，当选中用户创建的工具栏时，右侧出现【删除】按钮，单击该按钮并确认，则可以删除用户创建的工具栏。

1.4.2.4 命令窗口

命令窗口位于菜单栏和状态栏之间的工作区内，是 Visual FoxPro 系统命令执行、编辑的窗口。在命令窗口中，可以输入命令实现对数据库的操作管理，也可以用各种编辑工具对操作命令进行修改、插入、剪切、删除、拷贝、粘贴等操作，还可以在此窗口建立命令文件并运行命令文件。在【窗口】菜单下，选择【隐藏】，可以关闭命令窗口；选择【命令窗口】，可以打开命令窗口。

在选择菜单命令时，对应的命令行将在命令窗口中显示出来。进入 Visual FoxPro 系统后，用户从菜单或命令窗口输入的命令到退出系统之前都具有有效性，用户只需要将光标移到命令行上，然后按 Enter 键，所选命令将再次执行。用户也可以在命令窗口中将本次进入 Visual FoxPro 系统后的任何一条已执行的命令加以修改，然后再次执行。

在 Visual FoxPro 中，系统可识别命令与函数的前 4 个字母，即命令和函数可以只输入前 4 个字母，系统也认为是正确的，但若可能会与其他命令或函数名混淆，则必须输入完整。

1.4.2.5 主窗口工作区

主窗口工作区主要用于显示命令或程序的执行结构，或显示 FoxPro 提供的各种工具。例如在命令窗口执行以下命令：

? "HELLO!"

这时主窗口上就会出现"HELLO!"这些字符。

1.4.2.6 状态栏

状态栏位于主窗口的最底部，用于显示某一时刻的数据管理的工作状态。状态栏可以通过命令 SET STATUS ON/OFF 进行设置，如果是 ON 状态，则屏幕上显示状态栏；如果是 OFF 状态，则屏幕上不显示状态栏，系统默认为 OFF 状态。

在当前工作区中，如果没有表文件打开，状态栏的内容是空白的；如有表文件打开，状态栏则显示表名、表所在的数据库名、表中当前记录的记录号、表中的记录总数、表中当前记录的共享状态等内容。

1.4.3 Visual FoxPro 6.0 的工作方式

Visual FoxPro 支持两类不同的工作方式：交互操作方式与程序执行方式。

1.4.3.1 交互操作方式

交互操作方式即是指命令执行方式。用户只需记住命令的格式与功能，从键盘上发一条所需的命令，即可在屏幕上显示执行的结果。由于早期的语言命令较少，加上使用命令方式可省去编程的麻烦，曾一度为初学者所采用。

随着Windows的推广，越来越多的应用程序支持界面操作,把操作方式改变为基于Windows的综合运用菜单、窗口和对话框技术的图形界面操作。Visual FoxPro 也支持界面操作，提供的向导、设计器等辅助设计工具，其直观的可视化界面正被越来越多的用户所熟悉和欢迎。使交互操作方式的内涵逐渐从以命令方式为主转变为以界面操作为主、命令方式为辅。从而使 Visual

FoxPro 成为能同时支持命令执行与界面操作两种交互操作方式的数据库管理系统。

1.4.3.2　程序执行方式

交互操作虽然方便，但用户操作与机器执行互相交叉，会降低执行速度。为此在实际工作中常常根据需要解决的问题，将 Visual FoxPro 的命令编写成特定的序列，并将它们存入程序文件（或称命令文件）。用户需要时，只需通过特定的命令调用程序文件，Visual FoxPro 就能自动执行这一程序文件，把用户的介入减至最低限度。

程序执行方式不仅运行效率高，而且可重复执行。另一优点是，虽然编程序的人需要熟悉 Visual FoxPro 的命令和掌握编程的方法，但使用程序的人却只需了解程序的运行步骤和运行过程中的人机交互要求，对程序的内部结构和其中的命令可不必知道。

另外，Visual FoxPro 提供了大量的辅助设计工具，不仅可直接产生应用程序所需要的界面，而且能自动生成程序代码。因此，一般情况下仅有少量代码需要由用户手工编写。这就充分体现了"可视化程序设计"的优越性。

1.4.4　Visual FoxPro 的配置

Visual FoxPro 的配置决定其外观和操作。当安装 Visual FoxPro 后，系统自动用一些默认值来设置环境，为了使系统能满足个性化的要求，也可以定制自己的系统环境，如 1.4.2 中定制工具栏，就是根据需要，定制自己的工具栏环境。环境设置包括主窗口标题、默认目录、项目、编辑器、调试器及表单工具选项、临时文件存储、拖放字段对应的控件和其他选项等内容。例如，可以建立 Visual FoxPro 所用文件的默认位置，指定如何在编辑窗口中显示源代码及日期与时间的格式等。

Visual FoxPro 可以使用"选项"对话框或 SET 命令进行附加的配置设定，还可以通过配置文件进行设置。在此仅介绍使用"选项"对话框进行设置的方法。

1.4.4.1　使用"选项"对话框

单击【工具】|【选项】，打开【选项】对话框。【选项】对话框包括有一系列代表不同类别环境选项的 12 个选项卡，即显示、常规、数据、远程数据、文件位置、表单、项目、控件、区域、调试、语法着色、字段映象。表 1-2 列出了各个选项卡的设置功能。

表 1-2　"选项"对话框中的选项卡及其功能

选项卡	设 置 功 能
显示	显示界面选项，例如是否显示状态栏、时钟、命令结果或系统信息
常规	数据输入与编程选项，如设置警告声音，是否记录编译错误或自动填充新记录，使用的定位键，调色板使用的颜色，改写文件之前是否警告等
数据	字符串比较设定、表选项，如是否使用 Rushmore 优化，是否使用索引强制唯一性，备注块大小，查找的记录计数器间隔以及使用什么锁定选项
远程数据	远程数据访问选项，如连接超时限定值，一次拾取记录数目以及如何使用 SQL 更新
文件位置	Visual FoxPro 默认目录位置，帮助文件以及辅助文件存储在何处
表单	表单设计器选项，如网格面积，所用的刻度单位，最大设计区域以及使用何种模板类
项目	项目管理器选项，如是否提示使用向导，双击时运行或修改文件以及源代码管理选项
控件	"表单控件"工具栏中的"查看类"按钮所提供的可视类库和 ActiveX 控件选项
区域	日期、时间、货币及数字的格式
调试	调试器显示及跟踪选项，例如使用什么字体与颜色
语法着色	区分程序元素所用的字体及颜色，如注释与关键字
字段映像	从数据环境设计器、数据库设计器或项目管理器向表单拖放表或字段时创建何种控件

在各个选项卡中均可以采用交互的方式来查看和设置系统环境。下面仅举几个常用的例子。

（1）设置日期和时间的显示格式

在【区域】选项卡的【日期和时间】选项组中，可以设置日期和时间的显示方式。

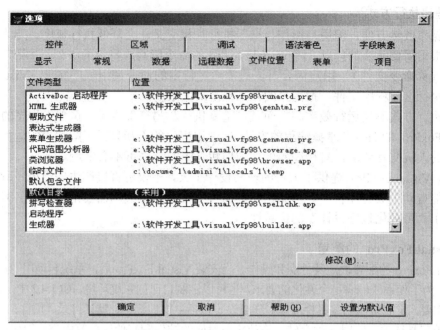

（a）文件位置选项卡

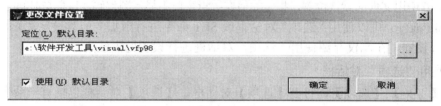

（b）更改文件位置对话框

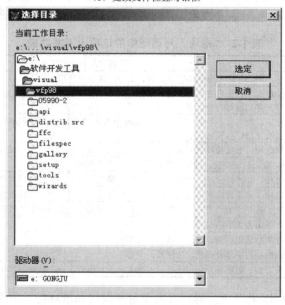

（c）选择目录对话框

图 1-15　设置默认目录

　　Visual FoxPro 中的日期和时间有多种显示方式可供选择。例如，【年月日】显示方式为 98/11/23，05:45:36 PM；【汉语】显示方式为 1998 年 11 月 23 日，17:45:36，同时还可以设置日期分隔符，选择显示年份等选项。在【货币和数字】选项组中，还可以设置货币格式、货币符号及小数位数等选项。

　　（2）设置默认目录

　　为便于管理，用户开发的应用系统应当与系统自有的文件分开存放，因此，需要建立用户自己的工作目录。方法是在【选项】对话框中选择【文件位置】选项卡。如图 1-15（a）所示。

　　在【文件类型】列表中选中【默认目录】，按【修改】按钮，或直接双击【默认目录】，弹出如图 1-15（b）所示的【更改文件位置】对话框。选中【使用默认目录】复选框，激活【定位默认目录】文本框。然后直接键入路径，或者单击文本框右侧的"…"按钮，打开【选择目录】对话框，如图 1-15（c）所示，选中文件夹后按【选定】按钮。单击【确定】按钮关闭【更改文件位置】对话框。设置默认目录后，在 Visual FoxPro 中新建的文件将自动保存到该默认文件夹中。

1.4.4.2　保存设置

　　对于 Visual FoxPro 配置所做的更改既可以是临时的，也可以是永久的。临时设置保存在内存中，并在退出 Visual FoxPro 时释放。永久设置将保存在 Windows 注册表中，作为以后再启动 Visual FoxPro 时的默认设置值，也就是说，可以把在【选项】对话框中所做设置保存为仅在本次系统运行期间有效，或者保存为 Visual FoxPro 默认设置，即永久设置。

　　（1）将设置保存为仅在本次系统运行期间有效

　　在【选项】对话框中选择各项设置后，单击【确定】按钮，关闭【选项】对话框，所改变的设置仅在本次系统运行期间有效，它们一直起作用直到退出 Visual FoxPro 或再次更改选项，退出系统后，所做的修改将丢失。

　　（2）保存为默认设置

　　要永久保存对系统环境所做的更改，应把它们保存为默认设置。对当前设置更改后，【设置为默认值】按钮被激活，单击【设置为默认值】按钮，然后单击【确定】按钮，关闭【选项】对话框。这将把它们存储在 Windows 注册表中，以后每次启动 Visual FoxPro 时所做的更改仍然有效。

1.4.5　Visual FoxPro 设计工具

　　Visual FoxPro 提供面向对象的设计工具，使用它的各种向导、设计器和生成器可以更简便、快速、灵活地进行应用程序开发。这些辅助工具全部使用图形操作界面，操作简单直观，而且设计结果都能自动产生程序代码。

1.4.5.1　向导

　　向导是一种交互式程序。用户通过系统提供的向导设计器，在向导屏幕上回答一些问题或选择选项，向导会根据用户的回答或选项，自动地生成文件或执行任务，使用户不用编程就可以创建良好的应用程序界面并完成许多对数据库的操作。

　　Visual FoxPro 系统提供 20 多种向导。表 1-3 列出了常用的向导名称及其简要说明。

　　向导运行时，系统将以系列对话框的形式向用户提示每步操作的详细操作方法，引导用户选定所需的选项，回答系统提出的询问。

表 1-3　常用向导一览表

向导名称	功　能
表向导	创建一个新表，包括所包含的字段
查询向导	创建一个查询
表单向导	创建操作数据的表单
报表向导	创建带格式的报表
标签向导	创建符合标准的邮件标签
邮件合并向导	创建一个数据源，此数据源可在字处理器用于邮件合并
导入向导	将数据导入到一个新的或已有的表
文档向导	格式化并分析源代码
安装向导	给应用程序创建安装向导
升迁向导	创建一个 Visual FoxPro 数据库的另外的数据库版本
应用程序向导	创建 Visual FoxPro 应用程序
数据库向导	创建包含指定表和视图的数据库
Web 发布向导	在 Web 上发布 Visual FoxPro 数据

向导工具操作简单，但结果相对简单平凡，通常先用向导创建一个较简单的框架，然后再用相应的设计器进一步对它修改。例如，先用表向导来创建一个新表，然后再用表设计器进行相应修改。

1.4.5.2　设计器

Visual FoxPro 的设计器比向导具有更强的功能，是创建和修改应用系统各种组件的可视化工具。利用各种设计器使得创建表、表单、数据库、查询和报表等工作变得非常容易，为初学者提供了方便。

表 1-4 列出了 Visual FoxPro 的 9 种设计器及用途。

表 1-4　设计器一览表

设计器名称	功　能
表设计器	创建并修改数据库表、自由表、字段和索引。可以实现诸如有效性检查和默认值等高级功能
数据库设计器	管理数据库中包含的全部表、视图和关系。该窗口活动时，显示"数据库"菜单和"数据库设计器"工具栏
报表设计器	创建和修改打印数据的报表，当设计器窗口活动时，显示"报表"菜单和"报表控件"工具栏
查询设计器	创建和修改在本地表中运行的查询。当该设计窗口活动时，显示"查询"菜单和"查询设计器"工具栏
视图设计器	在远程数据源上运行查询；创建可更新的查询，即视图。当该设计器窗口活动时，显示"视图设计器"工具栏
表单设计器	创建并修改表单和表单集，当该窗口活动时，显示"表单"菜单、"表单控件"工具栏、"表单设计器"工具栏和"属性"窗口
菜单设计器	创建菜单栏或弹出式子菜单
数据环境设计器	数据环境定义了表单或报表使用的数据源，包括表、视图和关系，可以用数据环境设计器来修改
连接设计器	为远程视图创建并修改命名连接，因为连接是作为数据库的一部分存储的，所以仅在打开数据库时才能使用"连接设计器"

图 1-16 显示了查询设计器界面。

查询设计器由上、下两部分组成。上半部分为窗口工作区，在设计时用于显示查询所涉及的数据源。下半部分为选项卡区，共有 6 张选项卡，单击某一标题则该选项卡被激活，供用户在设计查询时与系统进行交互，完成查询设计。

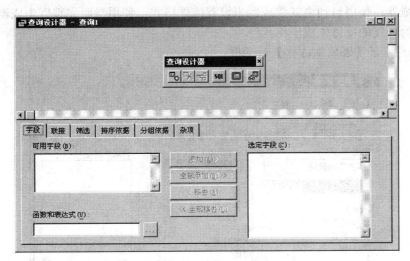

图 1-16　查询设计器界面

1.4.5.3　生成器

生成器是带有选项卡的对话框，用于简化对表单、复杂控件和参照完整性代码的创建和修改的过程。每个生成器显示一系列选项卡，用于设置选中对象的属性。可使用生成器在数据库表之间生成控件、表单、设置控件格式和创建参照完整性。表 1-5 列出了各种不同生成器的名称和功能。

表 1-5　生成器一览表

生成器名称	功　　能
表单生成器	方便向表单中添加字段，这里的字段用作新的控件。可以在该生成器中选择选项，来添加控件和指定样式
表格生成器	方便为表格控件设置属性。表格控件允许在表单或页面中显示和操作数据的行与列。在该生成器对话框中进行选项可以设置表格属性
编辑框生成器	方便为编辑框控件设置属性。编辑框一般用来显示长的字符型字段或者备注型字段，并允许用户编辑文本，也可以显示一个文本文件或剪贴板中的文本。可以在该生成器对话框中选择选项来设置控件的属性
列表框生成器	方便为列表框控件设置属性。列表框给用户提供一个可滚动的列表，包含多条信息或选项。可在该生成器对话框格式中选择选项设置属性
文本框生成器	方便为文本框控件设置属性。文本框是一个基本的控件，允许用户添加或编辑数据，存储在表中"字符型"、"数值型"或"日期型"的字段里。可在该生成器对话框格式中选择选项来设置属性
组合框生成器	方便为组合框控件设置属性。在该生成器对话框中，可以选择选项来设置属性
命令按钮组生成器	方便为命令按钮组控件设置属性。可在该生成器对话框中选择选项设置属性
选项按钮组生成器	方便为选项按钮组控件设置属性。选项按钮允许用户在彼此之间独立的几个选项中选择一个。可在该生成器对话框中选择选项设置属性
自动格式生成器	对选中的相同类型的控件应用一组样式，例如，选择表单上的两个或多个文本框控件，并使用该生成器赋予它们相同的样式；或指定是否将样式用于所有控件的边框、颜色、字体布局或三维效果，或者用于其中的一部分
参照完整性生成器	帮助设置触发器，用来控制如何在相关表中插入、更新或者删除记录，确保参照完整性
应用程序生成器	如果选择创建一个完整的应用程序，可在应用程序中包含已经创建了的数据库和表单或报表，也可使用数据库模板从零开始创建新的应用程序。如果选择创建一个框架，则可稍后向框架中添加组件

通常在 5 种情况下启动生成器：使用表单生成器来创建或修改表单；对表单中的控件使用相应的生成器；使用自动格式生成器来设置控件格式；使用参照完整性生成器；使用应用程序生成器为开发的项目生成应用程序。

图 1-17 显示了【表单生成器】对话框。

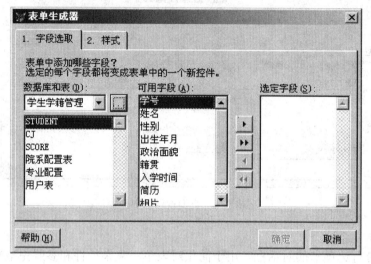

图 1-17 【表单生成器】对话框

上述辅助工具的具体操作方法将在以后章节陆续介绍。

1.4.6 项目管理器

在数据库应用系统的开发过程中，将会产生各种类型文件，包括：数据库文件、表文件、表单文件、报表文件和程序文件等。项目管理器（Project Manager）是管理、控制这些文件的主要组织工具，它为系统开发者提供了极为便利的工作平台。用户通过项目管理器，可以方便地完成各种文件的建立、修改、运行、浏览等操作，还可以完成应用程序的编译，生成可脱离 Visual FoxPro 系统运行的可执行文件。

项目管理器的内容保存在带有.pjx 扩展名的文件中。项目管理器并不保存各种文件的具体内容，其只记录各种文件的文件名、文件类型、路径，以及编辑、修改或执行这些文件的方法。

1.4.6.1 项目管理器的功能特性

（1）采用目录树管理内容

项目管理器采用了目录树结构进行管理，其内容可详（目录树展开时）、可略（目录树折叠时）。

图 1-18 为项目学生学籍管理.pjx 新建时项目管理器刚打开的界面。

项目管理器包含"全部"、"数据"、"文档"、"类"、"代码"、"其他"等 6 张选项卡，当前显示的是"全部"选项卡的内容。由图可见，一个项目实际上是数据、文档、类库、代码与其他一些对象的集合。

项目管理器中，各个项目均以图标方式组织和管理，用户可以展开或压缩某类文件的图标。如某类型的文件存在一个或多个，在其相应图标左边就会出现一个加号，表示可以展开该项目，单击加号可列出该类型的所有文件（即展开），此时加号将变成减号，单击该减号，可隐去文件列表（即压缩图标），同时减号变成加号，如图 1-19 所示。

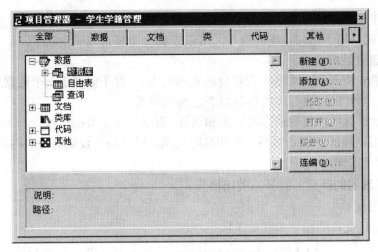

图 1-18　项目管理器界面

图 1-19　目录树的展开与折叠　　　　图 1-20　设置项目的主文件

　　项目管理器按大类列出包含在项目文件中的文件，在每一类文件的左边都有一个图标形象地表明该文件的类型。当展开文件列表后，可看到在有些文件的前面有排除标记，如图 1-19 所示，这说明该文件虽然属于项目文件，但不将其包含在编译后生成的运行文件内。

　　当在初始创建各种数据文件时，其默认状态为排除，而创建各种程序文件时其初始状态为包含。可以通过选择主菜单【项目】中的【排除】或【包含】来改变其状态。

　　在项目文件中的程序、表单、查询或菜单文件中，如某一个文件的名字以黑体显示，则表明该文件是项目文件的主控文件，是项目文件编译后程序运行的入口点。

　　当生成第一个可运行的文件时，该文件自动成为主控文件，以后可以通过选择菜单【项目】|【设置主文件】命令来改变主控文件，也可以通过在需要设置的文件上单击鼠标右键，在弹出的快捷菜单中选择【设置主文件】命令来实现，如图 1-20 所示。

　　（2）使用方便的功能按钮

　　① 新建按钮：该按钮可创建一个新文件或对象，新文件或对象的类型与当前选定的类型相同，从系统文件菜单中创建的文件不会自动包含在项目文件中，但由系统项目菜单的新文件或项目管理器上的新文件按钮创建的文件将自动包含在当前的项目文件中。

　　② 添加按钮：添加按钮可以在打开对话框中将已经建立好的数据库、表、查询或程序等添加到项目中。

　　③ 修改按钮：修改按钮可打开相应的设计器或编辑窗口修改选定数据库、表、查询或程序。

　　④ 打开、关闭、浏览或运行按钮：当选定数据库时，会变为打开或关闭功能；当选定表时，会变为浏览功能；当选定查询或程序时，会变为运行功能。

　　⑤ 移去按钮：该按钮用于从项目中移去选定的文件或对象，此时系统会询问用户要从项

目中移去此文件还是同时将其从磁盘中删除，用户可以根据需要进行选择。

⑥ 连编按钮：用于访问连编的选项，可以连编一个项目或应用程序。

（3）支持建立数据字典

Visual FoxPro 将表分为数据库表和自由表两大类。 对于同属于一个数据库的数据库表，在建表的同时也同时定义它与库内的其他表之间的关系。

项目管理器根据用户对数据库的定义和设置，自动为每个数据库建立一个数据字典（Data Dictionary），用以存储各表之间的永久和临时关系，以及用户设置的对表内记录或字段进行有效性检查的一些规则。

1.4.6.2 项目管理器的新建、打开、关闭操作

（1）创建项目

建立一个项目文件的操作步骤如下：

① 执行菜单【文件】|【新建】命令，打开【新建】对话框，如图 1-21 所示；

② 选中【项目】单选钮后单击【新建文件】按钮，出现【创建】文件对话框，如图 1-21 所示；

③ 系统默认项目文件名为"项目 1"，以后再建则序号改变，并以此类推，项目文件的扩展名为.pjx。

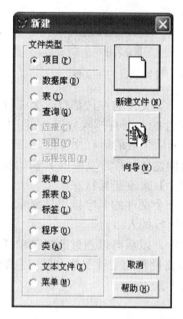
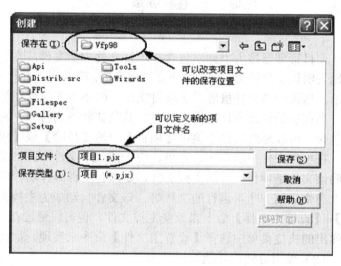

图 1-21　新建对话框和创建文件对话框

如果要修改项目文件名，则在【项目文件】后的文本框中输入新的项目文件名。新建的项目文件按指定的位置保存在文件夹中，如果要开发一个应用程序系统，最好先建一个文件夹，然后将项目文件保存在这个文件夹中，以后该项目的其他文件也可以保存在这个文件夹中，这样便于对应用程序中的文件进行管理。在文件名和保存位置确定后，单击【保存】按钮，系统创建一个项目文件，并会自动打开该项目文件的项目管理器。

建立项目文件也可以通过命令来完成，命令格式为：

Create Project　[<项目文件名>]

如果省略项目文件名，则打开【创建】文件对话框。

（2）打开和关闭项目

在 Visual FoxPro 中可以随时打开一个已有的项目，也可以关闭一个打开的项目。用菜单方式打开项目的操作步骤如下：

① 执行菜单【文件】|【打开】命令，打开【打开】对话框，如图 1-22 所示，通过单击工具条上的打开图标也可以打开【打开】对话框；

② 在【打开】对话框中选择一个项目文件，如果文件类型不是默认的项目文件，可以在文件类型的下拉列表中选择项目文件，如图 1-22 所示；

③ 双击要打开的项目，或者选择它，然后单击"确定"按钮，即打开所选项目。

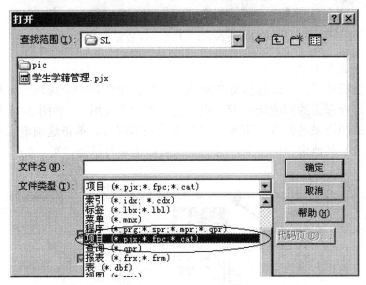

图 1-22　【打开】对话框

打开项目文件也可以通过命令来完成，命令格式为：

Modify Project　[<项目文件名>]

如果省略项目文件名，则打开【打开】文件对话框。

若要关闭一个项目，只需要单击项目管理器窗口右上角的关闭按钮或者执行菜单【文件】|【关闭】命令，即可关闭打开的项目管理器。

1.4.6.3　项目管理器的折叠与分离

（1）项目管理器的折叠

项目管理器右上角的"↑"按钮用于折叠或展开项目管理器窗口。该按钮正常时显示为"↑"，单击时，项目管理器窗口缩小为仅显示选项卡标签，同时该按钮变为"↓"，称为还原按钮，如图 1-23 所示。

图 1-23　压缩后的项目管理器

在折叠状态中，选择其中一个选项卡将显示一个较小窗口。小窗口不显示命令按钮，但是在选项卡中单击鼠标右键，弹出的快捷菜单增加了"项目"菜单中各命令按钮功能的选项。如果要恢复包括命令按钮的正常界面，单击"还原"按钮即可。

当双击项目管理器窗口的标题时，可使项目管理器窗口像工具条一样放置在屏幕的上方，如图 1-24 所示。这时单击任意一选项卡，系统会打开对应的选项卡窗口。若要恢复项目管理器窗口的原样，可以双击项目管理器工具条中除选项卡之外的任意空白区，或将鼠标放在项目管理器工具条中除选项卡之外的任意空白处，按住鼠标左键将项目管理器向下拖动即可。

图 1-24　项目管理器像工具条一样放置在屏幕上方

（2）项目管理器的分离

当项目管理器折叠后，可通过鼠标拖动项目管理器中任何一个选项卡，使之离开项目管理器，此时在项目管理上的相应选项卡变成灰色（表示不可用）。如图 1-25 所示。要恢复一个选项卡并将其放回原来的位置，可单击它上方的关闭按钮。单击选项卡上的图钉图标，该选项卡就会一直处于其他窗口的上面，再次单击将取消这种状态。

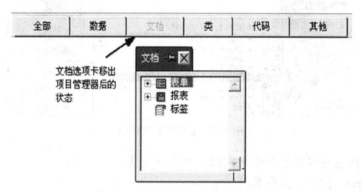

图 1-25　将选项卡移出项目管理器

习　题

1. 选择题

（1）有关信息与数据的概念，下面哪种说法是正确的（　　）。

　　A. 信息和数据是同义词　　　　　　　　B. 数据是载荷信息可鉴别的符号

　　C. 信息和数据毫不相关　　　　　　　　D. 固定不变的数据就是信息

（2）数据库系统的核心部分是（　　）。

　　A. 数据模型　　　B. 数据库　　　C. 计算机硬件　　　D. 数据库管理系统

（3）数据库 DB、数据库系统 DBS、数据库管理系统 DBMS 三者之间的关系是（　　）。

　　A. DB 包括 DBS 和 DBMS　　　　　　B. DBS 包括 DB 和 DBMS

　　C. DBMS 包括 DBS　　　　　　　　　D. DBS 包括 DB，但不包括 DBMS

（4）数据库系统的应用使数据与应用程序之间具有（　　）。

　　A. 较高的独立性　　　　　B. 更强的依赖性

　　C. 数据与程序无关　　　　D. 程序调用数据更方便

（5）数据库系统具有（　　）等特点。

A. 数据的结构化　　　　B. 较高程度的数据共享

C. 较小的冗余度　　　　D. 三者都是

（6）数据库系统与文件系统的主要区别是（　　）。

A. 数据库系统复杂，而文件系统简单

B. 文件系统不能解决数据冗余和数据独立性问题，而数据库系统可以解决

C. 文件系统只能管理程序文件，而数据库系统能够管理各种类型的文件

D. 文件系统管理的数据量较少，而数据库系统可以管理庞大的数据量

（7）数据库系统依靠（　）支持数据独立性。

A. 具有封装机制　　　　　　　　B. 定义完整性约束条件

C. 模式分级，各级模式之间的映像　　D. DDL 语言与 DML 语言互相独立

（8）在下述关于数据库系统的叙述中，正确的是（　　）。

A. 数据库中只存在数据项之间的联系

B. 数据库的数据项之间和记录之间都存在联系

C. 数据库的数据项之间无联系，记录之间存在联系

D. 数据库的数据项之间和记录之间都不存在联系

（9）从数据安全的角度，希望数据库系统数据需要（　　）。

A. 数据不能冗余　　　　　B. 数据要有冗余

C. 数据集中存储　　　　　D. 数据分散存储

（10）数据库模提供了两个映像，它们的作用是（　　）。

A. 数据的冗余度　　　　　B. 实现数据的共享

C. 使用数据构化　　　　　D. 实现数据独立性

（11）数据库系统的三级模式结构是（　　）。

A. 外模式、模式、内模式　　　　B. 应用模式、外模式、物理模式

C. 逻辑模式、物理模式、存储模式　D. 外模式、内模式、概念模式

（12）数据模型是(　　)的集合。

A. 文件　　　B. 记录　　　C. 数据　　　D. 记录及其联系

（13）数据库的概念模型独立于（　　）。

A. 具体的机器和 DBMS　　B. E-R 图　　C. 信息世界　　D. 现实世界

（14）在概念模型中，一个实体集合对应于关系模型中的一个（　　）。

A. 元组　　　B. 字段　　　C. 关系　　　D. 属性

（15）在概念模型中，一个实体相对于关系数据库中一个关系中的一个（　　）。

A. 属性　　　B. 元组　　　C. 列　　　D. 字段

（16）按所使用的数据模型来分，数据库可分为哪三种模型（　　）。

A. 层次、关系和网状　　　　B. 网状、环状和链状

C. 大型、中型和小型　　　　D. 独享、共享和分时

（17）对关系模型叙述错误的是（　　）。

A. 建立在严格的数学理论、集合论和谓词演算公式的基础之上

B. 微机 DBMS 绝大部分采用关系数据型

C. 用二维表表示关系模型是其一大特点

D. 不具有连接操作的 DBMS 也可以是关系数据库系统

（18）关系模型中，一个关键字是（　　）。

A. 可由多个任意属性组成　　　　B. 至多由一个属性组成

C. 可由一个或多个其值能惟一标识该关系模式中任何元组的属性组成

D. 其他

（19）关系数据模型（　　）。

A. 只能表示实体间的 1:1 联系　　　　B. 只能表示实体间的 1:n 联系

C. 只能表示实体间的 m:n 联系　　　　D. 可以表示实体间的上述三种联系

（20）关系数据库管理系统存储与管理数据的基本形式是（　　）。

A. 关系树　　　B. 二维表　　　　C. 结点路径　　　D. 文本文件

（21）Visual　FoxPro 是一种关系数据库管理系统，所谓关系是指（　　）。

A. 表中各条记录彼此有一定的关系

B. 表中各个字段彼此有一定的关系

C. 一个表与另一个表之间有一定的关系

D. 数据模型符合满足一定条件的二维表格式

（22）关系数据库用来表示实体之间的联系的是（　　）。

A. 层次模型　　　　B. 网状模型　　　C. 指针链　　　D. 表格数据

（23）关系数据库规范化是为解决关系数据库中什么问题而引入的（　　）。

A. 插入、删除和数据冗余　　　B. 提高查询速度　　　C. 减少数据操作的复杂性

D. 保证数据的安全性和完整性

（24）关系数据库的任何检索操作都是由三种基本运算组合而成的，这三种基本运算不包括（　　）。

A. 投影　　　　B. 比较　　　　C. 连接　　　　D. 选择

（25）在关联运算中，查找满足一定条件的元组的运算称之为（　　）。

A. 复制　　　　B. 选择　　　　C. 投影　　　　D. 连接

（26）显示与隐藏命令窗口的操作是（　　）。

A. 单击"常用"工具栏上的"命令窗口"按钮

B. 通过"窗口"菜单下的"命令窗口"选项

C. 直接按 Ctrl+F2 或 Ctrl+F4 组合键

D. 以上方法都可以

（27）下面关于工具栏的叙述，错误的是（　　）。

A. 可以创建用户自己的工具栏　　　　B. 可以修改系统提供的工具栏

C. 可以删除用户创建的工具栏　　　　D. 可以删除系统提供的工具栏

（28）在"选项"对话框的"文件位置"选项卡中可以设置（　　）。

A. 表单的默认大小　　　　　　B. 默认目录

C. 日期和时间的显示格式　　　D. 程序代码的颜色

（29）"项目管理器"的"数据"选项卡用于显示和管理（　　）。

A. 数据库、自由表和查询　　　　B. 数据库、视图和查询

C. 数据库、自由表、查询和视图　　D. 数据库、表单和查询

（30）打开 Visual FoxPro"项目管理器"的"文档"选项卡，其中包含（　　）。

A. 表单文件　　　　　　B. 报表文件

C. 标签文件　　　　　　D. 表单文件、报表文件和标签文件

2. 简答题

（1）数据和信息有什么联系和区别？

（2）什么是数据的逻辑独立性？什么是数据的物理独立性？

（3）Visual FoxPro 提供几种操作方式？各有何不同？其中效率最高且能系统化、规模化的操作方式是什么？

（4）简述向导、设计器、生成器的作用。

（5）什么是项目管理器？项目管理器有什么作用？

第 2 章　数据与数据运算

本章介绍了 Visual FoxPro 有关的基础知识，即 Visual FoxPro 的数据类型、常量、变量、表达式和内存变量的指针以及各种运算符的用法及其优先级别、常用 Visual FoxPro 函数等。通过本章的学习，为今后我们建立数据库、维护和管理数据库打下基础。

2.1　Visual FoxPro 的数据类型

数据库是用来存放和处理数据的。一个数据库管理系统，根据其功能规定了数据库文件允许存放和处理的数据种类即它能处理的数据类型。Visual FoxPro 中定义了字符型、数值型、货币型、逻辑型、日期型、日期时间型、整型、双精度型、浮点型、备注型、通用型、字符型（二进制）和备注型（二进制）等 13 种数据类型。

2.1.1　字符型

字符型（Character）数据的形式是用规定的定界符括起来的一串字符，又称为字符串，用字母"C"表示，它由一切可打印的字符组成，如字母、汉字、数字、空格等。

Visual FoxPro 规定的字符串定界符有单引号（''）、双引号（" "）、方括号（[ ]）三种。当一种定界符本身是字符型数据的组成部分时，则应当选择另一种定界符。定界符内没有任何字符时也是字符串，称为空字符串，简称空串。

例如下面表示的字符型数据是正确的：

[学号]、"姓名"、'性别'、["家庭地址"]、"11.23"、"计算机成绩"

下面表示是字符型数据是不正确的：

"计算机"讲座、"电话号码'

字符型数据不能进行数学运算。

2.1.2　数值型

数值型（Numeric）数据用字母"N"表示，由阿拉伯数字、小数点和正负号组成，长度可达 20 个字节，即 20 位数字（包括小数点和正负号）。数值型数据没有定界符，可以是整数或是小数，不能是分数。表示很大或很小的数时可用科学计数法，Visual FoxPro 中数值型数据的最大精度为 16 位有效数字。

例如下面表示的数值型数据是正确的：

5，5.1413，.4，+3.2，3.3E4（表示 3.3×10^4），5.2E.5（表示 5.2×10^{-5}）等。

下面表示数值型数据是不正确的：

1/3，π,e 等。

数值型数据之间可以进行各种数学运算。

2.1.3　货币型

货币型数据用字母"Y"表示，用来表示货币值，其书写格式与数值型类似，但要加上一个前置的符号（$）。货币数据在存储和计算时，采用 4 位小数。如果一个货币型常量多于

4 位小数，那么系统会自动将多余的小数四舍五入。例如，常量$123.456789 将存储为 $123.4568。

2.1.4 逻辑型

逻辑型（Logical）数据用字母"L"表示，用来表示逻辑判断的结果。逻辑型数据只有逻辑真（True）和逻辑假（Flase）两个值。

Visual FoxPro 规定逻辑型数据的定界符为圆点（. .），用.T.、.t.或.Y.、.y.表示逻辑真，用.F.、.f.或.N.、.n.表示逻辑假，长度固定为 1 个字节。

逻辑型数据可以通过逻辑运算符连接起来形成逻辑表达式。

2.1.5 日期型

日期型（Date）数据用字母"D"表示，用来表示日期。 Visual FoxPro 规定日期型数据的定界符为花括号（{}），花括号内包括年、月、日三部分内容，各部分内容之间要用符号"/"分开。日期型数据的固定长度默认为 8 个字节，"/"占 1 个字节。

日期型数据的格式有两种。

（1）传统的日期格式

系统默认的日期型数据为美国日期格式"月/日/年"（mm/dd/yy），其中月、日、年各为两位数字。

（2）严格的日期格式

{^yyyy/mm/dd},用这种格式书写的日期常量能表达一个确切的日期，它不受任何设置语句的影响。这种格式的日期常量在书写时要注意：花括号内第一个字符必须是脱字符(^)；年份必须用 4 位；年月日的次序不能颠倒，/不能缺省。

严格的日期格式可以在任何情况下使用，而传统的日期格式只能在 SET STRICTDATE TO 0 状态下使用。输入日期型常量时使用严格的日期格式十分方便。如果格式与当前设置的日期格式不符，系统将弹出如图 2-1 所示的提示。

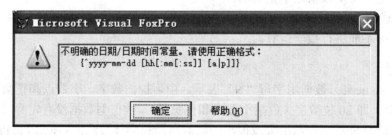

图 2-1　日期格式提示

2.1.6 日期时间型

日期时间型数据用字母"T"表示，包括日期和时间两部分内容：{<日期>,<时间>}。<日期>部分与日期常量相似，也有传统的和严格的两种格式。

<时间>部分的格式为：[hh[: mm[: ss]][a｜p]]。其中 hh、mm 和 ss 分别代表时、分和秒，默认值分别为 12、0 和 0。A 和 p 分别代表上午和下午，默认值为 a。如果指定的时间大于 12，则自然为下午的时间。

2.1.7 整型

不带小数点的数值类型。

2.1.8　双精度型

双精度数值类型，一般用于要求精度很高的数据。

2.1.9　浮点型

浮点型（Float）数据用字母"F"表示，是数值型数据的一种，这种数据是为了与 Dbase V 兼容而保留的数据类型。

2.1.10　备注型

备注型（Memo）数据用字母"M"表示，又称为记忆型、备忘型、摘要型等。备注型数据只能作为数据库文件中备注型字段的一个指针。该指针指向备注文件（扩展名为 . fpt）中存放备注型字段的值的具体位置。备注型字段的内容为长度不一的字符串信息（不受 254 个字符长度的限制）。

Visual FoxPro 规定，备注型数据的长度固定为 10 个字节（在 Visual Visual FoxPro 6.0 中备注型数据的长度固定为 4 个字节）。

2.1.11　通用型

通用型（General）数据用字母"G"表示，此种数据是二进制、图像等数据，DOS 版本中无此类数据。

Visual FoxPro 规定，通用型数据的长度固定为 10 个字节。

2.1.12　字符型（二进制）

同"字符型"，但是当代码页更改时字符值不变，如某种二进制代码字符或其他语言代码等。代码页是供计算机正确解释并显示数据的字符集，通常不同的代码页对应不同的平台或语言。

2.1.13　备注型（二进制）

同"备注型"，但是当代码页更改时备注不变。

2.2　常量和变量

2.2.1　常量

常量是在程序运行过程中其值保持不变的一种数据，分为 5 种类型：数值型常量、字符型常量、日期型常量、日期时间型常量和逻辑型常量。

2.2.1.1　数值型常量

整数或者实数，可以用科学计数法表示、如 3 . 14、12 . 4E5。

2.2.1.2　字符型常量

也叫字符串常量，可由 ASCII 字符和汉字组成。字符型常量必须放在定界符中，如'电子商务 1 班'、['高考语文'成绩]。

2.2.1.3　日期型常量

表示形式为{mm/dd/yy}或{^yyyy/mm/dd}，如{10/06/08}、{^2008/10/06}。

2.2.1.4　日期时间型常量

表示形式为{mm/dd/yy hh:mm:ss [a|p]}或{^yyyy/mm/dd hh:mm:ss [a|p]},如{10/06/08 11:

30：24 a}、{^2008/10/06 22：10：30}。

2.2.1.5 逻辑型常量

只有逻辑真（True）和逻辑假（Flase）两个值，要用圆点（．．）作为定界符。逻辑真的常量表示形式有：.T.、.t.、.y.和.Y.；逻辑假的常量表示形式有：.F.、.f.、.N.和.n.。

2.2.2 变量

变量是值可以改变的量，是程序运行中相对于常量而言的一种量。程序在处理原始数据时，这些原始数据、处理的中间结果和最后结果一般都要存放在一定地址的存储单元中，这些数据的具体存放地址用变量来表示。用户在程序中给定一个变量，该变量就被分配了一个地址，程序中的每一个变量都对应于内存中一定的地址。

2.2.2.1 变量的分类

Visual FoxPro 的变量有两类：字段变量和内存变量。

Visual FoxPro 的数据库文件与一个二维表格相对应，表格的一个栏目在数据库文件中叫字段，栏目名称为字段名。字段变量即数据库文件的字段，而字段名就是字段变量名。字段变量在建立数据库文件时生成，它只存在于数据库文件中。

内存变量是程序在内存中运行时使用的一种临时变量，当程序结束运行时，这类变量自动释放。内存变量是独立于数据软件的临时存储单元，可用来存放数据库操作过程中或程序运行过程中所要临时保存的数据。

内存变量可分为用户定义和系统自动生成两种类型。系统生成的内存变量称为系统内存变量，用于控制 Visual FoxPro 的显示和打印输出等，系统内存变量由下划线"-"开头。

在程序中，内存变量可分为全局变量（也称公有变量）和局部变量（也称专有变量）。全局变量是指在所有程序模块中都能被使用和修改的内存变量，凡在命令窗口下所建立或用 PUBLIC 语句所定义的内存变量为全局内存变量，只要不退出 Visual FoxPro 系统，在程序或过程结束后，全局变量不会自动释放，它只能用 Release 等命令释放。局部变量则只局限于在建立它的程序模块以及被此程序模块调用的程序模块中起作用，当产生它的过程结束后，它就自动释放。

在内存变量中有一类特殊的变量——数组变量。数组变量是一种结构内存变量，一个数组有若干数组元素，一个数组元素相当于一个内存变量。它与一般内存变量的区别是：数组变量的各元素在内存中有组织地顺序存放在内存中。数组变量也是一种临时变量，在程序运行结束时自动释放。

2.2.2.2 变量名

Visual FoxPro 规定变量名必须以字母、汉字或下划线开头，其后可以是字母（汉字）、数字和下划线，最长不超过 10 个字符，即 5 个汉字。例如：Name、姓名、Class_2 都是合法的内存变量名，2Class、*A、Secondstudent 都是非法的变量名。

内存变量名应尽量与字段变量名不同。如果内存变量与字段变量同名时，Visual FoxPro 规定字段变量优先于内存变量，此时如果要调用内存变量，则应在内存变量前加上符号"M—>"以示区别。如：命令? —>姓名的执行结果为显示内存变量姓名的值。

2.2.2.3 变量的数据类型

变量的类型由它所存放的数据类型决定。当内存变量中存放的数据类型改变时，内存变量的类型也随之改变。

字段变量的数据类型在建立数据库结构时定义，共有 13 种，但常用的有字符型、数值型、日期型、逻辑型、备注和通用型 6 种。

内存变量的数据类型有字符型、数值型、货币型、日期型、日期时间型和逻辑型，内存变量的类型既不预先定义也不在变量名中标出，而是由给它赋值的数据类型决定。例如，我们给内存变量 a 赋值为 1，则 a 为数值型。

2.2.3　内存变量的操作

2.2.3.1　内存变量的赋值

Visual FoxPro 也和其他高级语言一样，遵循先定义后使用的规则。Visual FoxPro 提供了两条赋值命令：

格式一：store<表达式> to <内存变量名表>

功能：将<表达式>的值赋给一个或多个内存变量。当<内存变量名表>为多个变量时，变量名之间要用逗号隔开以示区别，例如，在命令窗口中执行下列命令：

store "a" to a1

store 1+2 to a2,a3

如图 2-2（a）所示，其执行结果为将字符"a"赋值给内存变量 a1，将表达式 1+2 的值 3 同时赋值给内存变量 a2、a3。

(a)　　　　　　　　　　　　　(b)

图 2-2　给变量赋值

格式二：<内存变量名>=<表达式>

功能：将表达式的值赋给一个内存变量名。例如执行下列命令：

b1=4

b2=.T.

如图 2-2（b）所示，其执行结果为将 4 赋值给内存变量 b1，将逻辑真（.T.）赋给内存变量 b2。

两者之间的共同点：如果指定的内存变量没有定义，则将建立这个变量并将<表达式>的值赋给它；如果命令中指定的内存变量已经存在，则将<表达式>的值代替它原来的值。

两者之间的不同点：格式一可以依次给一个或多个变量赋予同一个值，而格式二只能给一个变量赋值。

2.2.3.2　显示内存变量

用户建立了内存变量之后，若想准确知道所建内存变量的相关信息，可以使用下列命令来显示内存变量。

格式一：List memory[like<内存变量名>][to print/to file<文件名>][no console]

格式二：Display memory [like<内存变量名>[to print/to file<文件名>][no console]

功能：两者都用来显示当前内存变量在内存中定义的信息。

说明：

① LIST 和 DISPLAY 是命令动词，表示此命令用以显示；

② MEMORY 为子句，与 LIST 或 DISPLAY 一起构成复合命令，表示此命令用以显示内存变量；

③ 格式二在显示内存变量时能自动分屏显示，按任意键继续；格式一则以滚屏方式显示，信息在屏幕上一显而过，直至全部显示完毕，屏幕上只留下最后一屏的信息；

④ 可选项[like<内存变量名>]子句表示显示与通配符相匹配的内存变量的信息，通配符包括？（表示任意一个字符）和*（表示任意多个字符）；

⑤ 去向子句[to print/to file<文件名>]表示将显示的结果在打印机输出或输出到指定文件中，该文件为文本文件；

⑥ 选项[no console]子句表示不在屏幕上显示。

继续执行以下命令：

list memo

屏幕显示如图 2-3 所示。

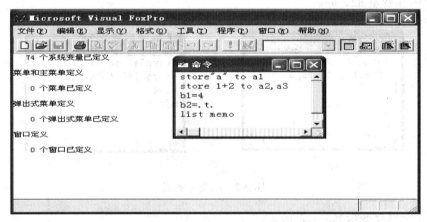

图 2-3　用 LIST 命令显示内存变量

执行命令：

Disp memo

屏幕显示如图 2-4 所示。

执行命令：

List memo like a *

屏幕显示如图 2-5 所示。

命令 List memo like a*是显示首个字符为 a 的所有内存变量的相关信息，即变量 a1、a2、a3 的相关信息。

执行命令：

List memo like ? 1

屏幕显示的结果如图 2-6 所示。

命令 List memo like？1 是显示首个字符为任意字符，第二个字符为 1 的所有内存变量的相关信息，即变量 a1、b1 的相关信息。

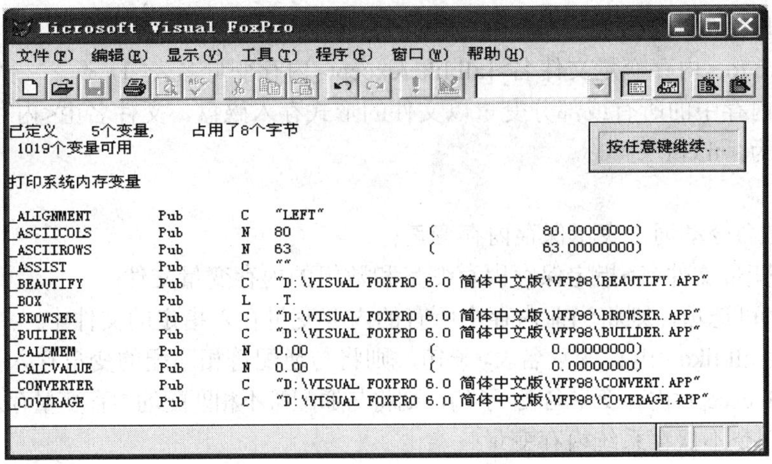

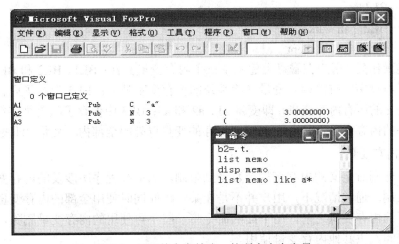

图 2-4　用 DISPLAY 命令显示内存变量

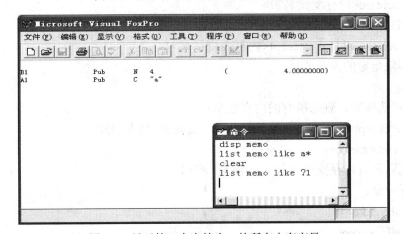

图 2-5　显示首个字符为 a 的所有内存变量

图 2-6　显示第二个字符为 1 的所有内存变量

2.2.3.3　保存内存变量

由于内存变量是建立在内存中，因此，一旦用户退出 Visual FoxPro 或关机以后，所有内存变量都会立刻消失。若用户将来还要使用某些已定义的内存变量，可用下面的命令将内存保存起来，供以后调用。

格式：save to <内存变量文件名>[all like/except<内存变量名表>]

功能：将内存中的所有或部分变量以文件的形式存入磁盘，文件名由<内存变量文件名>指定，扩展名为．mem。

说明：

① save 是命令动词，表示保存内存变量；

② <内存变量文件名>指定保存内存变量和数组的内存变量文件；

③ 若省略可选项，则将当前内存中所有的内存变量存入指定的文件中；

④ 若使用 all like <内存变量名表>子句，则将与通配符相匹配的变量存入指定的文件；

⑤ 使用 all except<内存变量名表>子句，则将与通配符不相匹配的内存变量存入指定的文件；

⑥ Save 命令不保存系统内存变量。

继续执行命令：

save   to   BL1

save   to   BL2   all   like   a*

save   to   BL3   all   except   a*

执行上述操作后，用户在磁盘上建立了三个内存变量文件：BL1、BL2 和 BL3，其中 BL1 的操作保存了内存中所有的内存变量（除系统的内存变量外）；BL2 保存了内存变量中变量名首个字符为 a 的所有内存变量，即变量 a1、a2 和 a3；BL3 中保存了除首个字符为 a 的所有内存变量以外的内存变量，也就是除 BL2 保存的变量以外的全部内存变量，即变量 b1 和 b2。

2.2.3.4 删除内存变量

由于用户能同时定义的内存变量个数受到限制，当运行程序所涉及的内存变量较多时，有可能超过限制。通常情况下，用户并不是在某一瞬间同时使用全部的内存变量，因此用户可以在引入新的内存变量之前，用下面的命令将一些不再使用的内存变量删除，以释放它们占用的内存空间，供其他内存变量使用。

格式一：release<内存变量名表>

功能：删除指定的内存变量；

格式二：release all [Like/except<内存表变量名>]

功能：删除指定的内存变量。

说明：

① 省略可选项时，删除所有的内存变量；

② all like/except<内存表变量名>的用法与 save to 命令相同。

格式三：clear memory

功能：删除所有内存变量，与 release all 相同。

继续执行命令：

release   all   like   *1

release   all   except   *1

执行前一条命令，删除变量名最后一个字符为 1 的所有内存变量，即变量 a1 和 b1；执行后一条命令时，删除除了变量名最后一个字符为 1 的所有其他内存变量，即 a2、a3 和 b2。

2.2.3.5 恢复内存变量

如果用户想要使用先前已保存的内存变量时，可使用如下命令：

格式：restore　from<内存变量文件名>[additive]

功能：将指定内存变量文件中所保存的内存变量从磁盘中读回内存。

说明：

（1）restore 是命令动词，表示执行恢复操作；

（2）from<内存变量文件名>指定恢复内存变量的来源；

（3）[additive]子句表示保留当前内存中的所有内存变量，将指定文件中的内存变量添加到当前内存变量之后。

继续执行命令：

restore　from　BL2

restore　from　BL3　additive

执行前一条命令后，将磁盘中保留在 BL2 中的内存变量读回内存，当使用 List memory like *命令后，屏幕显示如图 2-7 所示。

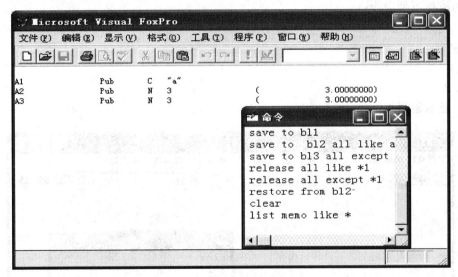

图 2-7　恢复内存变量文件 BL2

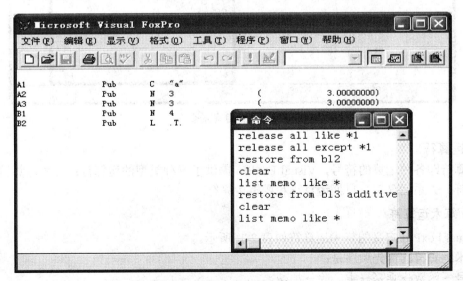

图 2-8　恢复内存变量文件 BL3

执行后一条命令后，将磁盘中保留的 BL3 中的内存变量添加到当前内存变量之后，使用 List memory like *命令后，屏幕显示如图 2-8 所示。

2.3 运算符和表达式

2.3.1 计算和显示命令

格式一：? [<表达式表>]

功能：若不使用可选项，该命令输出一空行，否则计算出各表达式的值，并在下一行依次显示出来。

格式二：? ? <表达式表>

功能：计算出各个表达式的值，并在当前行显示出来。

说明：<表达式表>中可含有多个表达式，各个表达式之间要使用逗号分开。

例如执行下列命令：

a=1

b="a"

?a，b

??a，b

屏幕显示如图 2-9 所示。

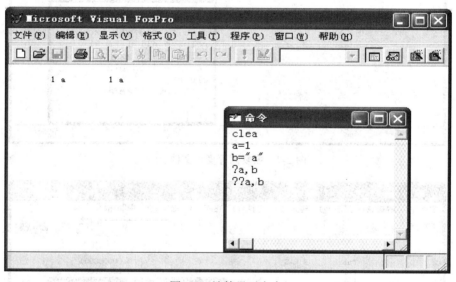

图 2-9　计算显示命令

2.3.2 运算符

运算符即各种运算的符号，Visual FoxPro 提供了五种类型的运算符：算术运算符、字符串运算符、关系运算符、日期运算符和逻辑运算符。

2.3.2.1 算术运算符

Visual FoxPro 定义的算术运算符如表 2-1 所示。

算术运算符的优先顺序是：

括号→函数→乘幂→乘、除→加减

表 2-1　算术运算符

运算符	+	−	*	/	** 或 ^	( )	%
运算	加、正	减、负	乘	除	乘方	括号	求余

优先级别从左至右依次进行。全部算术运算符适用于数值型数据（包括数值型常量、变量以及值为数值的函数），运算后的结果也是数值型数据。

① +　加号（N+N→N）　　　　② −　减号（N−N→N）

③ *　乘号（N*N→N）　　　　④ /　除号（N/N→N）

⑤ **　乘方（N**N→N）　　　⑥ ^　乘方（N^N→N）

⑦ %　求余数（N%N→N）

例 2-1　计算数学算式 $\left(\dfrac{1}{60}-\dfrac{3}{56}\right)\times 18.45$ 和 $\dfrac{1+2^{1+2}}{2+2}$ 的值。

?（1/60−3/56）*18.45

屏幕显示：

0.6809

?(1+2^(1+2))/(2+2)

屏幕显示：

2.25

例 2-2　计算 15%4 和 15%−4 的值。

求余运算<数值表达式 1>%<数值表达式 2>和取余函数 MOD（<数值表达式 1>),<数值表达式 2>)的作用相同。数值表达式 1 和数值表达式 2 均可正可负，结果都是两个数值相除后的余数。计算时，如果能整除，则结果为 0；如果不能整除，则判断其商（如果两个表达式异号则商为负）是介于哪两个整数之间，取其中较小者作为商，然后将表达式 1−数值表达式 2*商，即得余数。

?15%4，15%−4

屏幕显示：

3　　　　　−1

15 除以 4 结果为 3.75,界于 3 和 4 之间,取其中较小的 3 作为商,计算 15−4*3=3 即为 15%4 的结果。

15 除以−4 结果为−3.75,界于−3 和−4 之间，取其中较小的−4 作为商，计算 15.4*（−4）= −1 即为 15%−4 的结果。

由上可见，余数的正负号永远与数值表达式 2 的符号一致。

2.3.2.2　字符串运算符

Visual FoxPro 定义的字符串运算符有两个。

+：字符串精确连接符，它将两个字符串按精确方式连接，即把两个字符串原封不动地连接起来，形成一个新的字符串。

−：字符串紧凑连接符，它将两个字符串按紧凑方式连接，即把第一个字符串尾部的空格移到第二个字符串尾部，位于字符串其他位置的空格不改变位置。

字符串运算符适用于字符型数据（包括字符型常量、变量以及值为字符的数据），运算结果也是字符型数据。

① +　字符串精确连接（C+C→C）

② –字符串紧凑连接（C–C→C）

例：执行命令

a="湖南工业"

b="大学"

?a+b,a–b

屏幕显示：

湖南工业　　大学　　湖南工业大学

2.3.2.3　关系运算符

Visual FoxPro 的关系运算符如表 2-2 所示。

表 2-2　关系运算符

运算符	>	>=	<	<=	=	<>或#或！=	$	==
运算	大于	大于等于	小于	小于等于	等于	不等于	子串比较	精确比较

关系运算符中除子串比较符$和精确比较符= =仅适用于字符型数据，其他均可适用于任何类型数据的运算，但前后两个运算对象的数据类型要一致（除日期和日期时间型可比较以外），运算的结果为逻辑值。关系成立时，运算结果为.T.，否则为.F.。

① <小于(N<N→L) (C<C→L) (D<D→L)

② >大于(N>N→L) (C>C→L) (D>D→L)

③ =等于(N=N→L) (C=C→L) (D=D→L)

④ <=小于或等于(N<=N→L) (C<=C→L) (D<=D→L)

⑤ >=大于或等于(N>=N→L) (C>=C→L) (D>=D→L)

⑥ <>不等于(N<>N→L) (C<>C→L) (D<>D→L)

⑦ #不等于(N#N→L) (C#C→L) (D#D→L)

⑧ !=不等于(N！=N→L) (C！=C→L) (D！=D→L)

⑨ $属于（C$C→C）

⑩ = =精确等于（C= =C→L）

（1）数值型与货币型数据比较

按数值的大小比较，包括负号。例如，0>.1　　￥100>￥50。

（2）日期与日期时间型数据比较

越早的日期或时间越小，越晚的日期或时间越大。

例如，{^2008/10/10}>{^2008/10/06}

（3）逻辑型数据比较

.T.大于.F.。

（4）字符型数据比较

当比较两个字符串时，系统对两个字符串的字符自左向右逐个进行比较，一旦发现两个对应字符不同，就根据这两个字符的排列序列决定两个字符串的大小。对字符序列的排列设置有人机会话和命令两种方式。

在人机会话方式下设置：

① 在【工具】菜单下选择【选项】，打开【选项】对话框；

② 单击【数据】选项卡，出现如图 2-10 所示的界面；

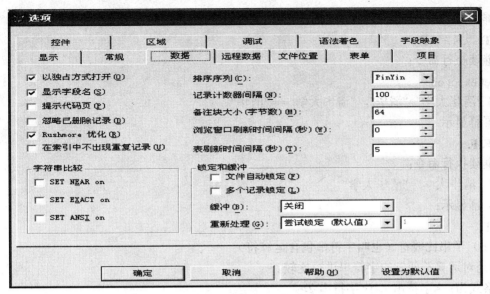

图 2-10 【选项】对话框

③ 从右上方的"排列序列"下拉框中选择"Machine（机器）"、"Pinyin（拼音）"或"Stroke（笔画）"；

④ 单击【选项】对话框上的【确定】按钮；

在命令方式下设置：

设置字符比较次序的命令是 set collate to "<排序次序名>"。

排序次序名必须放在引号当中，次序名可以是"Machine"、"Pinyin"或"Stroke"。

① Machine（机器）次序。指定的字符排序次序与 xbase 兼容，按照机内码顺序排序，在微机中，西文字符是按照 ASCII 码值排列的：空格在最前面，其后是数字，接着是大写 ABCD 字母序列，最后是小写 abcd 字母序列。因此，大写字母小于小写字母。即：空格<"0"<"1"<…<"9"<"A"<"B"<…<"Z"<"a"<"b"<…<"z"。汉字的机内码与汉字国标码一致。对常用的一级汉字而言，根据它们的拼音顺序决定大小。

② Pinyin（拼音）次序。按照拼音次序排列。对于西文字符而言，空格在最前面，其后是数字，相同的字母其大写大于小写，不同的字母，按照字母表中的顺序排列在后的字母大于排列在前的字母。即：空格<"0"<"1"<…<"9"<"a"<"A"<"b"<"B"<…<"z"<"Z"。

③ Stroke（笔画）次序。无论中文、西文，按照书写笔画的多少排序。

（5）字符串比较符"=="与"="的区别

使用"=="表示精确比较，只有当两个字符串完全相同（包括字符个数相同，每个字符的位置相同，空格的顺序和位置也相同）时，结果为.T.，否则结果为.F.。比较结果不受环境参数设置命令 set exact on/off 的影响。"="表示不精确比较，运算结果受 set exact on/off 的命令影响。执行 set exact on 命令后，使用"="时，仅当两个字符完全相同时（但字符串尾部的空格不影响运算结果），才为.T.，当执行 set exact off 命令后，使用"="时，只要"="运算符右侧的字符串是从左侧字符串的第一个字符串开始的子串，即可得到逻辑值为.T.。

例如执行下例命令：

set exact off

? "清华大学"="清华"，"清华大学"="大学"，"清华大学"=="清华"

屏幕显示：

.T.　.F.　.F.

继续执行命令：

set exact on

？ "清华大学"="清华"，"清华大学"= ="清华"

屏幕显示：

.F..F.

继续执行命令：

？ "清华大学"="清华大学"

屏幕显示：

.T.

（6）子串比较符（也叫字符串包含运算符）

$是对运算符两侧的字符串进行比较。

格式为：<字符串 1>$<字符串 2>

若运算符右侧的字符串 2 包含运算符左侧的字符串 1，则结果是.T.否则为.F.。

例如执行下列命令：

?"清华大学"$"清华"，"清华"$"清华大学"屏幕显示：

.F.　.T.

2.3.2.4　日期运算符

Visual FoxPro 规定的日期运算符有两个。

+：加号，用于一个日期与一个整数相加，其结果为一个新的日期。

－：减号，用于一个日期减去一个整数，其结果为一个新的日期，或者一个日期减去另一个日期，其结果为一个数值，表示两个日期之间相差的天数。

日期运算符适用于日期（包括日期型常量、变量以及值为日期的函数）和数值型数据，运算结果为日期或数值。

① + 加（D+N→D）（N+D→D）

② － 减（D－D→N）（D－N→D）

例如执行下列命令：

a={^2008/10/06}

?a+1，a−1，a-{^2008/10/01}

屏幕显示：10/07/08　　10/05/08　　　5

2.3.2.5　逻辑运算符

Visual FoxPro 规定的逻辑运算符有三种（表 2-3）。

表 2-3　逻辑与、非、或

逻辑 A	逻辑 B	A.AND.B	A.OR.B	.NOT.A
.T.	.T.	.T.	.T.	.F.
.T.	.F.	.F.	.T.	.F.
.F.	.T.	.F.	.T.	.T.
.F.	.F.	.F.	.F.	.T.

.AND.：逻辑与，设 A 和 B 是两个逻辑型变量或表达式。逻辑表达式 A.AND.B 的值当且仅当 A、B 的值都为.T.时才为.T.，否则逻辑表达式的值为.F.。

.OR.：逻辑或，逻辑表达式 A.OR.B 的值当且仅当 A、B 的值都为.F.时，才为.F.，否则为.T.。

.NOT.：逻辑非，对一个逻辑型变量进行非运算结果为该变量值的"反"，例如，逻辑变量 A 的值是.T.，则.NOT.A 的值为.F.。

逻辑运算顺序的优先顺序是：

非→与→或

① .NOT. 逻辑非（单目运算符）　　（.NOT.L→L）
② ！　　逻辑非（单目运算符）　　（！L→L）
③ .AND. 逻辑与　　　　　　　　　（L.AND.L→L）
④ .OR ．逻辑或　　　　　　　　　（L.OR.L→L）

例如执行下列命令：

a=.T.

b=.F.

?a.AND.b, a.OR.b, .NOT.a

屏幕显示：

.F.　.T.　.F.

2.3.3　表达式

表达式是用运算符将括号、常量、变量、函数连接起来的有意义的运算式，单个常量、变量和函数都可以看做最简单的表达式。

表达式按照运算结果的类型可分为 4 类：字符表达式、数值表达式、逻辑表达式和日期表达式。

字符表达式中的常量、变量、函数值必须是字符型，字符表达式的值为字符串，字符串运算符（"+"或"-"）用以连接字符串。

数值表达式又称为算术表达式，数值表达式中运算符只能是算术运算符，表达式中的常量、变量、函数值都必须是数值型。数值表达式的值为数值常量，不能无穷大或不确定。书写数值表达式时要特别注意数学上省略的乘号。例如：数学式 b^2-4ac，其表达式是：b＾2-4*a*c。

在算术运算符中没有"="符号，因此含有"="的表达式为非法数值表达式。例如 x=(-b+SQRT(b*b-4*a*c))/(2*a)是非法的数值表达式。

逻辑表达式的值是逻辑常量。逻辑表达式分为关系表达式和逻辑表达式两种。关系表达式用关系运算符连接，逻辑表达式用逻辑运算符连接。例如判断某一年（年份用 y 表示）是否为闰年的条件："能被 4 整除但不能被 100 整除或能被 400 整除"用逻辑表达式表示为：

y%4=0.AND.y%100<>0.OR.Y%400=0

日期表达式是以日期运算符（"+"或"-"）连接日期型常量、变量、函数或用日期运算符将日期常量、变量、函数与数值型常量、变量、函数连接构成的运算式，表达式是值是日期或数值。

2.3.4　运算优先级

在表达式中，括号的优先级别最高（无大中小括号之分，一律用圆括号），内层括号优先，算术运算、字符串运算和日期运算次之，关系运算再次之，逻辑运算级别最低，如图 2-11 所示。

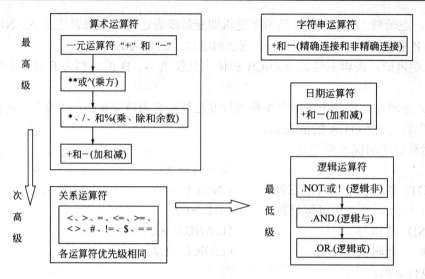

图 2-11 运算级别图

例如执行写列命令：

store   3   to   a,b,c,d

?a=b.AND.c>d+1

屏幕显示：

.F.

?"aA"+"Bb"$"aAb"−"BaA"

屏幕显示：

.F.

2.4 函数

Visual FoxPro 为用户提供了大量函数，一共有 200 多个函数。各个函数都有其特有的功能，正确、充分利用函数，可简化程序、提高程序的可读性。按照函数的功能不同，大体可将其分为数值处理函数、字符处理函数、日期和时间函数、类型转换函数、库操作函数、环境检测函数、系统函数、自定义函数和多用户函数 9 大类。每个函数都有一个函数名，函数的一般形式为：

<函数名>（<自变量表>）

使用函数时，函数名和其后的圆括号不可以省略，若函数名超过四个字母，可只写出前四个字母。

2.4.1 数值处理函数

2.4.1.1 求绝对值函数

格式：ABS（<数值表达式>）

功能：求<数值表达式>的绝对值。

例如执行命令：

a=10

b=20

?ABS(a−b)

屏幕显示：

10

2.4.1.2 指数函数

格式：EXP（<数值表达式>）

功能：求出以 e（2.71828183）为底，以<数值表达式>的值为指数的幂的值。

例如执行命令：

? EXP（0），EXP（2–1）

屏幕显示：

1.00   2.72

2.4.1.3 符号函数

格式：sign（<数值表达式>）

功能：返回指定数值表达式的符号。当表达式的运算结果为正、负和零时，函数值分别为 1、–1 和 0。

例如执行命令：

a=10

b=20

?sign(a–b)，sign（a+b）

屏幕显示：

–1   1

2.4.1.4 取整函数

格式：INT<数值表达式>

功能：表示<数值表达式>的整数部分，小数部分不进行四舍五入。

应用：判断一个数是否为整数或判断一个数的奇偶性。

表达式 INT(X)=X 的结果为.T.则表明 X 为整数。

表达式 INT(X/2)=X/2 的结果为.T.则表明 X 为偶数，否则为奇数。

例如执行命令：

? INT（3.1415），INT（–2.72），INT（4/2）=4/2

屏幕显示：

3   –2   .T.

2.4.1.5 求模函数

格式：MOD（<数值表达式 1>，<数值表达式 2>）

功能：求出<数值表达式 1>除以<数值表达式 2>的余数。其功能和计算方法与数值运算符号中的求余 "%" 运算相同，请参看 2.3.2 节中求余 "%" 运算。

例如执行命令：

? MOD（4，8），MOD（6*4，–70/7），MOD（–21，–4）

屏幕显示：

4   –4   –1

2.4.1.6 平方根函数

格式：SQRT（<数值表达式>）

功能：求出<数值表达式（其值必须大于或等于零）>的平方根。

例如执行命令：

? SQRT(9)，SQRT(4*9)

屏幕显示：

3.00   6.00

2.4.1.7　四舍五入函数

格式：round（<数值表达式 1>，<数值表达式 2>）

功能：返回指定表达式在指定位置四舍五入后的结果。<数值表达式 2>指明四舍五入的位置。若<数值表达式 2>大于等于 0，那么它表示的是要保留的小数位数；若<数值表达式 2>小于 0，那么它表示的是整数部分的舍入位数。

例如执行命令：

? x=345.345

? round(x,2)，　　round(x,1)，　　　　round(x,0)，　　　　round(x,.1)，

屏幕显示：

345.35   345.3   345   350

2.4.2　字符处理函数

2.4.2.1　子字符串检索函数

格式：AT（<字符表达式 1>，<字符表达式 2>[，<N>]）

功能：在<在字符表达式 2>中查找第 n 次出现<字符表达式 1>的位置，若找到，函数值为<字符表达式 1>在<字符表达式 2>中的出现位置，一个汉字占两个字符位置（下同）。若找不到，函数值为 0。若省略可选项<n>，则在<字符表达式 2>中查找首次出现<字符表达式 1>的位置。

例如执行命令：

? AT("大学"，"复旦大学")，AT("ABC"，"ABCABABC"，2)

屏幕显示：

5   6

2.4.2.2　求字符串长度函数

格式：LEN（<字符表达式>）

功能：求出<字符表达式>中的字符个数。

例如执行命令：

?LEN("中华人民共和国")

屏幕显示：

14

2.4.2.3　求左子串函数

格式：LEFT（<字符表达式>，<N>）

功能：从<字符表达式>的左端开始取 N 个字符，形成一个新的字符串。

例如执行命令：

A="湖南工业大学"

?LEFT(A，4)，LEFT("ABCDEF"，2)

屏幕显示：

湖南　　AB

2.4.2.4　求右子串函数

格式：RIGHT(<字符表达式>，<N>)

功能：从<字符表达式>的右端开始截取 N 个字符，形成一个新的字符串。

例如执行命令：

A="湖南工业大学"

?RIGHT(A，4)，RIGHT("ABCDEF"，2)

屏幕显示：

大学　　EF

2.4.2.5　字符重复函数

格式：Replicate（<字符表达式>，<数值表达式>）

功能：重复<字符表达式>生成一个新字符串，重复次数为<数值表达式>的值。

例如执行命令：

? Replicate（"a"，5），Replicate（"*"，3）

屏幕显示：

aaaaa　　*

2.4.2.6　空格生成函数

格式：SPACE（<数值表达式>）

功能：产生一个由空格组成的字符串，空格个数由<数值表达式>决定。

例如执行命令：

? "湖南工业"+SPACE（5）+"大学"

屏幕显示：

湖南工业　　　大学

2.4.2.7　求子串函数

格式：SUBSTR（<字符表达式>，<m>[，<n>]）

功能：在<字符表达式>中，从第 m 个字符开始截取 n 个字符，形成一个新的字符串。若省略 n，则截取的子字符串始于<字符表达式>中的第 m 个字符，终止于<字符表达式>的最后一个字符。

例如执行命令：

A="湖南工业大学"

? SUBSTR（A，3，4），SUBSTR（"一二三四五"，5）

屏幕显示：

南工　　三四五

2.4.2.8　宏替换函数

格式：&<字符型内存变量名>

功能：在字符型内存变量名前使用符号&时，Visual FoxPro 用该内存变量的值去替换符号&和内存变量名。符号&与字符型内存变量名之间不能有空格。宏替换函数与后面的字符用空格或圆点（.）分开，或者说，宏替换函数的作用范围是从符号&起，直到遇见一个空格或圆点为止。

例如执行命令：

A= "*"

B="5&A. 4"

? B

屏幕显示：

5*4

2.4.3 日期时间函数

2.4.3.1 日期函数

格式：DATE（）

功能：给出当前的系统日期，函数的返回值为日期型数据。

例如执行命令：

? "今天是："，DATE（）

屏幕显示：

今天是：09/10/08

2.4.3.2 求日函数

格式：DAY（<日期型表达式>）

功能：求出日期型表达式中日的数值，函数返回值为数值型数据。

例如执行命令：

?DAY（ DATE（））

屏幕显示：

10

2.4.3.3 求月函数

格式：MONTH（<日期型表达式>）

功能：求出日期型表达式中月的数值，函数返回值为数值型数据。

例如执行命令：

?MONTH（ DATE（））

屏幕显示：

9

2.4.3.4 时间函数

格式：TIME（）

功能：按照 HH：MM：SS（时：分：秒）格式给出前的系统时间，函数返回值为字符型数据。

例如执行命令：

?TIME（）

屏幕显示：

16：21：24

2.4.3.5 求年函数

格式：YEAR（<日期型表达式>）

功能：求出日期型表达式中年的数值，函数返回值为数值型数据。

例如执行命令：

?YEAR（ DATE（））

屏幕显示：

2008

2.4.4　类型转换函数

2.4.4.1　字符转换成 ASCII 码函数

格式：ASC(<字符表达式>)

功能：求出字符表达式左边第一个字符的 ASCII 码，ASCII 码是以十进制的形式表示的。

例如执行命令：

?ASC（"ABC"），ASC（"abcd"），ASC（"1"）

屏幕显示：

65　　97　　49

2.4.4.2　ASCII 码转换成字符函数

格式：CHR(<数值表达式>)

功能：以<数值表达式>（数值表达式的值必须在 0~255 之间）的值作为 ASCII 码，转换为相应的字符。

例如执行命令：

?CHR（65），CHR（97）

屏幕显示：A　　a

有些 ASCII 码不表示字符，是控制代码，只表示某种操作。

例如执行命令：

?CHR（7）

屏幕不显示任何字符，但可以听到"铛"的声音。

2.4.4.3　字符转换成日期函数

格式：CTOD(<字符表达式>)

功能：将字符型数据转换成日期型数据。

例如执行命令：

?CTOD（"^2008/10/06"）

屏幕显示：

10/06/08

2.4.4.4　日期转换成字符函数

格式：CTOD(<日期表达式>[, 1])

功能：将日期型数据转换成字符型数据，如果使用可选项 1，函数以 YYYY/MM/DD 格式输出。

例如执行命令：

? "今天是："+DTOC（DATE（））

屏幕显示：

今天是：10/06/08

继续输入命令：

? "今天是: "+DTOC（DATE（）, 1)

屏幕显示:

今天是: 20081006

2.4.4.5 大写字母转换成小写字母函数

格式: Lower (<字符表达式>)

功能: 将<字符表达式>中所有大写字母转换成小写字母, 其他字符不变。

例如执行命令:

?Lower("我们学习 English")

屏幕显示:

我们学习 English

2.4.4.6 小写字母转换成大写字母函数

格式: UPPER(<字符表达式>)

功能: 将<字符表达式>中所有小写字母转换成大写字母, 其他字符不变。

例如执行命令:

?UPPER("我们学习 English")

屏幕显示:

我们学习 English

2.4.4.7 数值转换成字符函数

格式: STR(<数值表达式>[, <m>[,<n>]])

功能: 将<数值表达式>中的值转换成字符串。M,n 均是数值表达式。M 规定<数值表达式>转换成字符串后的总长度, 包括符号位（正, 负号）、小数点和小数位在内; n 规定转换成字符串后小数点后面的字符个数, 省略 n 时, 只转换整数部分。M 和 n 同时省略时, 转换后的字符串长度为 10, 无小数部分。

返回字符串的理想长度 L 应该是<数值表达式>值的整数部分位数加上<小数位数>值, 再加上 1 位小数点。如果<m>值大于 L, 则字符串加前导空格以满足规定的长度要求; 如果<m>值大于等于<数值表达式>值的整数部分位数（包括负号）但又小于 L, 则优先满足整数部分而自动调整小数位数; 如果<m>值小于<数值表达式>值的整数部分位数, 则返回一串星号（*）。

例如执行命令:

x=456.265

? STR（x,5,1）, STR（x,5,2）, STR（x,2）,   STR（x,5）,STR（x）

屏幕显示:

**456.3   456.3   **   456   456

2.4.4.8 字符串转换为数值

格式: VAL （<字符表达式>)

功能: 将由数字符号（包括正负号、小数点）组成的字符型数据转换长相应的数值型数据。若字符串内出现非数字字符, 那么只转换前面部分; 若字符串的首字符不是数字符号, 则返回数值零, 但忽略前导空格。

例如执行命令:

?VAL("12 ABC"),VAL("12.34 ABC345"),VAL("ABC12DE")

屏幕显示:

12.00   **12.34**   **0.00**

2.4.5 测试函数

在数据处理过程中，有时用户需要了解操作对象的状态。例如，要使用的文件是否存在、数据库的当前记录号、是否到达了文件尾、检索是否成功、某工作区中记录指针所指的当前记录是否有删除标记、数据类型等信息。尤其是在运行应用程序时，常常需要根据测试结果来决定下一步的处理方法或程序走向。

2.4.5.1 空值（NULL 值）测试函数

格式：IS NULL（<表达式>）

功能：判断一个表达式的运算结果是否为 NULL 值，若是 NULL 值返回逻辑真（.T.），否则返回逻辑假（.F.）。

例如执行命令：

Store .NULL. to x

?x, ISNULL(x)

屏幕显示：

.NULL.   .T.

2.4.5.2 数据类型测试函数

格式：VARTYPE（<表达式>[，<逻辑表达式>]）

功能：测试表达式的类型，返回一个大写字母，函数值为字母型。字母的含义如表 2-4 所示。

表 2-4 用 VARTYPE（）测得的数据类型

返回的字母	数据类型	返回的字母	数据类型
C	字符型或备注型	G	通用型
N	数值型、浮点型或双精度型	D	日期型
Y	货币型	T	日期时间型
L	逻辑型	X	NULL 值
O	对象型	U	未定义

若<表达式>是一个数组，则根据第一个数组元素的类型返回字符串。若<表达式>的运算结果是 NULL 值,则根据<逻辑表达式>值决定是否返回<表达式>的类型：如果<逻辑表达式>值为.T.,就返回<表达式>的原数据类型。如果<逻辑表达式>值为.F.或缺省,则返回 x 以表明<表达式>的运算结果是 NULL 值。

例如执行命令：

x="AAA"

Store 10 to y

Store .NULL. to x

Store $100.2 to z

?vartype(x)， vartype(x,.T.)， vartype(y)， vartype(z)，

屏幕显示：

x   c   n   y

2.4.5.3 表文件尾测试函数

系统对表中的记录是逐条进行处理的。对于一个打开的表文件来说，在某一时刻只能处

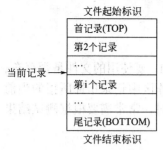

文件起始标识

| 首记录(TOP) |
| 第2个记录 |
| ... |
| 第i个记录 |
| ... |
| 尾记录(BOTTOM) |

当前记录 →

文件结束标识

图 2-12　表文件的逻辑结构

理一条记录。Visual FoxPro 为每一个打开的表设置了一个内部使用的记录指针，指向正在被操作的记录，该记录称为当前记录，记录指针的作用是标识表的当前记录。

表文件的逻辑结构如图 2-12 所示。最上面的记录是手记录，记为 TOP，最下面的记录是尾记录，记为 BOTTOM。在第一个记录之前有一个文件起始标识，称为 Beginning of File （BOF）；在最后一个记录的后面有一个文件结束标识，称为 End of File （EOF）。使用测试函数能够得到指针的位置。刚刚打开表时，记录指针总是指向首记录。

格式：EOF（[<工作区号>/<表别名>]）。

功能：测试指定表文件中的记录指针是否指向文件尾，若是返回逻辑真.T.，否则返回逻辑假.F.。表文件尾是指最后一条记录的后面位置。若缺省自变量，则测试当前表文件。若在指定工作区上没有打开表文件，函数返回逻辑假.F.。若表文件中不包含任何记录，函数返回逻辑真.T.。

例如执行命令：

　　　　USE AA
　　　　GO BOTTOM
　　　　?EOF （）
　　　　　　　.F.
　　　　 SKIP
　　　　　　? EOF （），EOF （2）&&假定 2 号工作区没有打开表

屏幕显示：　　.T.　　.F.

2.4.5.4　表文件首测试函数

格式：BOF（[<工作区号>/<表别名>]）

功能：测试当前表文件（若缺省自变量）或指定表文件中的记录指针是否指向文件首，若是返回逻辑真.T.，否则返回逻辑假.F.。表文件首是指第一条记录的前面位置。

若在指定工作区上没有打开表文件，函数返回逻辑假.F.。若表文件中不包含任何记录，函数返回逻辑真.T.。

2.4.5.5　记录号测试函数

格式：RECNO（[<工作区号>/<表别名>]）

功能：返回当前表文件（若缺省自变量）或指定表文件中当前记录（记录指针所指记录）的记录号。如果指定工作区上没有打开表文件，函数值为 0。如果记录指针指向文件尾，函数值为表文件中的记录数加 1。如果记录指针指向文件首，函数值为表文件中第一条记录的记录号。

2.4.5.6　条件测试函数

格式：IIF（<逻辑表达式>,<表达式 1>,<表达式 2>）

功能：测试<逻辑表达式>的值，若为逻辑真.T.,函数返回<表达式 1>的值,若为逻辑假.F.,函数返回<表达式 21>的值。<表达式 1>和<表达式 2>的类型不要求相同。

例如执行命令：

　　　　X=100

```
        Y=300
        ?IIF(X>100,X.50,X+50),IIF(Y>100,Y.50,Y+50)
屏幕显示：
```

150　250

习　题

1. 选择题

（1）逻辑运算符在运算时，其优先顺序是（　　）。

  A. NOT—AND—OR   B. AND—NOT—OR

  C. OR—NOT—AND   D. 从左至右按先后次序

（2）下列各种字符组合中，（　　）不是 FoxPro 中的字符型常量。

  A. 两个 N 型数据   B.两个 C 型数据

  C. '1995'   D. [10.86]

（3）运算符"+"号不可以作用于（　　）。

  A. 计算机应用   B."ABCDE"

  C. 两个 D 型数据   D.一个 N 型数据

（4）命令？"12+23"的结果为（　　）。

  A. 12+23   B. 41   C. 18   D. 23

（5）函数 SUBSTR（"国际互联网"，5，4）的值是（　　）。

  A. 国际   B. 互联   C. 国际互   D. 联网

（6）表达式（15%2）*（15%4）+3*2 的值为（　　）。

  A. 0   B. 6   C. 9   D. 24

（7）系统默认设置下，表达式"湖工大"="湖南工业大学"和"湖南工业大学"="湖工大"的值为（　　）。

  A. .T. .T.   B. .F. .F.   C. .T. .F.   D. .F. .T.

（8）函数 LEN（SPACE（3）−SPACE（2））的值是（　　）。

  A. 5   B.1   C. −1   D. −5

（9）下列函数中返回值为数据型的是（　　）。

  A.SUBSTR（　）   B. STR 的（　）   C. AT（　）   D. SPACE（　）

（10）下列变量名中，不正确的是（　　）。

  A. A12345678 B. A C. AB−1 D. 1−A

（11）逻辑常量 A=.T. ,B=.T. ,C=.F.,下列各表达式中返回逻辑真的是（　　）。

  A.（NOT A OR B）AND C   B. NOT（A OR B）AND C

  C. A AND B OR NOT C   D. NOT A OR　B AND C

（12）下列表达式中不符合 vfp 规则的是（　　）。

  A. 07/08/37   B. T+t   C. VAL（"1234"）   D. 3X>15

2. 上机题

（1）将下列数学式改写为 Visual FoxPro 表达式形式，并上机执行相应命令计算出表达式的结果。

（a）$2(4+5)+3^2$

（b）$\sqrt{5^2 - 4 \times 3 \times 2}$

（c）$\dfrac{-48}{6 \times 2 \div 3}$

（d）e^2+2^e

（2）上机执行下列命令，熟悉函数的功能。

（a）　A="09/10/08"

　　　　B={^2008/09/02}

　　　　? ctod(A) −B,　A−dtoc(B)

　　　　? ctod(A)>B,　A>dtoc(B)

（b）A=dtoc(date(),1)

?"今天是:"+left(A,4)+"年"+iif(subs(A,5,1)="0",subs(A,6,1),subs(A,5,2))+"月"+right(A,2)+"日"

（c）　E="黄河　　"&& 此处有两个空格

　　　　F="长江"

　　　　?E+F ,E−F

　　　　?len(E+F) ,len(E−F)

（d）?mod(24, −7)

　　　?mod(−24, −7)

　　　?mod(24,7)

　　　?mod(−24,7)

3. 应用题

将任意一个四位的正整数 N 的各位上的数字分别用含有 N 的表达式表示出来,并分别存入 thou（千位）,hun（百位）,ten（十位）,date（个位）四个变量中，即分别写出各位数字的通项式。

例如：thou=int(N/1000)

第3章 表与数据库

使用 Visual FoxPro 6.0进行数据库应用系统开发的第一步就是要对所涉及的大量数据进行分析，提取出对实现应用系统有用的、有价值的数据，然后再创建数据表来存储数据。本章首先介绍数据表的基本概念，表的创建、维护等基本操作方法，内容涉及界面交互操作和命令操作两种，然后介绍排序和索引、数据库的基本操作。

3.1 表的创建

3.1.1 表的概念

关系数据库中，一个关系就是一个二维表。将一个二维表以文件形式存入计算机中就是一个表文件，常称为表（Table），其扩展名为.dbf。如果表中有备注或通用型的字段，则在磁盘上还会有一个与表文件名同名且扩展名为.fpt 的文件。表是组织数据、建立关系数据表的基本元素。

表是 Visual FoxPro 存储数据的文件，可分为数据库表和自由表两种，属于某一个数据库的表称为数据库表，不属于任何数据库而独立存在的表称为自由表。两种表在操作上基本相同，两种表是可以相互转换的，当一个自由表添加到某一个数据库中后，自由表就变成了数据库表；相反，若将数据库表从某一个数据库中移出，该数据库表就变成了自由表。从而可知，一个数据库由一个或多个数据表组成，各个数据表之间可以存在某种关系。借助于【表向导】或使用【表设计器】可以创建新表。

3.1.2 表结构的设计

数据表由表文件名（关系名）、表结构（属性）、数据记录（远足）3 部分组成。建立表文件包括表文件命名、建立表结构、输入数据记录等操作。

在日常的学生学籍管理工作中，经常会遇到如表 3-1 所示的二维表。

表 3-1　学生基本情况表

学 号	姓 名	性别	出生年月	政治面貌	籍 贯	入学时间	简历	相片
33006101	赵玲	女	08/06/1986	团员	黑龙江省哈尔	09/06/2006	Memo	Gen
33006102	王刚	男	06/05/1985	党员	四川省自贡市	09/06/2006	Memo	Gen
33006104	李广	男	03/12/1986	团员	山东省菏泽市	09/06/2006	Memo	Gen
33006105	王芳	女	04/12/1986	预备党员	湖南省湘潭县	09/06/2006	Memo	Gen
33006106	张丰	男	05/07/1985	团员	湖南省长沙市	09/06/2006	Memo	Gen
33006107	王菲	女	01/01/1986	群众	湖南省永州市	09/06/2006	Memo	Gen
33006108	李伟	男	12/10/1986	党员	湖南省益阳市	09/06/2006	Memo	Gen
33006109	王丽	女	11/20/1985	预备党员	新疆呼图壁县	09/06/2006	Memo	Gen
33006110	赵协星	男	08/05/1986	团员	湖南省沅江市	09/06/2006	Memo	Gen

Visual FoxPro 6.0 采用的是关系数据模型，它能方便地将二维表作为"表"存储到计算机的存储器中。在建表时，二维表的列标题将作为表的字段，标题栏下方的内容输入到表中成为表的数据，每一行数据称为表的一条记录。

在 Visual FoxPro 6.0 中，在创建一个表时要先确定以下两个要素：

① 表文件名；

② 表结构，表中各字段的字段名、字段类型和字段宽度等。

3.1.2.1 表文件名

在 Visual FoxPro 中规定，表文件名可由字母、数字、汉字或下划线所组成，其长度不得超过 255 个字符，且第一个字符必须是字母、汉字或下划线。注意一个汉字占用两个字符的位置。表文件的扩展名为.dbf 或.DBF，一般不用人为指定。

在实际的使用中，表名应该简明且容易记忆，可以使用汉语拼音声母组合、简短汉字或英文单词作为表文件名，但不要与系统关键字同名，以免产生混淆。例如：为表 3-1 建立一个自由表，可以命名为"学生基本情况表"或"Student"。

3.1.2.2 表结构

Visual FoxPro 中表的一部分用来存储二维表的表头信息（表结构描述），另一部分存储记录数据。二维表的各列称为字段，表的结构描述通过对表中各个字段的属性定义来实现。字段的属性描述内容包括字段名称、字段类型和字段宽度以及是否允许为空等，对于数值型字段还包括小数位数。

（1）字段名

字段名是表中每个字段的名字，它必须以字母、汉字或下划线开头，由字母、汉字、数字或下划线组成，但不能包含空格。自由表中的字段名最多为 10 个字符，数据库表中的字段名最多为 128 个字符。当数据库表转化为自由表时截去字段名超长部分的字符。

在为一个表的字段命名时，应注意字段名要简洁，而且含义明确。注意，同一个表中字段名不能相同。

（2）字段类型

字段的数据类型决定存储在字段中的值的数据类型，不同数据类型的字段中可以存储不同特征的数据。在实际应用中确定数据类型，要与应用系统的需求相一致。Visual FoxPro 定义了 13 种字段数据类型，常用的字段类型有 11 种，见表 3-2 所示。

表 3-2 Visual FoxPro 常用的字段类型

类　　型	代号	最大宽度	说　　明
字符型	C	254	存放从键盘输入的可显示或打印的字符或汉字，1 个字符占 1 个字节，最大可存储 254 个字节
货币型	Y	8	存储货币数据，与数值型不同的是数值保留 4 位小数 范围：-922337203685477.5808～922337203685477.5807
数值型	N	20	存放由正负号、数字和小数点且能参加数值运算的数据 范围：$-0.9999999999E+19～0.9999999999E+20$
浮点型	F	20	与"数值型"相同，为与其他软件兼容目的而设计
整型	I	4	用于存储介于-2147483647～2147483647 之间的整数
双精度型	B	8	存放精度要求较高的数值 范围：$\pm4.94065645841247E-324～\pm8.9884656743115E+307$
日期型	D	8	可以存储日期（年、月、日） 范围：{^0001/01/10}～{^9999/12/31}

类　　型	代号	最大宽度	说　　明
日期时间型	T	8	存放由年、月、日、时、分、秒组成的日期和时间 范围：{^0001/01/10 00:00:00AM}～{^9999/12/31 11:59:59PM}
逻辑型	L	1	存放 1 字节的逻辑数据：T（真）或 F（假）
备注型	M	4	用于存放不定长的字符型数据，数据保存在与表的主名相同的备注文件（扩展名为.fpt）中，数据量只受存储空间限制。表中存储 4 个字节的地址指针（指出数据在.fpt 文件中的位置）
通用型	G	4	用来存放图形、电子表格、文档、声音等 OLE 对象（对象链接与嵌入），数据保存在与表的主名相同的备注文件（扩展名为.fpt）中，数据量只受存储空间限制。表中存储 4 个字节的地址指针（指出数据在.fpt 文件中的位置）

（3）字段宽度

字段宽度表明准许字段存储的最大字符数。在表 3-2 中，只有字符型、数值型和浮点型 3 种类型的字段宽度可以改变，其他类型的字段宽度由系统统一规定，不能改变。字符型字段宽度在 1～254 个字节之间，数值型和浮点型字段的宽度为 1～20 个字节。

备注型和通用型的 4 个字节的字段宽度用于存放信息的地址，而实际信息是存储在一个与表文件主名相同的备注文件（扩展名为.fpt）中。

在建立表结构时，要根据存储数据的实际需要设定合适的宽度。

字符型字段宽度定义时应考虑所存放字符串的最大长度，例如，定义人的姓名字段，考虑到中国人的姓名绝大多数为 3 个汉字，再顾及到少数人的姓名为 4 个或 5 个汉字，可以设定姓名字段的宽度为 10（1 个汉字占 2 个字符位置）。

在定义数值型和浮点型字段宽度时，应考虑到正负号和小数点，例如，数值型字段宽度为 8，小数位数为 2 位，则能存放的最大数值为 99999.99，最小数值为-9999.99。一般来说，带小数的数值型字段宽度计算如下：

$$字段宽度=1(正负号)+整数位数+1(小数点)+小数位数$$

（4）是否允许为空（NULL）

表示是否允许字段接受空值（NULL）。空值是指无确定的值，它与空字符串、数值 0 等是不同的。一个字段是否允许为空值与字段的性质有关，注意作为主关键字的字段是不允许为空值的。

根据上述规定，可为表 3-1 所示的学生基本情况表设计出如表 3-3 所示的表结构。

表 3-3　学生基本情况表的结构

字段名	字段类型	字段宽度	小数位	NULL
学号	字符型	8		否
姓名	字符型	10		否
性别	字符型	2		否
出生年月	日期型	8		否
政治面貌	字符型	8		否
籍贯	字符型	12		否
入学时间	日期型	8		否
简历	备注	4		是
相片	通用型	4		是

3.1.3 表结构的创建

表（Table）结构的创建既可以通过命令方式，也可以借助于【表向导】或【表设计器】来实现，并可以按照需要为表设置字段名及其类型、宽度等。

3.1.3.1 文件位置设定

本教材约定用户文件均建立在 D:\VFP Exam 目录下。Visual FoxPro 启动启动后可指定此路径为缺省值，保证用户新建的文件集中在此目录下。文件位置设定操作步骤如下：

① 选定【工具】|【选项】命令，弹出如图 3-1 所示界面；

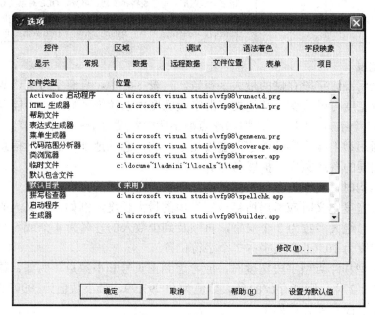

图 3-1 【选项】窗口

② 选择【文件位置】选项卡，在列表中选定【默认目录】选项，单击【修改】按钮，弹出如图 3-2 所示的【更改文件位置】对话框；

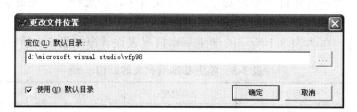

图 3-2 【更改文件位置】对话框

③ 选中【使用（U）默认目录】复选框，在"定位（L）默认目录"文本框中输入路径 D:\VFP Exam（或通过文本框右侧的 按钮选择路径）；

④ 单击【确定】按钮，返回【选项】窗口，继续单击【确定】按钮关闭该界面。

若在【选项】窗口关闭前，单击【设置为默认值】按钮，则每次启动 Visual FoxPro 后都设该路径为缺省值。文件位置除了可以使用上述交互方式设定外，还可以使用如下命令设定：

SET DEFAULT TO D:\VFP Exam

3.1.3.2　命令方式创建表结构

命令格式：CREATE [<表文件名>]

功能：创建一个表文件。

说明：

①　只在【命令】窗口中键入 CREATE 时，将会出现如图 3-3 所示对话框。在【保存在】后面的文本框中选择新建表所在的文件夹，在【输入表名】后的文本框中输入新建表的名称（如 Student），然后单击【保存】按钮，进入【表设计器】窗口，如图 3-4 所示。

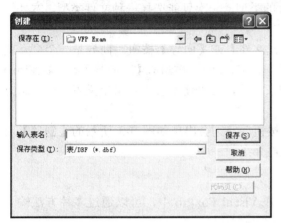

图 3-3　【创建】对话框

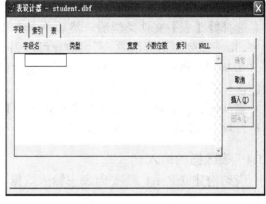

图 3-4　【表设计器】窗口

②　在【表设计器】窗口中，分别输入表中各个字段的名称、类型、宽度，如果是数值型、浮点型字段，还需要定义小数位数。在输入数据机构信息是，由上至下逐个字段地输入，每输入一项，用 Tab 键结束，也可用鼠标单击下一行的【字段名】文本框，以定义一个新的字段。如果要将某个字段定义为空值，只需要在 NULL 下面单击鼠标即可。以表 3-1 为例，分别输入各字段名及其类型、宽度等，结果如图 3-5 所示。

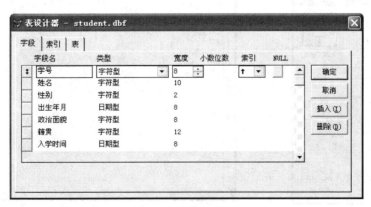

图 3-5　表结构创建

③　在【表设计器】窗口中的各个字段输入完成之后，单击【确定】按钮，弹出如图 3-6 所示的对话框，询问"现在输入数据记录吗？"，选择【否】，则退出建表工作，返回到【命令】窗口，这表明刚建立的数据表是一个只有结构而无数据的空表，以后需要时可以打开该表再输入数据记录。若选择【是】按钮，则可以立即输入数据记录。

图 3-6　输入提示

④ 若在【命令】窗口中键入 CREATE <文件名>，则直接进入如图 3-4 所示的【表设计器】窗口。

3.1.3.3　菜单方式创建表结构

通过菜单方式创建表有两种方式，即【表向导】和【表设计器】。

选择【文件】|【新建】命令，将打开如图 3-7 所示的【新建】对话框，用户选择新建文件的类型，一次只能选择一种文件类型，本处的文件类型为"表"。

选择好【表】文件类型后，然后单击【新建文件】或【向导】按钮。向导是一个交互式程序，由一系列对话框组成。利用向导可以引导用户完成一系列操作。【表向导】是众多 Visual FoxPro 向导中的一种，在有样式表可供利用的条件下，可以使用表向导来定义表结构，这方面的操作这里不作介绍，操作者可自行完成。

当从【新建】对话框中选择【新建文件】按钮后，则会出现如图 3-3 所示的【创建】对话框，接下来的操作与之前所讲相同，此处不再介绍。

3.1.4　表数据的输入

表结构建立之后，需要向表中输入数据。在 Visual FoxPro 中，可以通过多种方法输入数据。

3.1.4.1　创建表结构时输入

当表中所有字段定义完成后，单击【确定】按钮，出现图 3-6 所示的【Microsoft Visual FoxPro】对话框，单击【是】按钮，进入数据输入编辑窗口，便可以向表中输入数据了。如图 3-8 所示。

图 3-7　【新建】对话框

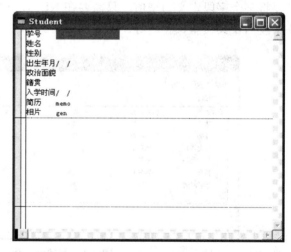

图 3-8　【Microsoft Visual FoxPro】对话框

在图 3-8 所示的窗口中，显示了当前表中记录的所有字段名，可依次输入这些字段的数据，当完成输入时，用鼠标单击【关闭】按钮即可，或按【Ctrl+W】组合键保存数据并退出数据输入编辑窗口。

如果需要输入备注型字段的内容，可在备注型字段 memo 上双击或按【Ctrl+PgUp】或

【Ctrl+PgDn】建，进入备注字段编辑窗口。在这里可以编辑备注型字段的内容。输入和编辑好备注型字段的内容后，可单击【关闭】按钮，或按【Ctrl+W】组合键，将输入数据保存到备注文件中，并退出输入编辑状态；若按 Esc 建或【Ctrl+Q】组合建则输入数据不保存，并退出输入编辑状态。退出备注字段编辑窗口后，回到记录数据输入编辑窗口，继续输入其他数据。

通用型字段数据输入与备注型字段类似，在通用型字段 Gen 上双击或按【Ctrl+PgUp】或【Ctrl+PgDn】建，进入通用型字段编辑窗口。在系统主菜单的【编辑】菜单中选择【插入对象】命令，出现【插入对象】对话框。若插入的对象是新建的，在单击【新建】单选按钮，然后从【对象类型】列表框中选择要创建的对象类型。若插入的对象已经存在，在单击【由文件创建】单击按钮，在【文件】文本框中直接输入文件的路径即文件名，也可单击【浏览】按钮，选择需要的文件。若不是将已存在的文件实际插入到表中，而是建立一种链接的关系，则需单击【链接】复选框。若需要将插入的对象显示为一个图标，则单击【显示图标】复选框。

最后，单击【确定】按钮，所选定的对象将自动插入到表中。

3.1.4.2 使用菜单命令输入数据

单击【显示】|【浏览】命令，这时【菜单】栏中增加了【表】菜单项，单击【表】|【追加记录】命令，这时在文件尾部新增一条空白记录，光标跳至该记录，输入记录内容，此时还可对该记录之前的记录进行编辑。当还要追加记录时，再单击【表】|【追加记录】命令，以此类推，直至所有记录输入完毕。

3.1.4.3 具体操作时应注意的几个问题

① 在数据输入编辑窗口中，记录数据按逐个字段输入。一旦在最后一条记录的任何一个字段输入数据，Visual FoxPro 将自动提供下一记录的输入位置。

② 若输入的数据充满了整个字段，则光标自动移到下一字段，否则，需要按回车键才能将光标移到下一字段。

③ 逻辑型字段只能接收 T、t、Y、y（表示"真"），F、f、N、n（表示"假"）中的任何一个字符。

④ 日期型字段应注意日期格式和日期的有效性，日期型数据的输入应按默认的严格日期格式进行输入，格式为：{^yyyy/mm/dd}。

⑤ 备注型字段标记若为 memo 则表示该字段为空，若为 Memo 则表示该字段输入了备注数据。同样，通用型字段标记若为 Gen 则表示该字段为空，若为 Gen 则表示该字段已经插入了对象。

3.2 表的维护

表创建好之后，如果数据正确，那么可能经过很长的时间也不会改变。但事实上，有些数据是需要不断更新和修改的。例如，增加或删除某些记录、更改某条记录中某一字段的值，甚至对表结构进行修改等。在 Visual FoxPro 中，所有这些操作都可以通过命令或菜单的方式完成。

3.2.1 表文件的打开与关闭

在 Visual FoxPro 中，大部分表操作都是指对当前打开的表进行操作，因此，在进行各种表操作之前必须先打开表。刚创建的表则自动处于打开状态，在其他情况下可以用如下方法打开表。

3.2.1.1 命令方式打开和关闭表

命令格式：USE ［<表文件名>］［ALIAS <别名>］［NOUPDATE］[EXCLUSIVE|SHARED]

功能：在当前工作区中打开或关闭表。

说明：

① 命令中<表文件名>表示被打开的表名字；缺省<表文件名>表示关闭当前工作区中已经打开的表。

② ALIAS <别名>是为打开的表文件设定一个别名，便于多个表操作时进行访问，缺省时别名为表文件名本身。

③ NOUPDATE 指定以只读方式打开表，EXCLUSIVE 指定以独占方式打开表，SHARED 指定以共享方式打开表。

④ 打开表时，若表含有备注型字段，则该表的备注文件也同时被打开。

⑤ 在任一时刻，每个工作区最多允许打开一个表。如果指定工作区已有表打开，则在打开新表时，系统总是先关闭原来打开的表。

⑥ 已打开的一个表有一个指针与其对应，指针所指的记录称为当前记录。打开表时，记录指针指向第一条记录。

⑦ USE 命令只是针对表文件的打开操作，因此，在键入表文件名时可以省略扩展名.dbf，系统默认的扩展名为.dbf。

⑧ 表操作结束后应及时关闭，以便将内存中的数据保存到外存的表中。

例 3-1 打开学生基本情况表，然后将其关闭。

USE D:\VFP Exam\Student

USE

3.2.1.2 关闭表的其他方法

可以用以下命令之一关闭已打开的表。

CLEAR ALL：关闭所有的表，并选择工作区 1，事发所有内存变量、用户定义的菜单和窗口。

CLOSE ALL：关闭所有打开的数据库和表，并选择工作区 1，关闭各种设计器和项目管理器。

CLOSE DATABASE [ALL]：关闭当前数据库和其中的表，若无打开的数据库，则关闭所有自由表，并选择工作区 1。带 ALL 则关闭所有数据库何其中的表，以及所有已经打开的自由表。

CLOSE TABLES [ALL]：关闭当前数据库中所有的表，但不关闭数据库。若无打开的数据库，则关闭所有自由表。带 ALL 则关闭所有数据库中所有的表和所有自由表，但不关闭数据库。

除以上命令之外，还有通过退出 Visual FoxPro 来关闭已打开的表。选定【文件】菜单中的【退出】命令，或在【命令】窗口键入命令 QUIT 后回车。

3.2.1.3 菜单方式打开和关闭表

（1）打开表

使用【文件】菜单中的【打开】命令，弹出如图 3-9 所示的【打开】对话框。

在【打开】对话框中，若选定【以只读方式打开】复选框，则对于打开的表不能进行任何编辑修改操作；若要对表进行编辑修补操作，则必须选定【独占】复选框→在"文件类型"列表框中选取"表（*.dbf）"，选定所要打开的表文件→单击【确定】按钮。

（2）关闭表

关闭表文件以保证更新后的内容能写入相应的表中。关闭表的具体操作方法是：选择【窗口】菜单中的【数据工作期】命令，弹出如图 3-10 所示的【数据工作期】窗口，在【数据工作期】窗口中选择【关闭】按钮即可关闭表。

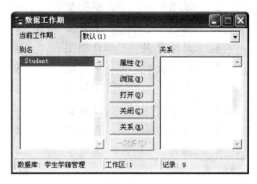

图 3-9　【打开】对话框　　　　　　　　　图 3-10　【数据工作期】窗口

注意：不能使用【文件】菜单中的【关闭】命令关闭表文件，【关闭】命令仅仅关闭当前窗口。

3.2.2　表结构的显示与修改

建好表结构以后，可以通过显示表结构命令查看表中各字段的名字、类型、宽度等信息。若需要更改字段名、字段类型或删除、增加字段，可以使用修改表结构命令。

3.2.2.1　表结构的显示

表文件结构的显示方法由两种：命令方式和菜单方式。

（1）命令方式

命令格式：LIST|DISPLAY STRUCTURE［TO PRINTER［PROMPT］|TO FILE ＜文件名＞］

功能：显示当前已经打开表的结构。

说明：

① 所选择 TO PRINTER 子句，则为边显示边打印；若包括 PROMPT 命令，则在打印前显示一个对话框，用于设置打印机，包括打印分数、打印的页码等。

② 若选择 TO FILE ＜文件名＞，则在显示的同时将表结构信息保存到指定的文本文件中。

③ LIST 命令和 DISPLAY 命令的功能类似，都是显示当前打开的表文件的结构。区别是 LIST 命令为连续显示，即显示表文件结构超过一屏时自动向上滚屏，直到显示完为止。而 DISPLAY 命令为分屏显示，即显示满一屏信息后自动暂停，按任意键可继续显示下一屏的信息。

例 3-2　显示 Student.DBF 表文件结构。

　　USE Student　　　　　　　　　　　　&&在当前工作区中打开 Student 表

　　LIST STRUCTURE　　　　　　　　　　&&显示 Student 表的结构

　　在主窗口显示如下：

表结构:		D:\VFP EXAM\STUDENT.DBF					
数据记录数:		9					
最近更新的时间:		07/29/08					
备注文件块大小:		64					
代码页:		936					
字段	字段名	类型	宽度	小数位	索引	排序	Nulls
1	学号	字符型	8		升序	PINYIN	否
2	姓名	字符型	10				否
3	性别	字符型	2				否
4	出生年月	日期型	8				否
5	政治面貌	字符型	8				否
6	籍贯	字符型	12				否
7	入学时间	日期型	8				否
8	简历	备注型	4				是
9	相片	通用型	4				是
** 总计 **			66				

上面显示结果的第 1 至第 3 行显示的信息中给出了当前表文件的盘符、路径、表文件名、记录个数及最后更新日期。在最后一行给出了字段的总字节数。需要说明，总字节数比实际总字节数多 1，用于存储记录的逻辑删除标记"*"号。

（2）菜单方式

选择【显示】菜单中的【表设计器】命令，进入表设计器对话框即可查看表文件结构，见图 3-5 所示。

3.2.2.2　表结构的修改

表文件结构定义以后可以根据需要进行修改，修改表文件结构包括修改字段名、字段类型、字段宽度、小数位数，还可以增加、删除、移动字段或修改索引标记。修改表文件结构的操作有两种方式，即命令方式和菜单方式。

（1）命令方式

命令格式：MODIFY STRUCTURE

功能：打开【表设计器】窗口，修改当前所打开表的结构。

在如图 3-5 所示的【表设计器】窗口出现后，可以根据需要修改字段属性，也可以利用【插入】按钮在任何位置（在第一字段之前或任意两个字段之间）增加字段，或利用【删除】按钮删除选定的字段。

表结构修改完成后，可选择窗口的【确定】按钮或【取消】按钮对所做的修改进行确认或取消。

若选【确定】按钮，将出现"结构更改为永久性更改？"的询问信息窗口。按【是】按钮表示修改有效，结果存储并关闭表设计器。按【否】按钮则意义相反，重新返回【表设计器】窗口。

与【取消】按钮作用相同的是【Ctrl+Q】键、【ESC】键和窗口的关闭按钮。

（2）菜单方式

选择【显示】菜单中的【表设计器】命令，打开【表设计器】窗口，如图 3-5 所示，即可在查看表文件结构的同时修改表结构。

3.2.3　记录的显示

记录显示命令有 LIST/DISPLAY，BROWSE 等，BROWSE 也可通过菜单方式完成。

3.2.3.1　LIST/DISPLAY 命令

命令格式：LIST|DISPLAY[<范围>] [[FIELDS]<表达式表>] [FOR <条件>] [WHILE <条件>] [OFF]

[TO PRINTER[PROMPT]|TO FILE <文件名>]

功能：显示当前已打开表中内指定范围内满足条件的记录，或送到指定的目的地。

说明：

① 命令动词 LIST 和 DISPLAY 的功能有所不同，LIST 以滚动方式显示，DISPLAY 为分屏显示。

② 单独使用 LIST 显示的是所有的记录，而 DISPLAY 则显示的是当前记录。若要用 DISPLAY 显示所有记录，须给它指定范围为 ALL。

③ 为例让用户了解显示内容所在的记录，命令自动显示记录号，若不需要显示记录号，则在命令中使用[OFF]选项。

④ 选项 TO PRINTER 是将显示结果送到打印机打印，选项 TO FILE <文件名>是将显示结果同时保存到指定的文本文件中。

⑤ FIELDS 子句指定要显示的字段，相当于关系运算的"投影"操作。该子句的保留字 FIELDS 可以省略，<表达式表>用来列出需要显示的内容，表达式中包含有字段变量，表达式之间用"，"号分隔。

例 3-3　显示 Student 中的学号、姓名、性别和年龄。

可在命令窗口键入如下命令：

USE Student
LIST FIELDS 学号,姓名,性别,YEAR(DATE())-YEAR(出生年月)

主窗口显示如下：

记录号	学号	姓名	性别	YEAR(DATE())-YEAR(出生年月)
1	33006101	赵玲	女	22
2	33006102	王刚	男	23
3	33006104	李广	男	22
4	33006105	王芳	女	22
5	33006106	张丰	男	23
6	33006107	王菲	女	22
7	33006108	李伟	男	22
8	33006109	王丽	女	23
9	33006110	赵协星	男	22

⑥ [范围]子句用来确定该命令涉及的记录，范围有 4 种形式：

- ALL：所有记录。
- NEXT <n>：从当前记录开始的连续的 n 条记录。
- RECORD <n>：第 n 条记录。
- REST：从当前记录开始到最后一条记录为止的所有记录。

例 3-4　显示第 1～5 条记录的指定字段。

可在命令窗口中键入如下命令：

USE Student

LIST FIELDS 学号,姓名,性别,出生年月　NEXT 5

主窗口显示如下：

记录号	学号	姓名	性别	出生年月
1	33006101	赵玲	女	08/06/86
2	33006102	王刚	男	06/05/85
3	33006104	李广	男	03/12/86
4	33006105	王芳	女	04/12/86
5	33006106	张丰	男	05/07/85

⑦ FOR 子句。FOR 子句的<条件>为逻辑表达式或关系表达式，它指定记录选择的条件，相当于关系运算的"选择"操作，在指定的范围内筛选出符合条件的记录。

例 3-5　显示 1985 年 6 月 1 日之后出生的指定字段。

USE Student

LIST FIELDS 学号,姓名,性别,出生年月　FOR　出生年月>{^1985/06/01}

主窗口显示如下：

记录号	学号	姓名	性别	出生年月
1	33006101	赵玲	女	08/06/86
2	33006102	王刚	男	06/05/85
3	33006104	李广	男	03/12/86
4	33006105	王芳	女	04/12/86
6	33006107	王菲	女	01/01/86
7	33006108	李伟	男	12/10/86
8	33006109	王丽	女	11/20/85
9	33006110	赵协星	男	08/05/86

⑧ WHILE 子句。WHILE 子句也用于指定操作条件，但仅在当前记录符合<条件>时才开始依次筛选记录，一旦遇到不满足<条件>的记录就停止操作。

例 3-6　显示 1985 年 6 月 1 日之后出生的指定字段。

若在命令窗口键入如下命令：

USE Student

LIST FIELDS 学号,姓名,性别,出生年月　WHILE　出生年月>{^1985/06/01}

主窗口显示如下：

记录号	学号	姓名	性别	出生年月
1	33006101	赵玲	女	08/06/86
2	33006102	王刚	男	06/05/85
3	33006104	李广	男	03/12/86
4	33006105	王芳	女	04/12/86

当筛选到第 5 条记录时，不满足条件出生年月>{^1985/06/01},则停止操作。

注意：若一条命令中同时带有 FOR 子句和 WHILE 子句时，WHILE 子句优先处理。

例 3-7 显示 1985 年 6 月 1 日以后出生的男学生信息。

可在命令窗口键入如下命令：

USE Student

LIST FIELDS 学号,姓名,性别,出生年月 FOR 性别="男" WHILE 出生年月>{^1985/06/01}

主窗口显示如下：

记录号	学号	姓名	性别	出生年月
2	33006102	王刚	男	06/05/85
3	33006104	李广	男	03/12/86

3.2.3.2 BROWSE 命令

命令格式：BROWSE [FIELDS <字段名表>][<范围>][FOR|WHILE <条件>][FREEZE <字段名>]

　　　　　[LOCK <数值表达式>][NOAPPEND][NODELETE][NOEDIT|NOMODIFY]

功能：以浏览窗口方式显示记录，同时还能输入和修改记录。

说明：

① 本命令能接子句可达到 40 多个，上述子句是较常用的。

② 子句[FIELDS <字段名表>], [<范围>], [FOR|WHILE <条件>]的功能与 LIST 或 DISPLAY 命令中的相同。

③ [FREEZE <字段名>]使光标冻结在某字段上，只能修改该字段，其他字段只能显示，不能修改。

④ [LOCK <数值表达式>]指定在窗口的左分区看到的字段数。

⑤ [NOAPPEND]禁止使用【Ctrl+N】键向表中追加记录。

⑥ [NODELETE]禁止使用用【Ctrl+T】键从表中删除记录。

⑦ [NOEDIT|NOMODIFY]只能显示记录，不能作任何其他修改。

3.2.3.3 【浏览】窗口显示记录

打开表后，在【显示】菜单中选择【浏览】命令，则打开【浏览】窗口，如图 3-11 所示，表的内容将出现在【浏览】窗口中。也可以在打开表后，在命令窗口中键入 BROWSE 命令打开【浏览】窗口。

在【浏览】窗口中，可以使用鼠标单击【浏览】窗口的滚动条或滚动块查看未出现在窗口中的信息，也可用键盘的光标控制键 PgUp、PgDn 来查看。

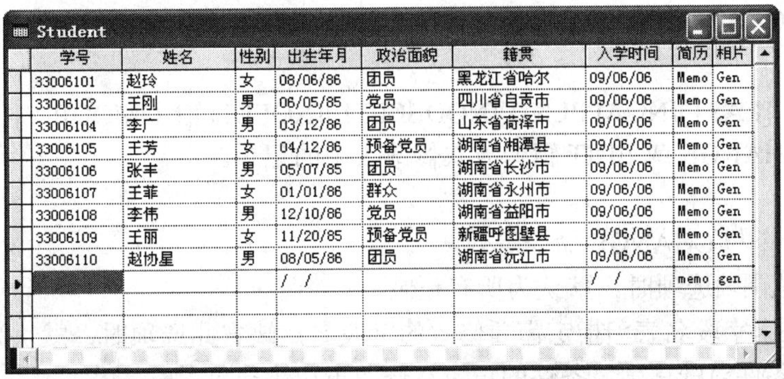

图 3-11 【浏览】窗口

【浏览】窗口显示表记录的格式分为编辑和浏览两种，编辑显示格式如图 3-8 所示，一个字段占一行，记录按字段竖直排列；浏览显示格式如图 3-11 所示，一条记录占一行。

【浏览】窗口左下角有一黑色小方块，可用于窗口的分割。用鼠标将小方块向右拖动，便可把窗口分为两个分区。两个分区显示同一表的内容，显示方式可根据需要任意设置。光标所在的分区称为活动分区，只有活动分区的内容才允许改变。单击某分区可使它称为活动分区，【表】菜单中的切换分区命令也可以用于改变活动分区，如图 3-12 所示。

经分割后的两个分区通常是同步的，也就是说当在一个分区选定某记录时，另一分区中也会显示该记录。这样，同一记录必然在两个分区同时看到。【表】菜单项中的链接分区命令可以解除这种同步（取消该命令前的"√"）。此后当记录在一个窗口中滚动时，另一个窗口的记录保持不变，这样就能在一幅屏幕上查看到更多的记录内容，也便于在表的前后记录之间进行对照。重新在该命令前打"√"后，又能恢复同步。

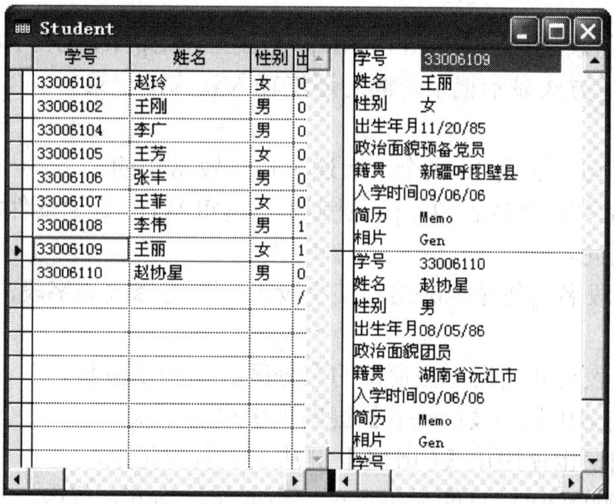

图 3-12　【浏览】窗口的分割

3.2.4　记录的修改

CHANGE、EDIT、BROWSE 命令用于记录修改时，修改的数据均必须由用户从键盘输入，是以手工方式进行的。当需要对记录做批量修改时，可采用非常有用的替换修改命令REPLACE。

3.2.4.1　CHANGE/EDIT 命令

命令格式：CHANGE|EDIT[<范围>][FIELDS <字段名表>][FOR|WHILE <条件>][FREEZE <字段名>]

[LAST][NOAPPEND][NODELETE][NOEDIT][NOMODIFY]

功能：以 CHANGE 或 EDIT 窗口方式修改表中的记录。

说明：

① EDIT 命令与 CHANGE 命令等效。

② 缺省[<范围>]选项时，默认为所有记录。

③ [FIELDS <字段名表>]指定需要修改的字段名，缺省此选项时，默认为所有记录。

④ [FOR <条件>]只有满足条件的记录在修改窗口中显示。

⑤ [WHILE <条件>]表示只要<条件>为真，就一直在修改窗口中显示记录。

⑥ [LAST]指示用最近一次窗口形式来打开【浏览】窗口。

⑦ [NOAPPEND]禁止使用【Ctrl+N】键向表中追加记录。

⑧ [NODELETE]禁止使用【Ctrl+T】键从表中删除记录。

⑨ [NOEDIT][NOMODIFY]用于禁止记录的修改。

例 3-8　用 CHANGE 命令修改 Student 表中的内容。

可在命令窗口键入如下命令：

USE Student

CHANGE FIELDS　学号,姓名,性别,政治面貌,籍贯

3.2.4.2　REPLACE 命令

REPLACE 命令是一个批量修改命令，它直接修改表中字段的内容，并不显示编辑界面。

命令格式：R3PLACE [<范围>] <字段名 1> WITH <表达式 1> [ADDITIVE]

　　　　　　　　[,<字段名 2> WITH <表达式 2>[ADDITIVE]…]

　　　　　　　　[FOR <条件>][WHILE <条件>]

功能：在当前已打开的表文件中，对指定范围内满足条件记录的指定字段用对应表达式的值来替换。

说明：

① REPLACE 命令可以对表中任意字段的内容进行替换，但替换内容与对应字段的类型要保持一致。

② 如果表达式值的长度比数值型字段定义的宽度大，此命令首先截去多余的小数位，剩下小数部分四舍五入；如还达不到要求，则以科学计数法保存此字段的内容；如果还不满足，此命令将用星号（*）代替该字段内容。

③ [ADDITIVE]选项，只适用于备注型字段的修改，若有此选项，则表示将 WITH 后面的<表达式>的内容添加在原来备注内容的后面；否则，WITH 后面<表达式>的内容将会覆盖原来的备注内容。

④ 当缺省[<范围>]和[FOR <条件>]两个选项时，则仅对当前记录进行替换。

例 3-9　Student 第 5 条记录的张丰的学号改为 33006111，而其发展为预备党员，对 Student 做相应修改

可在命令窗口键入如下命令：

USE Student

Go 5

REPLACE　学号　WITH "33006111",政治面貌　with "预备党员"

3.2.5　记录指针的定位

在表文件中，系统有一个用来指示记录位置的指针，称为记录指针，指针当前所指向的记录称为当前记录。记录指针的定位，就是根据操作需要移动表中的记录指针。记录指针的定位有绝对定位和相对定位，操作方式有命令和菜单两种方式。

3.2.5.1　记录定位命令

在 Visual FoxPro 中，每条记录都有一个记录号，记录在输入时就已按顺序编号了。对记录进行定位的方法有 4 种：绝对定位、相对定位、条件定位和快速定位，快速定位方式将在后面章节中介绍。

（1）指针的绝对定位

命令格式：[GO|GOTO][RECODE] <数值表达式>|TOP|BOTTOM

功能：在当前已打开的表文件中，移动记录指针到指定的纪记录上。

说明：

① [RECOED] <数值表达式>：指定一个物理记录号，将记录指针移到该记录上。GO 或 GOTO 可以省略，但只能在当前工作区中移动。<数值表达式>的值必须大于 0，且不大于当前表文件中的记录数。

② TOP：将记录指针移到表文件的首记录上。如果该表使用升序索引，则首记录是关键值最小的记录；如果该表使用降序索引，则首记录是关键值最大的记录。

③ BOTTOM:将记录指针移到表文件的尾记录上。如果该表使用升序索引，则尾记录是关键值最大对记录；如果该表使用降序索引，则尾记录是关键值最小的记录。

例 3-10　将记录指针分别定位在第 5 条记录和尾记录上并显示结果。

USE Student

GO 5

DISPLAY

结果显示为：

记录号	学号	姓名	性别	出生年月	政治面貌	籍贯	入学时间	简历	相片
5	33006111	张丰	男	05/07/85	预备党员	湖南省长沙市	09/06/06	Memo	Gen

GOTO BOTTOM

DISPLAY

结果显示为：

记录号	学号	姓名	性别	出生年月	政治面貌	籍贯	入学时间	简历	相片
9	33006110	赵协星	男	08/05/86	团员	湖南省沅江市	09/06/06	Memo	Gen

（2）指针的相对定位

命令格式：SKIP [<数值表达式>]

功能：在当前已打开的表文件中，记录指针从当前位置向前（记录号减小的方向）或向后（记录号增大的方向）移动。

说明：

① <数值表达式>可以是常量，也可以是已赋过值的变量，但该值必须为整数，表示相对当前位置要移动的记录个数。<数值表达式>的值既可以是正数，表示是记录指针从当前位置向后移动，也可以是负数，表示是记录指针从当前位置向前移动。

② 若省略<数值表达式>，则系统使用默认值为 1。

③ SKIP 命令上移不能超过首记录，下移不能超过尾记录。

④ 记录指针移动以后，计算当前记录号的方法是：

$$[当前记录号]_{移动后}= [当前记录号]_{移动前}+<数值表达式>$$

例 3-11　若表中有若干条记录，要求显示该表中的最后 5 条记录。

USE Student

GO BOTTOM

SKIP–4

DISPLAY REST

（3）条件定位

命令格式：LOCATE FOR <逻辑表达式>

功能：在当前表中将记录指针定位满足条件的第一条记录上。

说明：

① 本命令可以多次使用 CONTINUE 命令将记录指针移动到满足条件的第二条记录和第三条记录等。

② 可以用 FOUND 函数判断 LOCATE 或 CONTINUE 命令是否找到了满足条件的记录。在应用程序中，使用 LOCATE 命令的程序结构通常为：

LOCATE FOR <逻辑表达式>

DO WHILE FOUND

　　// 处理 //

　　CONTINUE

ENDDO

3.2.5.2　记录定位的菜单操作

选择【显示】菜单中的【浏览】命令，再选择【表】菜单下的【转到记录】，将显示图 3-13 所示的子菜单。

通过选择该子菜单中的某一子命令即可将记录指针定位在相应的记录上。

3.2.6　记录的增加

向当前已经打开的表中增加记录，其方法有两种：一种是在表的尾部追加记录；另一种是在表中的任意位置插入记录。

3.2.6.1　追加记录

追加到当前已打开的表中的记录可直接从键盘输入，也可将其他数据文件中的数据追加到当前表中。

1. 直接追加记录

（1）命令方式

命令格式：APPEND [BLANK]

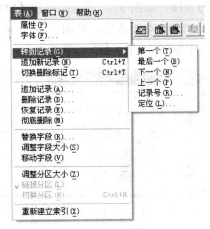

图 3-13　【转到记录】菜单

功能：在当前表文件的尾部追加一条或多条新记录。

说明：

① 使用 APPEND 命令时，应先打开需要添加记录的表。如果没有任何表处于打开状态，则执行 APPEND 命令后，则会弹出一个打开对话框，要求给出一个表文件。

② 在命令窗口中输入 APPEND 命令并按回车后，将会出现一个编辑窗口，如图 3-8 所示，可以输入新记录的内容。

③ 若选择可选项[BLANK]，则是在表的尾部追加一条空白记录，然后再用 EDIT、CHANGE、BROWSE 命令交互修改空白记录的值，或用 REPLACE 命令直接修改空白记录的值。

（2）菜单方式

打开表文件，并在 Visual FoxPro 主窗口中选择【显示】|【浏览】命令，此时在主窗口上显示打开的表文件的记录内容。

① 选择【表】|【追加新记录】命令（或 Ctrl+Y）。只追加一条新的空白记录。

② 选择【显示】|【追加方式】命令。输入内容后，可自动再添加一条新记录。

2．从其他表中追加记录

（1）命令方式

命令格式：APPEND FROM <表文件名>[FIELDS <字段名表>][FOR <条件>]。

功能：将指定表文件（源文件）中的记录追加到当前表文件（目的文件）中。

说明：

① <表文件名>是指要追加记录的源文件，必须处于关闭状态。

② 若选择可选项[FIELDS <字段名表>]，则将源文件中<字段名表>所指定的字段追加到目的文件中；若缺省，则追加全部字段，备注型字段也一同被追加。

③ 若选择可选项[FOR <条件>]，则只追加满足条件的记录；若缺省，则追加全部记录。

（2）菜单方式

打开表文件，选择【显示】|【浏览】命令后，在菜单栏中会增加一个【表】菜单，选择【表】|【追加记录】命令，弹出【追加来源】对话框，在【来源于】处选择需要追加的表文件（源文件），如图 3-14 所示，然后单击【选项】按钮，将弹出【追加来源选项】对话框，如图 3-15 所示，然后再单击【字段(D)】按钮，弹出【字段选择器】对话框，选择好要追加的字段，如图 3-16 所示；单击【FOR(F)】按钮，弹出【表达式生成器】对话框，设置好追加记录需满足的条件，如图 3-17 所示，一切设置好后，在【追加来源选项】对话框中单击【确定】按钮，回到【追加来源】对话框，再次单击【确定】按钮，即可实现数据的追加。

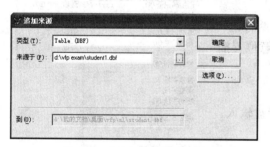

图 3-14 【追加来源】对话框

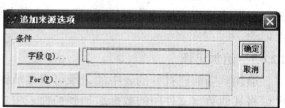

图 3-15 【追加来源选项】对话框

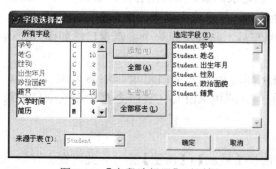

图 3-16 【字段选择器】对话框

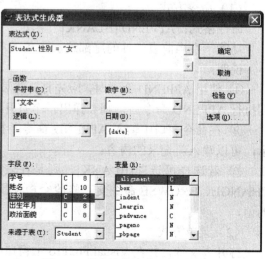

图 3-17 【表达式生成器】对话框

3.2.6.2　插入记录

使用插入命令在当前表中指定的记录之前或之后插入记录。

命令格式：INSERT [BEFORE] [BLANK]

功能：在表中当前记录之前或之后插入一条新的记录。

说明：

① 如果缺省可选项[BEFOR]，则在当前记录之后插入一条新记录，否则在当前记录之前插入一条新记录。

② 如果缺省可选项[BLANK]，则出现记录编辑窗口等用户输入记录，否则在当前记录之后（或之前）插入一条空白记录。然后再用 EDIT、CHANGE 或 BROWSE 命令交互式输入或修改空白记录的值，或用 REPLACE 命令直接修改该空白记录值。当表建立主索引或使用完整性约束时，本命令不能使用。

③ 插入记录后，其后所有记录的记录号加 1。

3.2.7　记录的删除与恢复

对用户确认已经没有用的记录可以进行删除。删除记录一般需要两步，第一步是给不再需要的记录加逻辑删除标记，称为逻辑删除；第二步再将带有逻辑删除标记的记录从表中删除，称为物理删除。逻辑删除的记录是可以恢复的（去掉逻辑删除标记）；而物理删除的记录将无法恢复。

3.2.7.1　逻辑删除

（1）命令方式

命令格式：DETELE [<范围>] [FOR <条件>] [WHILE <条件>]

功能：对当前表中指定范围内满足条件的记录加逻辑删除标记"*"。

说明：

① 本命令只给记录加上了逻辑删除标记"*"，并没有真正从表中将记录删除，用 LIST 或 DISPLAY 命令显示仍可看到带逻辑删除标记的记录存在，需要时可用 RECALL 命令去掉逻辑删除标记。

② 若可选项都缺省，则只给当前记录加逻辑删除标记。

③ 在执行 SET DELETE ON 命令后，带逻辑删除标记的记录将不参加操作；SET DELETE OFF 命令可以使它们重新显示出来，系统默认状态是 SET DELETE OFF。

例 3-12　对 Student 表中政治面貌为"群众"的记录进行逻辑删除。

可在命令窗口键入如下命令：

USE Student

DELETE FOR　政治面貌="群众"

（2）菜单方式

选择【表】菜单下的【删除记录】命令，弹出【删除】对话框，如图 3-18 所示，在该对话框中设置范围和条件，然后单击【删除】按钮，即可将指定范围内满足条件的记录加上逻辑删除标记。

另外，还可在【浏览】窗口中用单击要删除记录行的最左端的删除标记列，就会出现删除标记"■"，如图 3-19 所示，对第 6 条记录作逻辑删除标记。

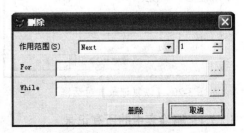

图 3-18　【删除】对话框

学号	姓名	性别	出生年月	政治面貌	籍贯	入学时间	简历	相片
33006101	赵玲	女	08/06/86	团员	黑龙江省哈尔	09/06/06	Memo	Gen
33006102	王刚	男	06/05/85	党员	四川省自贡市	09/06/06	Memo	Gen
33006104	李广	男	03/12/86	团员	山东省荷泽市	09/06/06	Memo	Gen
33006105	王芳	女	04/12/86	预备党员	湖南省湘潭县	09/06/06	Memo	Gen
33006106	张丰	男	05/07/85	团员	湖南省长沙市	09/06/06	Memo	Gen
33006107	王菲	女	01/01/86	群众	湖南省永州市	09/06/06	Memo	Gen

图 3-19　删除记录列

3.2.7.2　记录的恢复

记录的恢复是指去掉逻辑删除标记，但已经被物理删除的记录是不可恢复的。如果想去掉记录上的逻辑删除标记"*"，可以使用下面的 RECALL 命令。

命令格式：RECALL [<范围>] [FOR <条件>] [WHILE <条件>]

功能：将当前表中指定范围内带逻辑删除标记且满足条件的记录去掉逻辑删除标记。

说明：若可选项都缺省，则只将当期记录的逻辑删除标记去掉；若缺省<范围>而有<条件>选项时，则<范围>的默认值是全部记录。

例 3-13　恢复例 3-12 中已经逻辑删除的记录。

可在命令窗口中键入如下命令：

USE Student

RECALL FOR　政治面貌="群众"

也可以用菜单方式去掉记录上的逻辑删除标记，其操作方法是：在【浏览】窗口中单击记录的删除标记列，删除标记"■"消失即可；或者选择【表】菜单中的【恢复记录】命令，弹出【恢复记录】对话框，如图 3-20 所示，在该对话框中设置范围和条件，然后单击【恢复记录】按钮，即可将指定范围内满足条件的记录去掉逻辑删除标记。

3.2.7.3　物理删除

物理删除就是把表中已做了逻辑删除标记的记录彻底删除掉。进行了物理删除的记录，是不能够恢复的。

命令格式：PACK

功能：将当前表中所有带逻辑删除标记的记录彻底删除，并重新整理记录的排列顺序。

说明：PACK 命令不受 SET DELETE ON/OFF 状态的影响，必须与 DELELT 命令连用。

也可以采用菜单方式物理删除表中的记录，其操作方法是：选择【表】菜单下的【彻底删除】命令，弹出【Microsoft Visual FoxPro】对话框，如图 3-21 所示，单击【是】按钮，带有逻辑删除标记的记录就被彻底的清除掉了。

图 3-20　【恢复记录】对话框

图 3-21　【Microsoft Visual FoxPro】对话框

3.2.7.4　删除表中的所有记录

如果要物理删除当前表中的所有记录，则可以使用如下命令：

命令格式：ZAP

功能：物理删除当前表中的所有记录，只保留表的结构。

说明：

① 执行 ZAP 命令等价于执行 DELETE ALL，然后再执行 PACK 命令。

② 如果 SET SAFETY 处于 ON 状态，系统将会弹出如图 3-21 所示的[Microsoft Visual FoxPro] 对话框，询问是否要从当前表中移去记录，单击【是】按钮，将删除所有记录。

3.3 排序与索引

记录在表文件中是按照录入时的顺序，即物理顺序排列的，而该物理顺序取决于数据记录输入时的顺序，Visual FoxPro 使用记录号予以标记。除非进行了记录的插入或删除，否则已输入记录的记录号是不会改变的。如果希望表文件中的数据记录按照用户所希望的顺序来排列，如按照学生学号由小到大排列、按照成绩由大到小排列等，就需要采取一些有效的方法对文件中的记录重新组织，使其按照用户希望的顺序排列。Visual FoxPro 中的排序和索引功能能够为用户实现此目的。

3.3.1 排序

排序就是根据表文件的某些字段重新排列记录顺序。排列将产生一个新的表文件，其记录按新的顺序排列，但原表文件并不改变。排序改变了记录录入的先后顺序，即排序改变了记录的物理顺序。

命令格式：SORT TO <新表文件名> ON <字段名 1>[/A|/D][/C][,<字段名 2>[/A|/D][/C]…] [ASCENDING|DESCENDING][<范围>][FOR <条件>][WHILE <条件>][FIELDS <字段名表>]

功能：将当前表文件按指定的一个或多个字段名值由小到大或由大到小的顺序进行重新排列，并生成一个新的表文件。

说明：

① ON 子句的字段名表示排序字段，记录将按字段值的增大（升序）或减小（降序）来排列。[/A|/D][/C]为指定的字段选择排序的方式，/A 为升序，/D 为降序，系统默认为升序，/C 表示排序时不区分字符型字段值中字母的大小写。排序字段不能是备注型或通用型字段。

② 如果 ON 子句中使用多个字段名表示多重排序，即先按主排序字段<字段名 1>排序，当<字段名 1>值相同时再按第二排序字段<字段名 2>排序，以此类推。

③ [ASCENDING|DESCENDING]选项，当对多重字段进行排序时，可用 ASCENDING（升序）或 DESCENDING（降序）对所有排序的字段统一按升序或降序排序。

④ <范围>、FOR <条件>和 WHILE <条件>子句表示对指定范围内所有满足条件的记录排序；若都缺省，则表示对所有记录排序。

⑤ FIELDS 子句指定新表中包含的字段，默认包含原表所有字段。

⑥ 排序后生成的新表文件是关闭的，使用时必须先打开。

例 3-14 把 CJ.DBF 按成绩从高到低排序

可在命令窗口键入如下命令：

USE CJ

SORT TO CJP ON 成绩 /D

USE CJP

LIST

结果显示为：

记录号	学号	姓名	课程代码	成绩	学期
1	33006104	李广	001	97	1
2	33006108	李伟	003	95	2
3	33006102	王刚	001	90	1
4	33006108	李伟	001	90	1
5	33006101	赵玲	001	89	1
6	33006106	张丰	003	89	2
7	33006107	王菲	002	89	1
8	33006109	王丽	001	89	1
9	33006102	王刚	002	88	1
10	33006105	王芳	002	87	1
11	33006101	赵玲	002	87	1
12	33006110	赵协星	002	85	1
13	33006106	张丰	005	85	3

3.3.2 索引

排序虽然实现了数据记录的有效排列，但每种排序都要生成一张新的表文件，而造成了大量的数据冗余，浪费了存储空间，特别是当表较大时，问题尤为突出。而且，如果对原表文件内容进行了增删和修改，那又得重新排序各表，万一遗漏容易造成数据的不一致。Visual FoxPro 提供了另一种排序方法，即建立索引，可以很好地解决上述问题。

3.3.2.1 索引的概念

索引是按索引表达式使表文件中的记录有序地进行逻辑排列的技术。索引并不是重新排列表记录的物理顺序，而是另外形成一个索引关键字表达式值与记录号之间的对照表，这个对照表就是索引文件。索引文件中记录的排列顺序称为逻辑顺序。索引文件发生作用后，对表进行操作时将按索引表中记录的逻辑顺序进行操作，而记录的物理顺序只反映了录入记录的历史，不会发生改变。

对于用户来说，索引不但可以使数据记录重新组织时节省磁盘空间，而且还可以提高表的查询速度。

3.3.2.2 索引类型

（1）按文件扩展名来分类

索引文件扩展名分为 2 类：单索引文件（.idx）和复合索引文件（.cdx）。

单索引文件只包含一个关键字表达式索引，这类索引是为了与旧版本 FoxBASE 和开发的应用程序兼容而保留的，现在已很少使用。

复合索引文件又分为结构复合索引和非结构复合索引两种，结构复合索引的文件名与表文件同名，扩展名为.CDX，在打开表文件时会自动打开，在增删和修改记录时会自动维护，使用最为简单；非结构复合索引的文件名与表文件名不同，扩展也为.cdx，打开非结构索引的文件需要使用 SET INDEX 命令或 USE 命令中的 INDEX 子句。

（2）按索引功能分类

按索引功能来分，可分为 4 类：主索引、候选索引、普通索引和惟一索引。

①　主索引。主索引能够惟一地确定表文件中一条记录的关键字表达式，即关键字表达式的值在表文件的全部记录中是惟一的，不能出现重复。有重复值的索引关键字表达式不能作为表文件的主索引，否则，Visual FoxPro 会给出出错信息。每一个表仅能有一个主索引，只有数据库表才能建立主索引。

②　候选索引。候选索引也是一个不允许在指定字段和表达式中出现重复值的索引。数据库表和自由表都可以建立候选索引，一个表可以建立多个候选索引。

③　惟一索引。惟一索引是指表文件记录在排序时，相同关键字值的第一条记录收入索引中。数据库表和自由表都可以建立惟一索引。

④　普通索引。普通索引是表文件最基本的索引方式，表记录排序时，会把关键字表达式值相同的记录排列在一起，并按自然顺序的先后排列。数据库表和自由表都可以建立普通索引，一个表可以建立多个普通索引。

主索引和候选索引都是存储在.cdx 结构复合索引文件中，不能存储在独立复合索引文件和单索引文件中，因为主索引和候选索引都必须与表文件同时打开和同时关闭。而普通索引和惟一索引可以存储在.cdx 独立复合索引文件和.idx 单索引文件中。

3.3.2.3　索引的建立

（1）用命令建立索引

命令格式：INDEX ON <索引关键字表达式> TO <单索引文件名>|TAG <索引标识名>
[OF<复合索引文件名>][FOR <条件>][ASENDING|DESCENDING]
[COMPACT][UNIQUE|CANDIDATE][ADDITIVE]

功能：对当前表建立一个索引文件或建立索引标识。

说明：

①　索引关键字表达式可以是一个字段或字段表达式。

②　TO 子句用于建立单索引文件。TAG 子句用于建立复合索引标识或复合索引文件。

③　OF<复合索引文件名>选项用指定非结构复合索引文件的名字，缺省该选项表示建立结构复合索引。

④　FOR <条件>选项指定只有满足条件的记录才出现在索引文件中。

⑤　ASENDING|DESCENDING 分别用于指定升序或降序，缺省该选项系统默认为升序。

⑥　COMPACT 选项用来指定建立一个压缩的单索引文件，复合索引文件自动采用压缩方式。

⑦　UNIQUE|CANDIDATE 用于表示索引类型，UNIQUE 表示建立惟一索引，CANDIDATE 表示建立候选索引，缺省该选项系统默认为普通索引。

⑧　ADDITIVE 表示建立索引文件时不关闭先前打开的索引文件。

例 3-15　对 CJ 表按成绩降序建立单索引文件 jcj.idx。

可在命令窗口中键入如下命令：

USE CJ

INDEX ON -成绩　TO jcj

LIST

例 3-16　为 Student 表按下列要求建立结构复合索引文件。

①　记录以姓名降序排列，索引标识 xm，索引类型为普通索引。

②　记录以出生年月升序排列，索引标识 csny，索引类型为惟一索引。

可在命令窗口中键入如下命令：

USE Student

INDEX ON 姓名 TAG xm DESCENDING

LIST

INDEX ON 出生年月 TAG csny UNIQUE

INDEX 命令可以建立普通索引、惟一索引和候选索引，不能建立主索引。

（2）在表设计器中建立索引

在表设计器中建立索引的操作方法是：

① 打开表设计器窗口，选择【索引】选项卡，如图 3-22 所示。

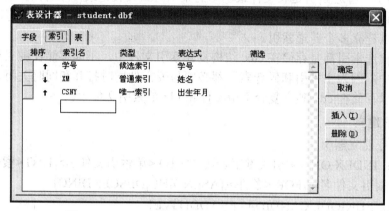

图 3-22　student.dbf 表设计【索引】选项卡对话框

② 在索引名中输入索引标识名，在类型的下拉列表框中选择一种索引类型，在表达式框中输入索引关键字表达式，在筛选框中输入确定参加索引的记录条件，在排序序列下默认的是升序按钮，单击可改变为降序按钮。

③ 确定好各项后，单击【确定】按钮，关闭表设计器，同时索引建立完成。

注意：使用表设计器建立的索引都是结构复合索引文件。

3.3.2.4　索引的使用

要使用已建立的索引文件，则必须打开表文件和索引文件。一个表可以打开多个索引文件，同一个复合索引文件中也可能包含多个索引标识。但任何时候只有一个索引文件或索引标识起作用。当前起作用的索引文件称为主控索引文件，当前起作用的索引标识称为主控索引。

（1）打开和关闭索引

① 表和索引文件同时打开

命令格式：USE <表文件名> INDEX <单索引文件名表>

功能：在打开表文件的同时打开一个或多个索引文件。如果索引文件有多个，文件名之间用逗号分隔，并确定第一个索引文件为主控索引文件。

② 打开表后在打开索引文件

命令格式：SET INDEX TO [<单索引文件名表>][ADDITIVE]

功能：打开当期表的一个或多个单索引文件比确定第一个单索引文件为主控索引文件。

说明：若缺省 ADDITIVE 选项，则在打开单索引文件的同时关闭其他前面打开的单索引文件。

③ 单索引文件的关闭

表文件关闭时单索引文件也随之关闭，也可以使用如下命令来关闭：

CLOSE INDEXS 或 SET INDEX TO

（2）确定主控索引

复合索引文件建立时，当前新建立的索引会自动称为主控索引。表文件重新打开时，尽管结构复合索引文件会自动打开，但还需确定主控索引。

命令格式：SET ORDER TO [<索引文件顺序号>|TAG <索引标识名>][OF <复合索引文件名>]

[ASCENDING|DESCENDING][ADDITIVE]

功能：为当前表指定主控索引。结构复合索引不用指定索引文件名。

说明：SET ORDER TO 0 或 SET ORDER TO 命令表示取消主控索引，表文件中的记录按物理顺序排列输出。

（3）重新索引

对单索引文件和非结构复合索引文件，如果对表文件进行插入、删除或修改操作时没打开它们，那么这些索引文件就无法随表文件的内容及时更新，为了保持表文和索引数据的完整性，就必须重新索引。重新索引必须打开表文件和索引文件，然后执行重新索引命令。

命令格式：REINDEX [COMPACT]

功能：重新打开的索引文件。

说明：使用 COMPACT 可以把普通的单索引文件变成压缩的单索引文件。

（4）删除索引

命令格式①：DELETE FILE <索引文件名>

功能：删除一个单索引文件。

说明：使用该命令时，必须遵守"先关闭后删除"的原则。

命令格式②：DELETE TAG ALL|<索引标识名表>[OF <复合索引文件名>]

功能：删除打开的复合索引文件的索引标识。

说明：ALL 子句用于删除所有的所有标识。如果所有的索引标识都被删除，则该复合索引文件也将自动被删除。

3.4 多表操作

在数据库的实际应用中，经常要对多个数据表的数据进行操作，为了解决这一问题，Visual FoxPro 提供了多工作区的工作模式，可以对多个数据表同时进行操作。前面所介绍的对表的操作命令，实际上都是在 1 号工作区对单个数据表进行操作。

3.4.1 多工作区

3.4.1.1 工作区的概念

工作区是用来保持表及其相关信息的一片内存空间。平时所讲打开表实际上就是将它从磁盘调入到内存的某一个工作区。在每一个工作区中只能打开一个表文件，但可以同时打开与表相关的其他文件，如索引文件、查询文件等。若在一个工作区中打开一个新的表，则该工作区中原来的表将自动被关闭。

有了工作区的概念，我们就可以同时打开多个表，但在任何时刻用户只能选择一个工作区进行操作。当前正在操作的工作区成为当前工作区。

3.4.1.2　工作区号和别名

不同工作区可以用其编号或别名来加以区分。

Visual FoxPro 可以在内存使用 32767 个工作区，编号为 1～32767。用户还可以给工作区命名（称为别名），使用别名作为工作区的标识。

系统规定 1～10 号工作区对应的别名为字母 A～J；也可以是在打开表的同时定义的，命令格式为：USE <表文件名> ALIAS <别名>。如果打开表时没有指定别名，则表文件名被默认为别名。

3.4.1.3　工作区的选择

用 SELECT 命令选择工作区为当前工作区（或称为主工作区）。

命令格式：SELECT <工作区号>|<别名>|0

功能：选择由工作区号或别名所指的工作区为当前工作区，以便打开一个表或把该工作区中已经打开的表作为当前表进行操作。

说明：

① 系统启动后默认 1 号工作区为当前工作区。

② 工作区号取值为 1～32767。函数 SELECT()能够返回当前工作区号。

③ SELECT 0 表示选择当前没有被使用的最小号工作区为当前工作区。使用本命令开辟新的工作区，不用考虑工作区号已经用到了多少，使用最为方便。

对非当前工作区的表的字段进行操作时，必须在该字段名前面加上前缀，表示为：别名.字段名或别名->字段名。

例 3-17　工作区操作示例

可在命令窗口键入如下命令：

```
CLOSE ALL
?SELECT()                      &&显示当前工作区号 1
USE Student ALIAS stu          &&在当前工作区打开 Student 表，并指定其别名为 stu
LIST
SELECT 0                       &&2 号工作区是未被使用的最小号工作区，选取 2 号工作区
USE CJ                         &&在 2 号工作区打开 CJ 表
LIST
?学号,stu.学号
```

在多工作区的操作过程当中，也可在当前工作区使用 USE 命令在其他工作区打开表。

命令格式：USE <表文件名> IN <工作区号>|<别名>

功能：在指定工作区号或别名所指的工作区打开指定的表，当前工作区不变。

例 3-18　用 USE 命令在其他工作区打开表。

可在命令窗口键入如下命令：

```
CLOSE ALL                        &&关闭所有打开的表返回 1 号工作区
USE Student IN 3        &&在 3 号工作区打开 Student 表，当前工作区还是 1 号工作区
USE Score IN B ALIAS kc   &&在 2 号工作区打开 Score 表，当前工作区还是 1 号工作区
```

3.4.2 表之间的关联

在通常情况下，各工作区是相互独立，互不关联的，一个工作区中的记录指针移动对其他工作区的记录指针无任何影响。所谓关联，就是使不同工作区的记录指针建立一种联动关系，当一个表的记录指针移动时，与它相关联的表的记录指针也随之移动。建立关联后，我们称当前表为父表，与父表建立关联的表为子表。

3.4.2.1 一对一关联

命令格式：SET RELATION TO [<关键字表达式 1>/<数值表达式 1> INTO <工作区号 1>/<别名 1>][,<关键字表达式 2>/<数值表达式 2> INTO <工作区号 2>/<别名 2>…][ADDITIVE]

功能：使当前工作区中的表文件与 INTO 子句所指定的工作区中的表文件按<关键字表达式>建立关联。

说明：

① INTO 子句指定子表所在的工作区，<关键字表达式>用于指定关联的条件。

② <关键字表达式>的值必须是相关联的两个表文件共同具有的字段，并且<别名>表文件必须已经按<关键字表达式>建立了索引文件并处于打开状态。

③ [ADDITIVE]选项表示用本命令建立关联时仍然保留该工作区与其他工作区已经建立的关联，如果要建立多个关联，则必须使用 ADDITIVE 选项。

④ 当两个表文件建立关联后，当前表文件的记录指针移到某一记录时，被关联的表文件的记录指针也自动指向关键字值相同的记录上，如果被关联的表文件具有多个关键字值相同的记录，则指针只指向关键字值相同的第 1 条记录。如果被关联的表文件中没有找到匹配的记录，指针指向文件尾，即函数 EOF()的值为.T.。

⑤ 如果命令中使用了<数值表达式>，则两个表文件按钮记录号进行关联，这时<别名>表文件可以不用建立相关的索引文件。

⑥ 执行不带参数的 SET RELATION TO 命令，删除当前工作区中所有关联。

⑦ 如果需要切断当前数据表与特定数据表之间的关联可以使用命令：

SET RELATION OFF INTO <工作区号>/<别名>

例 3-19 通过"学号"索引建立 CJ 表与 Student 表之间的关联。

可在命令窗口键入如下命令：

SELECT 2
USE Student ORDER 学号

SELECT 1
USE CJ ORDER 学号

SET RELATION TO 学号 INTO Student

3.4.2.2 一对多关联

前面介绍了一对一的关联，这种关联只允许访问子表满足关联条件的第 1 条记录。如果子表有多条记录和父表的某条记录相匹配，当需要访问子表的多条匹配记录时，就需要建立一对多的关联。

命令格式：SET SKIP TO [<别名 1>,<别名 2>…]

功能：使当前表和她的子表建立一对多的关联。

说明：

① <别名>指定在一对多关联中的多方子表所在的工作区。如果缺省所有选项，则取消

主表建立的所有一对多关联。

② 一个主表可以和多个子表分别建立一对多的关联。因为建立一对多关联的表达式仍是建立一对一关联的表达式，所以建立一对多的关联应分两步完成：

- 使用命令 SET RELATION 建立一对一的关联；
- 使用命令 SET SKIP 建立一对多的关联。

3.4.3 表之间的联接

表之间的联接也称为表之间的物理联接，是指将两个表文件联接生成一个新的表文件，新表文件中的字段是从不同的两个表中选取的。此项操作前后有 3 个表文件，请大家在使用此命令时一定要注意。

命令格式：JOIN WITH <工作区号>/<别名> TO <新表文件名>[FIELDS <字段名表>] FOR <条件>

功能：将当前表与指定工作区中的表按指定的条件进行联接，生成一个新的表文件。

说明：

① 新的表文件生成后，扩展名仍为.dbf，并且处于关闭状态。

② FIELDS <字段名表>指定新表文件中所包含的字段，但该表中的字段必须是原来两个表文件中所包含的内容。如果缺省此选项，新表文件中的字段将是两个表中的所有字段，字段名相同的只保留一项。

③ FOR <条件>指定两个表文件进行联接的条件，只有满足条件的记录才能实现联接。

④ 联接过程是当前表文件自第 1 条记录开始，每条记录与被联接表的全部记录逐个比较，联接条件为真时，就把这两条记录联接起来，作为一条记录存储到新表文件中；如果条件为假，则进行下一条记录的比较；然后当前表文件的记录指针下移一条记录，重复上述过程，直到当前表文件全部记录处理完毕。联接过程中，如果当前表文件的某一条记录在被联接表中找不到相匹配的记录，则不在新表文件中生成记录。

例 3-20 把 CJ 表和 Student 表联接起来，生成新的表文件"学生成绩"，新表文件中包含如下字段：学号、姓名、性别、课程代码、成绩、学期。

可在命令窗口键入如下命令：

```
SELECT A
USE Student
SELECT B
USE CJ
JOIN WITH A FOR 学号=A.学号  TO 学生成绩  FIEL 学号,姓名,A.性别,课程代码,成绩,学期
USE  学生成绩
LIST
```

结果显示为：

记录号	学号	姓名	性别	课程代码	成绩	学期
1	33006101	赵玲	女	001	89	1
2	33006102	王刚	男	001	90	1
3	33006104	李广	男	001	97	1
4	33006105	王芳	女	002	87	1
5	33006107	王菲	女	002	89	1

6	33006108	李伟	男	001	90	1
7	33006101	赵玲	女	002	87	1
8	33006109	王丽	女	001	89	1
9	33006110	赵协星	男	002	85	1
10	33006102	王刚	男	002	88	1
11	33006108	李伟	男	003	95	2

3.5 表文件的复制

复制表文件是指对一个已经存在的表文件进行复制，以得到它的一个副本（备份）。这是保护数据常用的安全措施之一。除此之外，通过复制还能在已建表文件的基础上，灵活方便地产生新的表文件或表文件结构。

3.5.1 复制任何文件

命令格式：COPY FILE <文件名 1> TO <文件名 2>

功能：从<文件名 1>复制到<文件名 2>。

说明：

① 本命令能够复制任何类型的文件,但在<文件名 1>和<文件名 2>中不能省略其扩展名。

② 对表文件进行复制时，该表必须处于关闭状态。

③ <文件名 1>和<文件名 2>中可以使用通配符*和?。如：

COPY FILE *.dbf TO D:*.*　　　　&&复制所有的表文件至 D 盘根目录下

④ 用本命令复制带有备注文件的表时，除安排一条命令复制表文件之外，还要安排一条命令复制备注文件，否则，在 Visual FoxPro 环境下将不能打开复制所得到的新表。

例 3-21 复制带有备注文件的 Student 表。

可在命令窗口中键入如下命令：

COPY FILE Student.dbf TO stu.dbf　　　　&&复制得 stu.dbf 表文件

COPY FILE Student.fpt TO stu.fpt　　　　&&复制得 stu.fpt 备注文件

3.5.2 表内容复制

表内容包括表文件的结构和数据记录。

命令格式：COPY TO <文件名> [<范围>][FIELDS <字段名表>][FOR <条件>][WHILE <条件>]

功能：将当前表中指定的部分记录和部分字段复制成一个新表。

说明：

① 对于含有备注型、通用型字段的表，在复制扩展名为.dbf 的表文件的同时，自动复制扩展名为.fpt 备注文件。

例 3-22 复制 Student 表。

可在命令窗口中键入如下命令：

USE Student　　　　&&打开被复制的表

COPY TO stu1　　　　&&原样复制得 stu1.dbf

COPY TO stu2 FIELDS 学号,姓名,性别 FOR ALLTRIM(政治面貌)="党员"

　　　　　　　　&&只复制政治面貌为党员的学生记录的学号，姓名和性别字段

```
USE stu1
LIST
USE stu2
LIST
```

② FIELDS <字段名表>选项不仅指明了新的表文件所包含哪些字段，同时这些字段在新表文件结构中的排列次序可与原表文件不同。

③ 复制后，所得的新表文件处于关闭状态。

3.5.3 表结构复制

命令格式：COPY STRUCTURE TO <文件名>[FIELDS <字段名表>]

功能：仅复制当前表的结构，不复制其中的数据记录。

说明：若使用 FIELDS 选项，则新表的结构只包含其指明的字段，同时也决定了这些字段在新表中的排列次序。

例 3-23 对 CJ.dbf 表进行复制示例。

可在命令窗口中键入如下命令：

```
USE CJ
COPY STRUCTURE TO SC1
USE SC1                  &&把复制所得的新表文件设置为当前表文件
LIST STRUCTURE           &&可看到 SC1 与 CJ 的结构相同，但数据记录为 0
USE CJ
COPY STRUCTURE TO SC2 FIELDS 姓名,成绩,学号
USE SC2
LIST STRUCTURE           &&SC2 只含有 3 个字段并且学号字段已被排在最后
```

3.5.4 文件重命名

命令格式：RENAME <原文件名> TO <新文件名>

功能：对一个未打开的文件进行重命名，文件的内容和格式不变。

说明：两个文件名都必须带上各自的扩展名，若缺省扩展名则默认为.dbf 文件。

3.6 数据库的创建及其基本操作

对于一个数据应用系统来说，如何组织好相关的数据，是数据库应用系统开发成功与否的关键。本节介绍 Visual FoxPro 数据库的建立和操作，包括数据库的一般设计步骤、建立和管理数据库等方面的内容。

3.6.1 基本概念

数据库（DataBase）就是指按一定的组织结构存储在计算机内可共享使用的相关数据的集合。它以文件的形式组织管理一个或多个数据文件，并被多个用户所共享，它是数据库管理系统的重要组成部分。

Visual FoxPro 是从 dBASE、FoxBASE、FoxPro 历时多年发展过来的。在 FoxPro 2.x 及更早的版本中，都是直接建立、管理和使用扩展名为.dbf 的数据库文件，这些数据库文件彼此是孤立的，没有一个完整的数据库概念和管理方法。当发展到 Visual FoxPro 时才引入数

据库的概念，才将扩展名为.dbf 的数据库文件组织在一起管理，使它们成为相互关联的数据集合。

在 Visual FoxPro 中，数据库是一个逻辑上的概念和手段，通过一组系统文件将相互联系的数据库表及其相关的数据库对象统一组织和管理。因此，在 Visual FoxPro 中应该把.dbf 文件成数据库表，简称表，而不再称作数据库或数据库文件。

在建立 Visual FoxPro 数据库时，相应的数据库名称实际是扩展名为.dbc 的文件名，与之相关的还会自动建立一个扩展名为.dct 的数据库备注（memo）文件和一个扩展名为.dcx 的数据库索引文件，也就是在建立数据库后，用户可以在磁盘上看到文件名相同，但扩展名分别为.dbc、.dct 和.dcx 的三个文件，这三个文件是供 Visual FoxPro 数据库管理系统管理数据库使用的，用户一般不能直接使用这些文件。

3.6.2　数据库设计的一般步骤

如果使用一个可靠的数据库设计步骤，就能够快捷、高效地创建一个设计完善的数据库，为用户访问所需的信息提供方便。

理解数据库设计过程的关键在于理解关系型数据库管理系统保存数据的方式。为了高效准确地提供信息，Visual FoxPro 将不同主题的信息保存到不同的表中。例如，在一个学生学籍管理数据库中，一个表用于存储学生的基本信息，一个表用于存储学生的成绩，一个表用于存储课程的信息等。因此，在设计数据库的时候，首先分离那些需要作为单个主题而独立保存的信息，然后告诉 Visual FoxPro 这些主题之间有何关系，以便在需要时将正确的信息组合在一起。通过将不同的信息分散在不同的表中，可以使数据的组织工作和维护工作更简单，同时也容易保证设计的应用程序具有较高的性能。

设计数据库的一般步骤为：

（1）确定建立数据库的目的

这有助于确定 Visual FoxPro 保存哪些信息。

（2）确定需要的表

在明确了建立数据库的目的之后，就可以着手把信息分成各个独立的主题，每个主题都可以是数据库中的一个表。

（3）确定所需的字段

确定在每个表中要保存哪些信息，例如，在学生基本情况表中，可以有学号、姓名、性别、出生年月等字段。

（4）确定关系

分析每个表，确定一个表中的数据和其他表中的数据有何关系。必要时，可在表中加入字段或创建一个新表来明确关系。

（5）设计求精

对设计进一步分析，查找其中的错误，需要时可调整设计。

在最初的设计中，不要担心发生错误或遗漏东西。这只是一个初步方案，可以在以后对设计方案进一步完善，Visual FoxPro 很容易在创建数据库时对原设计方案进行修改。可是在数据库输入了数据或连编表单和报表之后，再要修改这些表就困难得多。正因如此，在连编应用程序之前，应确保设计方案已经考虑得比较全面了。

（6）创建数据库

将表添加到数据库中去，形成数据库表，有助于发挥数据库表的优势。

3.6.3 创建数据库

创建数据库的常用方法有以下三种：使用命名方式创建数据库；使用菜单方式创建数据库；在项目管理器中创建数据库。

3.6.3.1 使用命名方式创建数据库

命令格式：CREATE DATABASE [<数据库名>]

功能：创建一个新的数据库同时打开它。

说明：在命令窗口中键入 CREATE DATABASE 后出现如图 3-23 所示的对话框。在【保存在】文本框中选择新建数据库所做的文件夹，在【数据库名】文本框中输入新建数据库的名称，如学生学籍管理，然后单击【保存】按钮，进入【Microsoft Visual FoxPro】窗口，如图 3-24 所示。在该窗口中，学生学籍管理数据库作为当前数据库，其名字会显示在工具栏中的下拉列表框中。数据建立后形成基本文件.dbc、相关的数据库备份文件.dct 和相关的索引文件.dcx 三个文件。

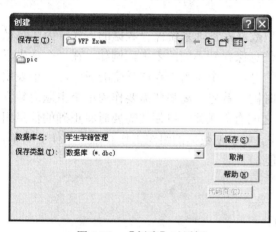

图 3-23　【创建】对话框

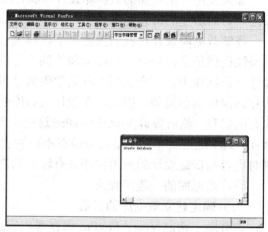

图 3-24　【Microsoft Visual FoxPro】窗口

3.6.3.2 使用菜单方式创建数据库

通过菜单方式创建数据库有两种方式：新建文件方式和向导方式。采用新建文件方式的操作步骤是：在 Visual FoxPro 系统主菜单下，单击【文件】菜单中的【新建】命令，打开如图 3-7 所示的【新建】对话框。在【新建】对话框中的【文件类型】组框中选择【数据库】选项，然后单击【新建文件】按钮，打开【创建】对话框，在【创建】对话框中，输入新建的数据库的名字，选择其所要保存的文件夹，然后单击【保存】按钮，向导方式不再述及。

3.6.3.3 在项目管理器中创建数据库

在项目管理器中创建数据库的界面如图 3-25 所示，首先在【数据】选项卡中选择【数据库】，然后单击【新建】按钮并选择【新建数据库】，打开【创建】对话框，接下来的操作就与菜单方式相同，不再复述。在完成数据库创建之后，并打开【数据库设计器】窗口，如图 3-26 所示。

3.6.4 数据库操作命令

3.6.4.1 打开数据命令

命令格式：OPEN DATABASE [<数据库名>]

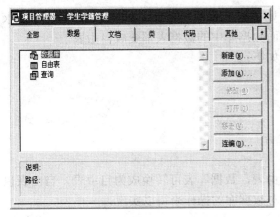

图 3-25　项目管理器中的【数据】选项卡　　　图 3-26　【数据库设计器】窗口

功能：打开指定的数据库文件。

说明：可以打开多个数据库，所有打开的数据库名字都列在主工具栏的下拉列表中，可通过下拉列表选择其中的一个数据库为当前数据库。也可以使用 SET 命令将某一打开的数据库指定为当前数据库。

命令格式为：SET DATABASE TO <数据库名>

打开学生学籍管理数据库的命令如下：

OPEN DATABASE 学生学籍管理

3.6.4.2　关闭数据库命令

命令格式：CLOSE DATABASE [ALL]

功能：关闭当前的数据和它的表。

说明：选择 ALL 表示关闭所有打开的数据库和它们的表、所有的自由表以及索引文件，返回 1 号工作区。

关闭当前的学生学籍管理数据库的命令如下：

CLOSE DATABASE

3.6.4.3　修改数据库命令

命令格式：MODIFY DATABASE <数据库名>[NOWAIT][NOEDIT]

功能：打开【数据库设计器】窗口，对数据进行修改。

说明：

① NOWAIT 选项只在程序中使用，在交互使用的命令窗口中无效。其作用是在【数据库设计器】窗口打开后程序继续执行，即继续执行 MODIFY DATABASE NOWAIT 之后语句。如果不使用该选项，在打开【数据库设计器】窗口后，应用程序会暂停，直到【数据库设计器】窗口关闭后应用程序才会继续执行。

② NOEDIT 选项指明了在打开【数据库设计器】窗口之后禁止对数据库进行修改。

3.6.4.4　删除数据库命令

命令格式：DELETE DATABASE <数据库名>[DELETE TABLES]

功能：从磁盘中删除指定的数据库文件。

说明：

① 在执行本命令时，被删除的数据库文件必须处于关闭状态。

② DELETE TABLES：如果选择此选项，则数据库中所有的数据表将被一起从磁盘上永久删除；如果缺省此选项，则只删除数据库，而数据库中的数据表都变成自由表。

从磁盘中删除学生学籍管理数据库的命令如下：

CLOSE DATABASE ALL

DELETE DATABASE 学生学籍管理

3.7 在数据库中添加和移去表

在前面已经介绍了表可分为数据库表和自由表，数据库表可转换成为自由表，自由表也可转换成为数据库表，而这些操作就可以通过对数据库的操作来得以实现。

3.7.1 在数据库中直接创建表

前面已介绍了自由表的创建与修改，一个自由表在数据库设计器中添加到数据库中就成为一个数据库表。在数据库环境下也可以直接创建表，而且也可以对数据库中的表进行修改。

在数据库中直接创建表最简单的方法是使用数据库设计器。打开数据库设计器后，在系统菜单栏的【数据库】菜单或数据库设计器快捷菜单中，选择【新建表】命令，再在随后出现的【新建表】对话框中选择【新建表】或【表向导】去创建新的表，也可以选择【取消】暂时中断新建表的操作。

这里不介绍利用向导创建表，而是直接创建新表。从【新建表】对话框中选择【新建表】，此时首先出现【创建】对话框，在其中可以输入表名，选择保存表的位置，然后单击【保存】按钮，此时便出现如图 3-27 所示的数据库表的设计器对话框。

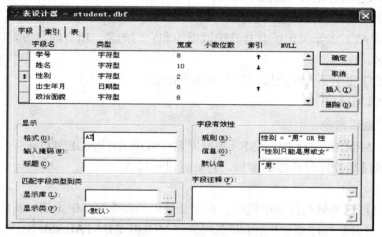

图 3-27　数据库表的表设计器

前面也已介绍过用 CREATE 命令创建表。如果打开了数据库，则可以使用 CREATE 命令在数据库中直接创建表。

对比数据库表的表设计器对话框和自由表的表设计器对话框。从图 3-27 可以看到，数据库表的表设计器对话框的下部，有显示、字段有效性、匹配字段类型到类和字段注释 4 个输入区域，这是自由表的表设计器所没有的。这是因为数据库表具有一些自由表所没有的属性，包括：

① 数据库表可以使用长表名和长字段名；

② 可以为数据库表的字段指定标题和添加注释；
③ 可以为数据库表的字段指定默认值和输入掩码；
④ 数据库表的字段有默认的控件类；
⑤ 可以为数据库表规定字段级规则和记录级规则；
⑥ 数据库表支持参照完整性的主关键字索引和表间关系；
⑦ 支持 INSERT、UPDATE 和 DELETE 事件的触发器等。

当创建数据库表时，不仅要确定字段名、类型、宽度等内容，还可以给字段和表定义属性。当自由表添加到数据库中以后，便可立即获得许多自由表中得不到的高级属性。这些属性被作为数据库的一部分保存起来，并且一直为表所拥有，直到表从这个数据库中移去为止。下面以图 3-27 为例讨论字段的显示属性和有效性规则。

3.7.1.1　字段的显示属性

字段的显示属性包括显示格式、输入掩码和标题。

（1）显示格式

在图 3-27 中，显示区的【格式】文本框用于键入格式表达式，确定当前字段在浏览窗口、表单和报表中显示的格式。它是对字段格式进行整体控制的。格式字符及其功能如表3-4 所示。

（2）输入掩码

输入掩码用于指定字段的输入格式，是按位来控制格式的。使用输入掩码可减少人为的数据输入错误，提高输入准确性，保证输入的字段数据格式统一和有效。如设置 99-999，表示相应字段只能输入数字，可输入 5 位数字，第 3 个字符"-"不是输入掩码，照原样显示，"-"不用输入。掩码字符及其功能如表 3-5 所示。

【格式】代码和【输入掩码】使用的主要区别是：【格式】代码对当前字段的整体格式控制；而【输入掩码】的使用是对当前字段按位来指定格式的。

表 3-4　格式字符及其功能

格式码	功　能	格式码	功　能
A	只允许输出文字字符，不允许输出数字、空格和标点符号	R	显示文本框的格式掩码，但不保存到字段中
D	使用当前系统设置的日期格式	T	禁止输入字段的前导空格字符和结尾空格字符
E	使用英国日期格式	！	把输入的小写字母字符转换成大写字母
K	光标移至该字段选择所有内容	^	将数值型字段的内容以科学计数法表示
L	在数值前显示前导 0 而不是用空格字符	$	将数值数据以货币格式显示

表 3-5　输入掩码字符及其功能

输入掩码	功　能	输入掩码	功　能
A	允许输入英文字母	#	只能输入数字、空格、正负号和英文句点
L	只能输入英文字母 T 或 F	$	将数值数据以货币格式显示
X	允许输入字符	*	在指定宽度的数值数据前面显示星号（*）
Y	只能输入英文字母 Y、y、N 和 n，并自动将小写的 y 和 n 转换成大写的 Y 和 N	.	指定小数点位置
9	允许输入数字和正负号	,	用逗号分隔小数点左边的数字
！	将所有输入的英文字母转换成大写		

（3）标题

指定字段显示时的标题。

在默认状态下，当浏览一个表时，各列显示标题即为字段的名称。通过【标题】文本框的设置，可以将显示的标题改为自己希望的字段标题。

3.7.1.2　字段注释

【字段注释】框用于说明该字段的用途、特性、使用说明等补充信息，输入框中的文字不需要加引号。

3.7.1.3　有效性规则

有效性规则是一个与字段或记录相关的表达式，通过对用户的值加以限制，提供数据有效性检查。建立有效型规则时，必须建立一个有效的规则表达式，以此来控制输入到数据库表字段和记录中的数据。有效性规则把所输入的值与所定义的规则表达式进行比较，如果输入的值不满足规则要求，则拒绝该值的输入。

根据激活方式的不同，有效性规则分 2 种：字段有效性规则和记录有效性规则。字段有效性规则是对一个字段的约束，检查单个字段中输入的数据是否有效。记录有效性规则是对一条记录的约束，当插入或修改记录时被激活，常用来检查数据输入的正确性。记录有效性规则只有在整条记录输入完毕后才开始检查数据的有效性。

有效性规则只在数据库表中存在。如果从数据库中移去或删除一个表，则所有属于该表的字段有效性规则和记录有效性规则都会从数据库中删除。因为规则存储在数据库文件中，而从数据库文件中移去表会破坏表文件和数据库文件之间的链接。

（1）字段有效性

字段有效性用于对当前字段输入数据的有效性、合法性进行检验。【规则】栏输入一个逻辑表达式，如对于性别字段输入：性别="男" OR 性别="女"，对该字段输入数据时，Visual FoxPro 将根据表达式对其进行检验，如不符合规则，则要修改输入数，直到符合规则才允许光标离开该字段。【信息】栏指定输入有误时的提示信息，如"性别只能是男或女"。【默认值】栏用于指定当前字段的默认值，在增加新记录时，默认值会在新记录中显示出来，当该字段为默认值时，不用输入，从而提高输入速度。

字段有效性区的 3 个栏目均可单击其右边的按钮，在弹出的【表达式生成器】对话框中输入信息。

（2）记录有效性

记录有效性验证指建立一规则对同一记录中不同字段之间的逻辑关系进行验证。在数据库表的表设计器中，【表】选项卡【记录有效性】中的【规则】和【信息】框，可以为数据库表设置记录有效性规则和违反该规则时显示的错误提示信息，如图 3-28 所示。

【规则】和【信息】两栏值的指定均可单击其右边的按钮，在弹出的【表达式生成器】对话框中输入信息。

（3）触发器

字段级有效性和记录级有效性规则主要限制非法数据的输入，而数据输入后还要进行修改、删除等操作。若要控制对已经存在的记录所做的非法操作，则应使用数据库表的记录级触发器。触发器是在某些事件发生时触发执行的一个表达式或一个过程。这些事件包括插入记录、修改记录和删除记录。当发生了这些事件时，将引发触发器中所包含的事件代码。

触发器包括插入触发器、更新触发器和删除触发器。指定一规则，当对数据库表进行插入（包括追加）、更新和删除记录时，验证规则，只有当规则成立才能进行相应操作。

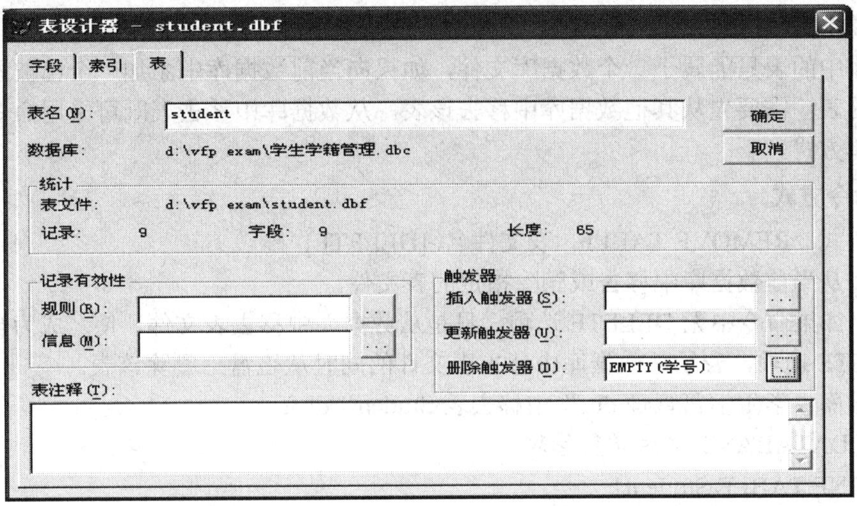

图 3-28　显示【表】选项卡的表设计器

3.7.2　向数据库中添加表

当数据库建立好之后，既可以通过新建表的方式添加表，也可以向数据库中添加已建好的自由表。添加表的操作既可以通过命令方式进行，也可以通过菜单方式来完成。

3.7.2.1　命令方式

命令格式：DD TABLE <表文件名>

功能：向当前数据库中添加一个指定的自由表。

向数据库"学生学籍管理.dbf"添加自由表 student1.dbf（它为 Student.dbf 的复制表）和 CJP.dbf（它为 CJ.dbf 的复制表）。

OPEN DATABASE 学生学籍管理

ADD TABLE student1

ADD TABLE CJP

CLOSE DATABASE

3.7.2.2　菜单方式

在菜单方式下，通常使用项目管理器来添加表。先打开项目管理器，如图 3-25 所示，在其中的【数据】选项卡中，选定需要添加表的数据库文件的【表】选项，单击【添加】按钮，进入【打开】对话框，如图 3-29 所示，在【打开】对话框中，选择要添加到数据库中的表，如学生成绩表，单击【确定】按钮，所选定的表就添加到了打开的数据库中，此时的表就成了数据库表。

也可打开一个数据库，选择【数据库】菜单中的【添加表】命令，进入【打开】对话框，在【打开】对话框中，选择要添加到数据库中的表，最后，单击【确定】按钮，所选定的表就被添加到了打开的数据库中。

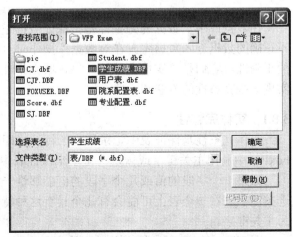

图 3-29　【打开】对话框

3.7.3 从数据库中移去表

数据库中的表只能属于一个数据库文件，如果向当前数据库中添加一个已被添加到其他数据库中的表，需要先从其他数据库中移去该表。从数据库中移去表既可采用命令方式，也可采用菜单方式。

3.7.3.1 命令方式

命令格式：REMOVE TABLE <表文件名>[DELETE]

功能：从当前数据库中移去或删除指定的表文件。

说明：如果命令中无 DELETE 选项，只是从数据库中移去表文件，使之成为自由表；如果有 DELETE 选项，表示从数据库中移去表文件的同时从磁盘上删除该表。

从数据库"学生学籍管理.dbf"中移去表 Student1.dbf：

OPEN DATABASE *学生学籍管理*

REMONE TABLE Student1

CLOSE DATABASE

3.7.3.2 菜单方式

使用 Visual FoxPro 主菜单中的【数据库】菜单实现表的移去和删除操作。方法是：在【数据库设计器】窗口中，先激活要删除的表，然后选择【数据库】菜单中的【移去】命令，弹出如图 3-30 所示的提示对话框，然后再单击【移去】或【删除】按钮即可。

图 3-30 提示对话框

利用项目管理器也可以实现表的移去和删除操作。方法是：在项目管理器中，选择需要移去的表文件，单击【移去】按钮，在出现如图 3-30 所示的对话框中选择【移去】或【删除】按钮即可。

对于在数据库中新建、添加和删除表的操作还可以通过快捷菜单实现。对于新建和添加表的操作，用鼠标右击【数据库设计器】窗口，则会弹出快捷菜单，选择所需选项即可；对于删除表的操作，用鼠标右击要删除的表，在弹出的快捷菜单中选择删除即可。

3.8 数据的完整性

在数据库中，数据的完整性是指保证数据正确的特性。完整性控制的主要目的在于防止不正确的数据进入数据库。在对数据库操作时一般包括 3 类完整性规则来保证数据库中数据的正确性，它们是"实体完整性"、"域完整性"和"参照完整性"。Visual FoxPro 提供了实现这些完整性的方法和手段。

3.8.1 实体完整性

实体完整性是保证表中记录惟一的特性，即在一个表中不允许有重复的记录。在 Visual FoxPro 中利用主关键字或候选关键字来保证表中记录的惟一，即保证实体惟一性。

如果一个字段的值或几个字段的值能够惟一标识表中的一条记录，则这样的字段称为候选关键字。在一个表上可能会有几个具有这种特性的字段或字段组合，这时从中选择一个作为主关键字。

在 Visual FoxPro 中将主关键字称为主索引，将候选关键字称为候选索引。由上所述，在

Visual FoxPro 中主索引和候选索引有相同的作用。

3.8.2　域完整性

域完整性是指限制字段取值的有效性规则。例如，在创建表时用户定义字段的类型、宽度等都属于域完整性的范畴。除此之外，Visual FoxPro 还在表设计器中提供了【字段有效性】规则和【显示】规则来进一步保证域的完整性。

3.8.3　参照完整性

参照完整性是指当插入、更新和删除一个表中的数据时，需要参照引用另一个表中的数据，借以检查数据操作是否正确。例如学生学籍管理数据库中，有 Student、Score 和 CJ 表，它们之间有一对多的联系。当在 CJ 表中插入记录时，须检查 Student 表和 Score 表中相关的记录是否存在，若不存在则禁止插入该记录。从而保证修改数据的正确性、合法性。

参照完整性是关系数据库关系系统的一个很重要的功能。在 Visual FoxPro 中为了建立参照完整性，必须首先建立表之间的联系（或称为关系），然后才可以设置参照完整性规则。

最常见的联系类型是一对多的联系，在关系数据库中通过联接字段来体现和表示联系。联接字段在父表中一般是主关键字，在子表中是外部关键字。如果一个字段或字段的组合不是本表的关键字，而是另外一个表的关键字，则这样的称为外部关键字。

3.8.3.1　建立表之间的联系

在数据库设计器中设计表之间的联系时，要在父表中建立主索引，在子表中建立普通索引，然后通过父表的主索引和子表的普通索引建立起两个表之间的联系。现以 Student、Score 和 CJ 为例，介绍建立表之间的联系的操作步骤：

（1）在 Student 表中以学号字段为索引关键字建立主索引；在 Score 表中以课程代码字段为索引关键字建立主索引；在 CJ 表中以学号、课程代码字段为索引关键字分别建立普通索引。

（2）打开数据库设计器，用鼠标选中 Student 表的主索引（学号）按住不放拖至 CJ 表的普通索引（学号）上，然后释放鼠标，即可建立两表之间的联系；同样，用鼠标选中 Score 表的主索引（课程代码）按住不放拖至 CJ 表的普通索引（课程代码）上，然后释放鼠标，即可建立两表之间的联系，如图 3-31 所示。

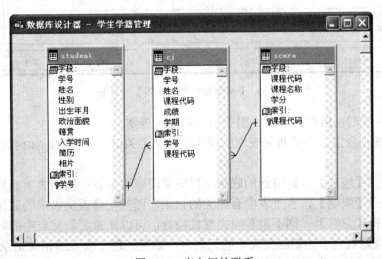

图 3-31　表之间的联系

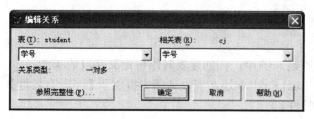

图 3-32 【编辑关系】对话框

从图中可以看到，主索引边是一条线，说明它们是一对多的关系。

如果要删除表之间的联系，可以用鼠标右击要删除的联系，连线变粗，在弹出的快捷菜单中选择【删除关系】即可。

如果在建立联系时操作有误，随时可以进行编辑修改联系。方法是用鼠标右击要修改的联系，连线变粗，从弹出的快捷菜单中选择【编辑关系】，打开如图 3-32 所示的【编辑关系】对话框。

在该对话框中，通过下拉列表框中重新选择表或相关表的索引名，则可以达到修改联系的目的。

3.8.3.2 设置参照完整性规则

到现在为止，只是建立了表之间的联系，Visual FoxPro 默认没有建立任何参照完整性规则。在建立参照完整性规则之前必须首先清理数据库，所谓清理数据库就是物理删除数据库各个表中所有带删除标记的记录。具体操作是：执行【数据库】菜单中的【清理数据库】命令即可。该操作与命令 PACK DATABASE 功能相同。

在清理完数据库后，用鼠标右击表之间的联系，连线变粗，在弹出的快捷菜单中选择【编辑参照完整性】，打开如图 3-33 所示的 [参照完整性生成器] 对话框。注意，不管单击的是哪个联系，所有联系将都出现在参照完整性生成器中。

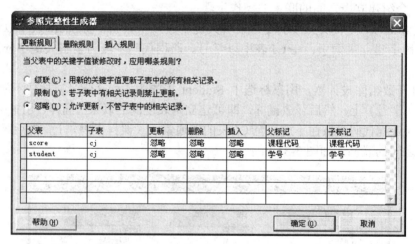

图 3-33 【参照完整性生成器】对话框

参照完整性规则包括更新规则、删除规则和插入规则。

（1）更新规则规定了当更新父表中的联接字段（主关键字）值时，如何处理相关的子表中的记录：

① 如果选择【级联】，则用新的联接字段值字段修改字表中的相关所有记录；

② 如果选择【限制】，若子表中有相关的记录，则禁止修改父表中的联接字段值；

③ 如果选择【忽略】，则不做参照完整性检查，可以随意更新父表中的联接字段值。

（2）删除规则规定了当删除父表中的记录时，如何处理子表中的相关记录：

① 如果选择【级联】，则自动删除子表中的相关所有记录；

② 如果选择【限制】，若子表中有相关的记录，则禁止删除父表中的记录；

③ 如果选择【忽略】，则不作参照完整性检查，可以随意删除父表中的记录。

（3）插入规则规定了当子表中插入记录时，是否进行参照完整性检查：

① 如果选择【限制】，若父表中没有匹配的联接字段值，则禁止在子表中插入相关记录；

② 如果选择【忽略】，在不作参照完整性检查，可以随意在子表中插入记录。

例 3-24 为学生学籍管理数据库的 Student、Score 和 CJ 三个表设计参照完整型。

① 首先在学生学籍管理数据库中建立表之间的联系，如图 3-31 所示。

② 执行清理数据库操作。

③ 将它们的插入规则设定为"限制"，即在 CJ 表中插入成绩记录时检查相关的 Student 和 Score 表是否存在，如果不存在则禁止插入成绩记录。

④ 将它们的删除规则设定为"级联"，即在删除 Student 表中的学生记录和 Score 表中的课程记录时，自动删除相关的成绩记录。

⑤ 将它们的更新规则也设定为"级联"，即当修改 Student 表中学生的学号或 Score 表中课程的课程代码时，也自动修改相关的成绩记录。

习　题

1. 选择题

（1）下列不能关闭表文件的命令是（　　）。

  A. USE   B. CLEAR ALL   C. CLOSE ALL   D. CLEAR

（2）修改表结构的命令是（　　）。

  A. MODIFY COMMAND   B. MODIFY STRUCTURE

  C. MODIFY DATABASE   D. MODIFY FILE

（3）执行下列命令打开的表文件为（　　）。

  s="myfile"

  use &s

  A. myfile.dbf   B. s.dbf   C. &s.dbf   D. s.fpt

（4）表文件当前记录位置为记录号 80，将记录指针移向记录号 60 的命令是（　　）。

  A.SKIP 60   B.SKIP 20   C.SKIP -20   D.GO -20

（5）对一个表文件执行 LIST 命令之后，再执行?EOF()命令的结果是（　　）。

  A. .F.   B. .T.   C. 0   D. 1

（6）要为当前表中所有学生的成绩都增加 10 分，应该使用命令（　　）。

  A. CHANGE 成绩 WITH 成绩+10   B. REPLACE 成绩 WITH 成绩+10

  C. CHANGE ALL 成绩 WITH 成绩+10   D. REPLACE ALL 成绩 WITH 成绩+10

（7）命令 ZAP 的作用是（　　）。

  A. 将当前工作区内打开的表文件中所有记录加上删除标记

  B. 将当前工作区内打开的表文件删除

  C. 将当前工作区内打开的表文件中所有记录作物理删除

  D. 将当前工作区内打开的表文件结构删除

（8）复制当前打开的表文件 RSK.DBF 为 RSK1.DBF 使用的命令是（　　）。

  A. COPY RSK.DBF RSK1.DBF   B. COPY RSK.DBF TO RSK1.DBF

  C. COPY TO RSK1.DBF   D. COPY FILE RSK.DBF RSK1.DBF

（9）把一个数据库表从数据库移出时（　　）。

  A. 一旦移出，将从磁盘中消失

    B. 丢失了表中的数据

    C. 变成了一个自由表，仍保留原来在数据库中定义的长表名

    D. 丢失了在数据库中建立的表间的关系

（10）Visual FoxPro 参照完整性规则不包括（　　　）。

    A. 更新规则　　　　　B. 删除规则　　　　　C. 查询规则　　　　　D. 插入规则

（11）使用 SET RELATION 命令建立两个表之间的关联，这种关联是（　　　）。

    A. 永久性关联　　　　　　　　　　　　B. 临时性关联

    C. 永久性关联或临时性关联　　　　　　D. 永久性关联和临时性关联

（12）下面有关索引描述正确的是（　　　）。

    A. 建立索引后，原来数据库表中记录的物理顺序将被改变

    B. 索引与数据库表的数据存储在一个文件中

    C. 创建索引是创建一个指向数据库表文件记录的指针构成的文件

    D. 创建索引完全是为了对表中的记录排序

（13）若所建立索引的字段值不允许重复，并且一个表中只能创建一个，则应该是（　　　）。

    A. 惟一索引　　　　　B. 主索引　　　　　C. 候选索引　　　　　D. 普通索引

（14）假定表中有 10 条记录，执行下列命令后记录指针指向（　　　）。

    GO BOTTOM

    SKIP -4

    LIST NEXT 5

    A. 7 号记录　　　　　B. 8 号记录　　　　　C. 9 号记录　　　　　D. 10 号记录

2. 填空题

（1）定义表结构时，要定义表中有多少个字段，同时还要定义每一个字段的____、____、____等。

（2）要删除表中的记录时必须分两步进行，第一步是进行____，第二步再进行____。

（3）Visual FoxPro 将表分为两种，即____和____。

（4）对于表中需要成批修改的那些数据，只要有一定规律，就可以使用____命令自动完成修改操作。

（5）在 Visual FoxPro 中，最多同时允许打开____个数据库表和自由表。

（6）数据库表之间的一对多关系通过父表的____索引和子表的____索引来实现。

（7）实现表之间临时联系的命令是____。

（8）在定义字段有效性规则时，在规则文本框中输入的表达式类型是____。

3. 根据要求写命令

假设在表文件"教师人事表.dbf"有如下字段：姓名、性别、出生年月、职称、工作、婚否、工作日期、备注。

（1）显示表结构。

（2）显示表中所有男教师的姓名、职称、工作这 3 个字段的内容。

（3）显示年龄大于 35 岁的所有女教师的记录内容。

（4）在 5 号记录前插入一条空白记录。

（5）删除 55 岁以上的女教师记录。

（6）将 1995 年以前参加工作的教师工资增加 100 元。

（7）将表中的记录按工作日期先后排序。

（8）复制产生一个新表文件，包括如下字段：姓名、工资、工作日期、备注。

（9）按姓名建一个单一索引，并显示结果。

4. 上机题

创建一个项目，通过项目管理器和数据库设计器完成下列任务。

（1）新建一个名为"学生管理"的数据库。

（2）建立如下 3 个数据库表，并输入少量记录。

学生 [学号 C(8),姓名 C(10),性别 C(2),年龄 N(4)]

课程 [课程号 C(4),课程名 C(16),学时数 N(3),开课学期 N(1),考试类型 C(8)]

成绩 [学号 C(8),课程号 C(4),成绩 N(5,1)]

（3）"学生"表按"学号"、"课程"表按"课程号"建立主索引，"成绩"表按"学号"及"课程号"建立普通索引。

（4）建立"学生"与"课程"和"成绩"表之间的一对多联系。

（5）将以上建立的数据库表移出数据库使之成为自由表。

（6）分别使用 APPEND 和 INSERT 命令为以上自由表增加 4 条记录,再用 EDIT、CHANGE 和 REPLACE 命令修改表中的记录。

（7）将以上自由表再添加到数据库中，并重新建立索引和表之间的联系。

（8）定义"学生"表和"成绩"表之间的参照完整性规则（删除规则设置为"限制"，更新和插入设置为"限制"）。

第4章 结构化查询语言 SQL

SQL 是结构化查询语言（Structured Query Language）的英文缩写。可以说查询是 SQL 语言的重要组成部分，但不是全部。SQL 还包括数据定义、数据操纵和数据控制等功能部分。SQL 早已成为关系数据库的标准数据语言，所以目前所有的关系型数据库管理系统，如 Oracle、SQL Server、DB2 等都支持 SQL，Visual FoxPro 也不例外。

在这一章中，我们详细讲解了 SQL 的使用方法。

4.1 SQL 概述

最早的 SQL 标准是于 1986 年 10 月由美国国家标准协会（ANSI）的数据库委员会 X3H2 公布的。随后，国际标准化组织（ISO）采纳它为国际标准，并在此基础上进行了补充。我国也在 1990 年制定了 SQL 标准。实际系统中实现的 SQL 语言往往对标准版本进行了扩充。

目前，所有主要的关系型数据库管理系统均支持 SQL 语言，但是它们之间仍然有细微差别。

SQL 语言由三部分组成，它包含了数据库生成、维护和完全性问题的所有内容。它们是：数据定义语言 DDL（Data Definition Language）；数据操作语言 DML（Data Manipulation Language）；数据控制语言 DCL（Data Control Language）。

DDL 语言提供完整定义数据库必须的所有内容，包括数据库生成后的结构修改、删除功能。DDL 语言是 SQL 中用来生成、修改、删除数据库基本要素的部分。这些基本要素包括表、窗口、模式、目录等。

DML 语言是 SQL 中运算数据库的部分，它是对数据库中的数据输入、修改及提取的有力工具。DML 语句读起来像普通的英语句子非常容易理解。但是它也可以是非常复杂的，可以包含有复合表达式、条件、判断、子查询等。

DCL 提供的防护措施是数据库安全性所必须的。SQL 通过限制可以改变数据库的操作来保护它，包括事件、特权等。

SQL 命令动词可以参见表 4-1。

表 4-1 SQL 命令动词

SQL 功能	命令动词	SQL 功能	命令动词
数据查询	SELECT	数据操作	INSERT、UPDATE、DELETE
数据定义	CREATE、DROP、ALTER	数据控制	GRANT、REVOKE

SQL 语言具有以下主要特点：

① SQL 是一种一体化语言，它包括了数据定义、数据查询、数据操作和数据控制等方面的功能，它可以完成数据库活动中的全部工作。以前的非关系模型的数据语言一般包括存储模式描述语言、概念模式描述语言、外部模式描述语言和数据操作语言等，这种模型的数据语言，一是内容多，二是掌握和使用起来都不像 SQL 那样简单、实用。

② SQL 语言是一种高度非过程化的语言，它没有必要一步步告诉计算机"如何"去做，

而只需要描述清楚用户要"做什么"，SQL 语言就可以将要求交给系统，自动完成全部工作。

③ SQL 语言非常简洁。虽然 SQL 语言功能强大，但它只有为数不多的几条命令。另外 SQL 的语法也非常简单，它很接近英语自然语言，因此容易学习、掌握。

④ SQL 语言可以直接以命令方式交互使用，也可以嵌入到程序设计语言中以程序方式使用。现在很多数据库应用开发工具都将 SQL 语言直接融入自身的语言中，使用起来方便，Visual FoxPro 就是如此。这些使用方式为用户提供了灵活的选择余地。

4.2　SQL 的数据定义命令

SQL 数据定义功能使指定义数据库的结构，包括定义基本表、定义视图、定义索引等若干部分。这里主要介绍 Visual FoxPro 支持的表定义功能和视图定义功能。

4.2.1　定义基本表

用 SQL 可以定义、扩充和取消基本表。定义一个基本表相当于建立一个新的关系模式，但尚未输入数据，只有一个空的关系框架，即使 Visual FoxPro 中的一个数据库结构。定义基本表就是创建一个基本表，对表名及它所包括的各个属性名及数据类型做出具体规定。定义基本表相应的格式是：

CREATE TABLE | DBF TableName1 [NAME LongTableName] [FREE]

(FieldName1 FieldType [(nFieldWidth [, nPrecision])])

[NULL | NOT NULL]

[CHECK lExpression1 [ERROR cMessageText1]]

[DEFAULT eExpression1]

[PRIMARY KEY | UNIQUE]

[REFERENCES TableName2 [TAG TagName1]]

[NOCPTRANS]

[, FieldName2 ...]

[, PRIMARY KEY eExpression2 TAG TagName2]

|, UNIQUE eExpression3 TAG TagName3]

[, FOREIGN KEY eExpression4 TAG TagName4 [NODUP]

REFERENCES TableName3 [TAG TagName5]]

[, CHECK lExpression2 [ERROR cMessageText2]])

| FROM ARRAY ArrayName

功能：用于建立一个基本表，而且可以完成前面用表设计器完成的所有功能。CREATE TABLE | DBF 是关键字，必不可少，TABLE 和 DBF 的含义是等价的，前者是 SQL 关键字，后者是 Visual FoxPro 中的关键字。TableName1 是表的名称，命名符合标志符命名法则。FieldName1 FieldType [(nFieldWidth [, nPrecision])]四项，分别是表的字段名、数据类型、精度（字段宽度）、小数位数。NULL | NOT NULL 用来强调当前字段值是否允许为空，在 Visual FoxPro 中默认是 NOT NULL。

说明：

① 每个字段包括字段名称、数据类型、精度、小数位数四项。字段定义的方法与在菜单选择的方式下、在数据表设计器中对字段的定义一样。

99

② 建立的表放在当前最低可用编号的工作区中，并自动打开。

③ 格式中还包括建立实体完整性的主关键字（主索引）PRIMARY KEY、定义域完整性的 CHECK 约束以及建立参照完整性（用来描述表之间关系）的 FOREIGN KEY 和 REFERENCES 等。UNIQUE 建立候选索引（注意不是惟一索引）。

④ FROM ARRAY ArrayName，指定字段的定义取自数组<数组名>。

在前面，已经介绍了利用数据库设计器和表设计器建立数据库的方法。现在介绍怎样利用 SQL 命令来建立相同的数据库，然后可以利用数据库设计器和表设计器来检验用 SQL 建立的数据库。

例 4-1 用命令创建数据库"学生学籍管理 1"。

CREATE DATABASE 学生学籍管理 1

用 SQL CREATE 命令建立课程表 1（SCORE1.DBF）：

CREATE TABLE   SCORE1(

　　　　　课程代码 C(3) PRIMARY KEY,

　　　　　课程名称 C(20),

　　　　　学分 N(1,0))

以上命令，首先创建了数据库"学生学籍管理 1"，执行数据库命令后，数据库默认打开了。若针对关闭的数据库，可以用 MODIFY DATABASE 命令打开。打开数据库的基础上，执行创建表的命令，则表自动加入当前数据库中。在建立课程表 1 的命令中，表字段"课程代码"是主关键字（对应了 Visual FoxPro 主索引，用 PRIMARY KEY 说明）。

例 4-2　用 SQL CREATE 命令建立学生基本情况表 1（STUDENT1.DBF）。

CREATE TABLE STUDENT1(

　　　　　学号 C(8) PRIMARY KEY,

　　　　　姓名 C(10),

　　　　　性别 C(2) CHECK(性别='男' OR 性别='女')

　　　　　　　　　ERROR '性别只能是男或女'

　　　　　　　　　DEFAULT '男',

　　　　　出生年月 D,

　　　　　政治面貌 C(8),

　　　　　籍贯 C(12),

　　　　　入学时间 D,

　　　　　简历 M NULL,

　　　　　相片 G NULL)

以上命令除用 PRIMARY KEY 说明了主关键字外，还用 CHECK 说明了有效性规则，性别只能是"男"或"女"，用 ERROR 说明了出错时报错信息，用 DEFAULT 说明了为性别字段设置默认值（"男"）。

例 4-3　用 SQL CREATE 命令建立成绩表 1（CJ1.DBF）。

CREATE TABLE CJ1(

　　　　　学号 C(8),

　　　　　姓名 C(10),

　　　　　课程代码 C(3),

　　　　　成绩 N(3,0),

学期　N(1,0),

　　　　FOREIGN KEY　学号　TAG　学号　REFERENCES STUDENT1,

　　　　FOREIGN KEY　课程代码　TAG　课程代码　REFERENCES SCORE1)

以上命令使用短语"FOREIGN KEY　学号　TAG　学号　REFERENCES STUDENT1,"说明了成绩表 1 和学生表 1 之间的联系,用"FOREIGN KEY　学号"在该表的字段"学号"上建立了一个普通索引,同时说明该关键字是联接字段,通过引用学生表 1 的主索引"学号"(TAG 课程代码　REFERENCES SCORE1)与学生表 1 建立了联系。

以上所建立的三张表,在命令执行完后可以在数据库设计器中看到图 4-1 所示的界面,从中可以发现,通过 SQL 命令不仅可以建立表,同时还建立了表之间的关系。

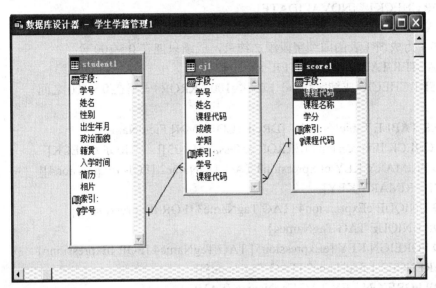

图 4-1　表关联结构图

4.2.2　表的删除

删除表的 SQL 命令是:

　　　　DROP TABLE TableName

DROP TABLE 一次完成从当前数据库中移除表并从硬盘上删除该表的操作。对于数据库中表,建议用该命令删除。若直接从磁盘删除 DBF 的文件,但记录在数据库中的信息没有删除,此后会导致打开数据库报错。

例 4-4　用 SQL DROP 命令删除成绩表 1(CJ1.DBF)

　　　　DROP TABLE CJ1

4.2.3　表结构的修改

修改表结构的命令是 ALTER TABLE,该命令有三种格式。有兴趣的读者可以参考微软 MSDN6.0 查看更详细介绍。

格式一:

ALTER TABLE TableName1 ADD | ALTER [COLUMN] FieldName1

FieldType [(nFieldWidth [, nPrecision])] [NULL | NOT NULL]

[CHECK lExpression1 [ERROR cMessageText1]][DEFAULT eExpression1]

[PRIMARY KEY | UNIQUE][REFERENCES TableName2 [TAG TagName1]]

[NOCPTRANS][NOVALIDATE]

该格式可以添加（ADD）新的字段或修改（ALTER）已有的字段，它的语法基本可以与CRATE TABLE 的语法相对应。

例 4-5 为学生基本情况表 1 添加毕业院校字段（C（20））

ALTER TABLE STUDENT1 ADD 毕业院校 C(20)

格式二：

ALTER TABLE TableName1   ALTER [COLUMN] FieldName2

[NULL | NOT NULL]   [SET DEFAULT eExpression2]

[SET CHECK lExpression2 [ERROR cMessageText2]]   [DROP DEFAULT]

[DROP CHECK]   [NOVALIDATE]

该格式主要用于定义、修改和删除有效性规则和默认值定义。

例 4-6 为成绩 1 表的成绩字段添加约束，成绩只能在 0～100 分

ALTER TABLE CJ1 ALTER 成绩

SET CHECK 成绩>=0 and 成绩<=100 ERROR '成绩在 0～100 之间'

格式三：

ALTER TABLE TableName1   [DROP [COLUMN] FieldName3]

[SET CHECK lExpression3 [ERROR cMessageText3]]   [DROP CHECK]

[ADD PRIMARY KEY eExpression3 TAG TagName2 [FOR lExpression4]]

[DROP PRIMARY KEY]

[ADD UNIQUE eExpression4 [TAG TagName3 [FOR lExpression5]]]

[DROP UNIQUE TAG TagName4]

[ADD FOREIGN KEY [eExpression5] TAG TagName4 [FOR lExpression6]

REFERENCES TableName2 [TAG TagName5]]

[DROP FOREIGN KEY TAG TagName6 [SAVE]]

[RENAME COLUMN FieldName4 TO FieldName5] [NOVALIDATE]

前两种格式，无法完成对字段更名，删除字段等操作，第三种格式弥补了这些不足。

例 4-7 将学生表 1 的毕业院校改名为毕业学校。

ALTER TABLE STUDENT1 RENAME COLUMN 毕业院校 TO 毕业学校

例 4-8 删除学生表 1 的毕业学校字段

ALTER TABLE STUDENT1 DROP COLUMN 毕业学校

4.3 SQL 的数据操作命令

SQL 的操作功能是指对数据库中数据的操作功能,主要包括数据的插入、更新和删除三个方面的操作。插入操作是指从关系中插入元组，删除语句是指从关系中删除某些元组，修改语句则是修改关系中已经存在的元组中某些分量的值。

4.3.1 插入

插入语句的基本格式是：

INSERT INTO target [(field1[, field2[, ...]])]

VALUES (value1[, value2[, ...]])

其中 INSERT INTO 是关键字，表示一个插入语句；target 是即将插入一条记录表或视图

等对象的名称；当插入的不是完整记录时，可以用(field1[, field2[, ...]])指定字段；VALUES 是关键字，value1[, value2[, ...]给出了具体的记录值，每个值都对应字段列表中的一个字段，若插入一个完整元组（记录）并且属性（字段）顺序与定义一致，可在基本表名称后面省略属性名称列表。

例 4-9　在学生基本情况表中，插入一条新记录，命令如下：

INSERT INTO Student(学号,姓名,性别,出生年月,政治面貌,籍贯,入学时间,简历)

VALUES('33006111','李新','男',{^1985/05/14},'党员','北京',{^2006/06/06},'我是李新')

上面的例子，向学生表中添加了一条新记录，该记录不是所有的信息都填写了，相片字段没有出现在属性列表中，所以可以不填。若全部字段都一次插入，则属性列表可以省略。

上述描述的只是一种简单的插入语句，它只能在关系中生成一个元组，若要生成多个元组，则必须重复执行插入语句。能不能使用一个插入语句将符合条件的元组集合一下都插入到关系中去呢？其实还有另一种格式，可以解决上述问题。语句格式为：

INSERT INTO target [(field1[, field2[, ...]])] [IN externaldatabase]

SELECT [source.]field1[, field2[, ...]

FROM tableexpression

使用了子查询可以批量插入数据。

4.3.2　更新

SQL 的数据更新命令格式如下：

UPDATE　　TableName

SET Column_Name= eExpression1　[, Column_Name2 = eExpression2 ...]

WHERE FilterCondition　[,FilterCondition…]

一般使用 WHERE 子句来指定条件，以更新满足条件的一些记录的字段值，并且一次可以更新多个字段，如果不使用 WHERE 子句，则更新全部记录。

例 4-10　给所有课程"高等数学"学分增加 1 分，可以使用如下命令：

UPDATE Score

SET　学分=学分+1

WHERE　课程名称='高等数学'

4.3.3　删除

SQL 从表中删除数据的命令格式如下：

DELETE FROM TableName [WHERE Condition]。

这里 FROM 指从哪个表中删除记录，WHERE 指定被删除的记录所满足的条件，如果不使用 WHERE 子句，则删除表中所有记录。

例 4-11　删除学生基本情况表中姓名为"李新"的记录，可用命令：

DELETE FROM STUDENT WHERE　姓名='李新'

注意，在 Visual FoxPro 中，SQL DELETE 命令同样是逻辑删除记录，如果要物理删除记录，需要继续使用 PACK 命令。

4.4　SQL 的数据查询命令

SQL 的核心是查询。SQL 的查询命令也称作 SELECT 命令，它的基本形式由

SELECT-FROM-WHERE 查询块组成,多个查询可以嵌套执行。Visual FoxPro 的 SQL SELECT 命令的语法格式如下:

    SELECT [ALL | DISTINCT] [TOP nExpr [PERCENT]]
    [Alias.] Select_Item [AS Column_Name]
    [, [Alias.] Select_Item [AS Column_Name] ...]
    FROM [FORCE]
    [DatabaseName!]Table [[AS] Local_Alias]
    [[INNER | LEFT [OUTER] | RIGHT [OUTER] | FULL [OUTER] JOIN
    DatabaseName!]Table [[AS] Local_Alias]
    [ON JoinCondition ...]
    [[INTO Destination]
    | [TO FILE FileName [ADDITIVE] | TO PRINTER [PROMPT]
    | TO SCREEN]]
    [PREFERENCE PreferenceName]
    [NOCONSOLE]
    [PLAIN]
    [NOWAIT]
    [WHERE JoinCondition [AND JoinCondition ...]
    [AND | OR FilterCondition [AND | OR FilterCondition ...]]]
    [GROUP BY GroupColumn [, GroupColumn ...]]
    [HAVING FilterCondition]
    [UNION [ALL] SELECTCommand]
    [ORDER BY Order_Item [ASC | DESC] [, Order_Item [ASC | DESC] ...]]

从 SELECT 的命令格式来看似乎非常复杂,实际上只要了解了命令中各个短语的含义,SQL SELECT 还是很容易掌握的,其中主要短语的含义如下:

① SELECT 说明要查询的数据;

② FROM 说明要查询的数据来自哪个或哪些表,可以对单个表或多个表进行查询;

③ WHERE 说明查询条件,即选择元组的条件;

④ GROUP BY 短语用于对查询结果进行分组,可以利用它进行分组汇总;

⑤ HAVING 短语必须跟随 ORDER BY 使用,它用来限定分组必须满足的条件;

⑥ ORDER BY 短语用来完成对查询结果进行的排序。

本节查询例子将全部基于学生学籍管理数据库,表结构参考前面章节,为了方便读者,各表给出原始数据。

学生学籍情况表(Student.dbf)数据如图 4-2。

学生成绩表(CJ.dbf)数据如图 4-3。

课程表(Score.dbf)数据如图 4-4。

4.4.1 简单查询

首先从几个最简单的查询开始,这些查询基于单个表,可以有简单的查询条件。这样的查询由 SELECT 和 FROM 构成的无条件查询,或由 SELECT、FROM 和 WHERE 语句构成的有条件查询。

Student

学号	姓名	性别	出生年月	政治面貌	籍贯	入学时间	简历	相片
33006101	赵玲	女	08/06/86	团员	黑龙江省哈尔	09/06/06	Memo	Gen
33006102	王刚	男	06/05/85	党员	四川省自贡市	09/06/06	Memo	Gen
33006104	李广	男	03/12/86	团员	山东省荷泽市	09/06/06	Memo	Gen
33006105	王芳	女	04/12/86	预备党员	湖南省湘潭县	09/06/06	Memo	Gen
33006106	张丰	男	05/07/85	团员	湖南省长沙市	09/06/06	Memo	Gen
33006107	王菲	女	01/01/86	群众	湖南省永州市	09/06/06	Memo	Gen
33006108	李伟	男	12/10/86	党员	湖南省益阳市	09/06/06	Memo	Gen
33006109	王丽	女	11/20/85	预备党员	新疆呼图壁县	09/06/06	Memo	Gen
33006110	赵协星	男	08/05/86	团员	湖南省沅江市	09/06/06	Memo	Gen

图 4-2　学生学籍情况表

Cj_a

学号	姓名	课程代码	成绩	学期
33006101	赵玲	001	89	1
33006102	王刚	001	90	1
33006104	李广	001	97	1
33006105	王芳	002	87	1
33006106	张丰	003	89	2
33006107	王菲	002	89	1
33006108	李伟	001	90	1
33006101	赵玲	002	87	1
33006109	王丽	001	89	1
33006110	赵协星	002	85	1
33006102	王刚	002	88	1
33006108	李伟	003	95	2
33006106	张丰	005	85	3

图 4-3　学生成绩表

Score

课程代码	课程名称	学分
001	高等数学	5
002	大学英语	6
003	政治经济学	4
004	邓小平理论	2
006	大学物理	4
007	线性代数	5
008	复变函数	5
009	模拟电路	3
010	数字电路	3
011	哲学	2
012	计算机基础	3
080	网络安全	4

图 4-4　课程表

例 4-12　求所有课程信息（即检索课程表中的所有元组），可用命令：

```
SELECT *  FROM SCORE
```

其中“*”是通配符，表示所有属性列，即字段，这里的命令等同于：

```
SELECT 课程代码,课程名称,学分 FROM SCORE
```

例 4-13　求学分超过 4 分的课程代码和课程名称，命令如下：

```
SELECT 课程代码,课程名称;
FROM SCORE;
WHERE 学分>4
```

结果是：

```
001        高等数学
002        大学英语
007        线性代数
008        复变函数
```

这里用 WHERE 指定了查询条件，查询条件可以是任意复杂的逻辑表达式。逻辑运算符有：>（大于），<（小于），>=（大等于），<=（小等于），=（等于），!=（不等于）。

例 4-14　检索所有学生的成绩，并去掉重复行，命令如下：

```
SELECT DISTINCT 成绩 FROM CJ
```

DISTINCT 关键字用来告诉系统从查询结果中去掉重复元组。若不用 DISTINCT，系统缺省是 ALL 即无论是否有重复元组全部给出。

例 4-15　检索出 86 年出生的学生学号和姓名，命令如下：

SELECT 学号,姓名 FROM STUDENT WHERE 出生年月 BETWEEN
{^1986/01/01} AND {^1986/12/31}

结果是：

33006101	赵玲
33006104	李广
33006105	王芳
33006107	王菲
33006108	李伟
33006110	赵协星

这里 BETWEEN…AND…意思是在 "…和…之间"，这个查询条件等价于：

出生年月 > {^1986/01/01}　AND 出生年月 < {^1986/12/31}

显然，用 BETWEEN…AND…表达意思更清晰、简洁。

例 4-16　从学生表中查询所有姓 "王" 的同学的信息，命令如下：

SELECT * FROM STUDENT WHERE 姓名 LIKE '王%'

这本质上是一个字符串匹配的查询，必须使用 LIKE 预算符。LIKE 是一个字符串匹配运算符，用来完成模糊查询，一般与通配符配合使用。

通配符主要有两个 "_" 和 "%"。

字符 "_"（下划线）：表示可以和任意单个字符匹配。

字符 "%"（百分号）：表示可以和任意长的字符串匹配，即代表 0 个或多个字符。

使用谓词 IN：在 WHERE 子句中，条件可以用 IN 表示包含在其后面括号的指定集合中。括号内的元素可以直接列出，也可以是一个子查询的结果。

例 4-17　按学生表中党员和预备党员的信息，命令如下：

SELECT *;
FROM STUDENT;
WHERE 政治面貌 IN ('党员','预备党员')

也可以用 NOT IN 来实现对不符合条件的查询。

使用 ORDER BY 完成对查询结果的排序。

例 4-18　按学分降序查询课程表中记录，命令如下：

SELECT *;
FROM SCORE;
ORDER BY 学分 DESC

用 ORDER BY 子句指出对查询结果排序。DESC 表示降序，ASC 表示升序，系统默认升序。

例 4-19　查询成绩表，按学期顺序的基础上，完成成绩的逆序排列，命令如下：

SELECT TOP 3 *;
FROM CJ ;
ORDER BY 学期,成绩 DESC

这是一个按多列排序的例子，TOP n 的意思是指取查询结果的前 n 条记录。注意，在 VF

中 TOP 必须和 ORDER BY 配合使用。

4.4.2　联接查询

联接查询是关系的基本操作之一，联接查询是一种基于多个关系的查询。下面给出几个联接查询的实例。

例 4-20　查询课程"高等数学"的成绩信息，命令如下：

SELECT *;

FROM CJ,SCORE;

WHERE　课程名称='高等数学' AND CJ.课程代码=SCORE.课程代码

结果如图 4-5 所示。

学号	姓名	课程代码_a	成绩	学期	课程代码_b	课程名称	学分
33006101	赵玲	001	89	1	001	高等数学	5
33006102	王刚	001	90	1	001	高等数学	5
33006104	李广	001	97	1	001	高等数学	5
33006108	李伟	001	90	1	001	高等数学	5
33006109	王丽	001	89	1	001	高等数学	5

图 4-5　联接查询结果

对于表名称，可以采用别名的形式简化，因此也可以用如下命令实现：

SELECT *

FROM CJ AS C , SCORE AS S

WHERE　课程名称='高等数学' AND C.课程代码=S.课程代码

用"表名"＋AS＋"别名"的形式完成了别名的定义，其中 AS 可以省略。一旦定义了别名后，原来使用表名的地方就可以使用别名代替了。

例 4-21　求"高等数学"成绩大于 90 分的学生的基本情况，命令如下：

SELECT STU.学号, STU.姓名,STU.性别, STU.籍贯;

FROM STUDENT AS STU, CJ AS C, SCORE AS S;

WHERE S.课程名称='高等数学' AND C.课程代码=S.课程代码;

AND STU.学号=C.学号　AND C.成绩>90

如果要指定具体列，可以采用例 4-21 形式。

使用联接查询一般有两种方式，一种是联接写在 WHERE 子句中（参见上面的例子）；另一种 ANSI 联接语法，即写在 FROM 子句中。

从前面查询的详细格式中，可以看到 ANSI 联接的语法简化为：

SELECT ... ...

FROM Table INNER | LEFT | RIGHT | FULL JOIN TABLE

ON JoinCondition

WHERE　 ... ...

其中

INNER JOIN 等价于 JOIN，为普通的联接，也称为内联接。

LEFT JOIN 为左联接。

RIGHT JOIN 为右联接。

FULL JOIN 可以称为全联接，即两个表中的记录不管是否满足联接条件将都在目标表或查询结果中出现，不满足联接条件的记录对应部分为 NULL。

ON JoinCondition 指连接条件。

从以上格式可以看出，它的联接条件在 ON 短语中给出，而不在 WHERE 短语中，联接类型在 FROM 短语中给出。

上面的例 4-20 可以用 ANSI 方式来实现，命令如下：

  SELECT *；

  FROM CJ AS C JOIN SCORE AS S ON C.课程代码=S.课程代码；

  WHERE 课程名称='高等数学'

4.4.3 嵌套查询

嵌套查询是指在 SELECT-FROM-WHERE 查询块内部再嵌入另一个查询块，称为子查询。但要注意，由于 ORDER 子句是对最终查询结果的表示顺序提出要求，因此它不能出现在子查询中。

4.4.3.1 用 IN 指出包含在一个子查询模块的查询结果中

例 4-22 求至少有一门功课的成绩等于 90 分的学生的基本情况信息，命令如下：

  SELECT *；

  FROM STUDENT；

  WHERE 学号 IN (SELECT 学号 FROM CJ WHERE 成绩=90)

例 4-23 查询学生所有成绩都在 85～90 之间的课程信息，命令如下：

  SELECT *；

  FROM SCORE；

  WHERE 课程代码 NOT IN；

  (SELECT DISTINCT 课程代码 FROM CJ WHERE 成绩<85 OR 成绩>=90)；

  AND；

  课程代码 IN (SELECT 课程代码 FROM CJ)

4.4.3.2 ALL，ANY 或 SOME

在 WHERE 子句的条件中，用 ALL 表示与子查询结果中所有记录的相应值相比符合要求才满足条件。与 ALL 对应的是 ANY 或 SOME，它表示与子查询结果比较任何一个记录满足条件即可。当子查询的结果不是单值，前面又有比较运算符时，一定要用 ALL、ANY 或 SOME 指明条件。

例 4-24 查询所有选修了课程号为 "003" 的学生的基本情况，命令如下：

  SELECT *；

  FROM STUDENT；

  WHERE 学号= ANY；

  (SELECT 学号 FROM CJ WHERE 课程代码='003')

4.4.4 分组与聚合函数

4.4.4.1 聚合函数

SQL 不仅具有一般检索的能力，而且还有计算方式的检索，比如在检索平均成绩、统计学生人数等。完成计算检索的函数有：

  AVG 按列计算平均值

SUM 按列计算值的总和

COUNT 按列值统计个数

MAX 求一列中的最大值

MIN 求一列中的最小值

这些函数可以用在 SELECT 短语中对查询结果进行计算。

例 4-25 统计当前所有学生的人数，命令如下：

SELECT COUNT(*) AS 人数 FROM STUDENT

例 4-26 求姓名为"赵玲"的平均成绩，命令如下：

SELECT AVG(成绩) AS 平均成绩；

FROM CJ WHERE 姓名="赵玲"

例 4-27 求"高等数学"总成绩，命令如下：

SELECT SUM(成绩) AS 总成绩；

FROM CJ WHERE 课程代码 IN；

(SELECT 课程代码 FROM SCORE WHERE 课程名称= 高等数学')

4.4.4.2 分组

按属性列或属性列组合在行的方向上进行分组，每组在属性列或属性列组上具有相同的值。用 GROUP BY 子句进行分组计算查询，格式如下：

[GROUP BY GroupColumn [, GroupColumn ...]]

[HAVING FilterCondition]

可以按一列或多列分组，还可以用 HAVING 进一步限定分组的条件。下面是几个分组计算查询的例子。

例 4-28 按课程统计平均成绩，命令如下：

SELECT 课程代码,AVG(成绩) AS 平均成绩；

FROM CJ GROUP BY 课程代码

在本例中，按课程代码进行分组，然后统计平均成绩。GROUP BY 子句一般跟在 WHERE 子句后，没有 WHERE 子句时，跟在 FROM 子句后。另外，还可以根据多个属性进行分组。

在分组查询时，有时要根据具体条件来检索，这时可以用 HAVING 子句来限定分组。

例 4-29 按课程统计平均成绩，要求参与该课程考试人数必须大等于 3 人，命令如下：

SELECT 课程代码,AVG(成绩) AS 平均成绩；

FROM CJ；

GROUP BY 课程代码；

HAVING COUNT(*)>=3

结果是：

001   91.00

002   87.20

4.4.5 查询集合的并运算

SQL 支持集合的并（UNION）运算，即可以将两个 SELECT 语句的查询结果通过并运算合并成一个查询结果。为了进行运算，要求这样的两个查询结果具有相同的字段个数，并且对应字段的值要出自同一个值域，即具有相同的数据类型的取值范围。

例如，下面语句的结果是课程代码为 001 和 002 的学生的成绩信息：

SELECT * FROM CJ WHERE 课程代码='001';

UNION;

SELECT * FROM CJ WHERE 课程代码='002';

4.5 定义视图

视图是用于创建动态表的静态定义,视图中的数据是根据预定义的选择条件从一个或多个行集中生成的。用视图可以定义一个或多个表的行列组合。为了得到所需要的行列组合,视图可以使用 SELECT 语句来指定视图中包含的行和列。建立视图有两个作用:一个是简化查询命令;另一个是可以限制用户的查询范围。

4.5.1 视图的定义和删除

视图是一个虚拟表,是在已经有的表的基础上创建出的,引用原来已经存在表中的列来作为视图的新列,其结构和数据是建立在对表的查询基础上的。和表一样,视图也是包括几个被定义的数据列和多个数据行,但就本质而言这些数据列和数据行来源于其所引用的表。所以视图是一个虚表,视图所对应的数据并不实际的以视图结构存储在数据库中,而是存储在视图所引用的表中。

视图一经定义便存储在数据库中,与其对应的数据并没有像表那样又在数据库中再存储一份,通过视图看到的数据只是存放在基表中的数据。对视图的操作与对表的操作一样,可以对其进行查询、修改(有一定的限制)、删除。

4.5.1.1 用 SQL 建立视图的命令格式是:

CREATE VIEW view_name [(column_name [, column_name]...)]

AS select_statement

[WITH CHECK OPTION]

CREATE VIEW 是关键字,view_name 是视图名,视图命名按标志符命名法则,select_statement 是查询子句。如果所建视图的字段名与子查询(select_statement)子句相同,可省略不写。其中,"WITH CHECK OPTION"是可选择的,当需要通过视图更新或插入元组时起检验作用,元组必须满足视图定义条件时才执行。

例 4-30 创建基于学生表的视图,某次查询中,只要学生表中关于姓名、性别和籍贯的信息。那么可以定义视图:

CREATE VIEW v_Stu AS;

SELECT 姓名,性别,籍贯 FROM STUDENT

其中 v_Stu 是视图名称。视图一旦定义后,就可以和基本表一样进行查询,也可以进行一些修改操作。对于最终用户来说,有时并不需要知道操作的是基本表还是视图。

例 4-31   创建基于学生表的视图,某次查询中,只要学生表中必须是党员或预备党员关于姓名、性别和籍贯的信息。那么可以定义如下视图:

CREATE VIEW v_Stu1 AS;

SELECT 姓名,性别,籍贯 FROM STUDENT;

WHERE 政治面貌='党员' OR 政治面貌='预备党员'

以上视图,不仅完成了列的筛选,也同时完成了行的筛选。

例 4-32   创建基于课程表和成绩表的视图,某次查询中,需要知道"高等数学"这门课程各个同学的成绩，则包括课程名、学生姓名、成绩、学分等字段信息。那么可以定义如下视图：

CREATE VIEW v_Cj;

AS;

SELECT CJ.姓名,CJ.成绩,SCORE.课程名称,SCORE.学分;

FROM CJ INNER JOIN SCORE ON CJ.课程代码=SCORE.课程代码;

WHERE SCORE.课程名称='高等数学'

以上视图的数据，来自两张相关联的表，重点就是对查询语句的熟练使用。当然还可以用下面的方式实现来实现该视图：

CREATE VIEW v_Cj;

AS;

SELECT CJ.姓名,CJ.成绩,SCORE.课程名称,SCORE.学分;

FROM CJ,SCORE;

WHERE SCORE.课程名称='高等数学' AND CJ.课程代码=SCORE.课程代码

可以发现，两种实现方式效果是一样的。

4.5.1.2　删除视图

命令格式：DROP VIEW ViewName

例 4-33　要删除视图 v_Stu，可以键入命令：

DROP VIEW v_Stu

4.5.2　视图查询及操作

4.5.2.1　视图的查询

视图定义后，用户可以如同基本表那样对视图完成查询。

例 4-34　要查询视图 v_Cj，可以键入命令：

SELECT * FROM v_Cj

以上命令完成了对视图所有信息查询，当然也可以用以下方式来完成查询，从而进行行列的筛选。

SELECT 姓名,成绩,课程名称,学分 FROM v_Cj WHERE 姓名='王刚'

4.5.2.2　视图的操作

它有插入、更新、删除三类操作。

例 4-35　要修改视图 v_Stu 中李广的性别为"女"，可以键入命令：

UPDATE v_stu;

SET 性别='女';

WHERE 姓名='李广'

其他两个操作读者可仿照基本表的数据操作自行完成。

4.5.3　关于视图的说明

在 Visual FoxPro 中视图是一个定制的虚拟表，可以是本地的、远程的或带参数的。视图可引用一个或多个表，或者引用其他视图。

在 Visual FoxPro 中视图是可更新的，但是这种更新是否反映在基本表中则取决于视图更新属性的设置。在关系数据库中，视图自己并不拥有数据，它的数据实际上来自于基本表。

111

所以，虽然视图可以像表一样更新进行各种查询，但是插入、更新和删除操作在视图上却有一定的限制。在一般情况下，当一个视图是由单个表导出时，插入、更新和删除操作都要慎重进行。

习　题

1. 选择题

（1）SQL 的数据操作语句不包括（　　）。

    A. INSERT　　　　　　B. UPDATE　　　　　C. DELETE　　　　　D. CHANGE

（2）SQL 语句中条件短语的关键字是（　　）。

    A. WHERE　　　　　　B. FOR　　　　　　　C. WHILE　　　　　D. CONDITION

（3）SQL 语句中修改表结构命令的是（　　）。

    A. MODIFY TABLE　　　　　　　　　　B. MODIFY STRUCTURE

    C. ALTER TABLE　　　　　　　　　　　D. ALTER STRUCTURE

（4）SQL 语句中删除表的命令是（　　）。

    A. DROP TABLE　　　　　　　　　　　B. DELETE TABLE

    C. ERASE TABLE　　　　　　　　　　 D. DELETE DBF

2. 填空题

（1）SQL 支持集合的并运算，运算符是_____。

（2）在 SQL 语句中空值用_____表示。

（3）在 Visual FoxPro 中 SQL DELETE 命令是_____删除记录。

（4）在 SQL SELECT 中用于计算检索的函数有 COUNT、_____、_____、MAX 和 MIN。

（5）SQL SELECT 语句为了将查询结果存放到临时表中应该使用_____短语。

3. 问答题

（1）什么是 SQL 语言？SQL 语言的最常用的语句是哪个？

（2）SELECT 语句有哪些常用子句？它们的语法格式是什么？

4. 综合题

使用 SQL 语句建立一个教师排课管理数据库，其中至少包括教师、课程、教课等表，可以根据自己理解决定用哪些字段和完整性约束。

第5章　查询与视图

在创建了表之后，要对表中的数据进行处理。查询和视图是对表中数据进行检索的重要工具，查询和视图都可以向一个数据库发出检索信息的请求，使用一些条件提取特定的记录。

本章重点介绍查询和视图的基本设计方法，包含通过向导设计和利用设计器设计。在查询设计中，还讲述了用交叉表设计交叉查询。在视图中，重点讲述设计方法以及如何利用视图来更新表中的数据问题。

5.1　创建查询

查询和视图有很多类似之处，创建视图与创建查询的步骤也非常相似。视图兼有表和查询的特点，查询可以根据表或视图定义，所以查询和视图又有很多交叉的概念和作用。

5.1.1　基本概念

5.1.1.1　什么是查询

查询可以使用户从数据库中获取所需的结果。设计数据的提取过程，即设计查询，需先设定一些过滤条件，并把这些条件存为查询条件，每次查询数据时，系统调用该文件并执行查询，将从数据库的相关表中检索出数据。查询结果可以加以排序、分类，还可以存储成多种输出格式，如图形、报表等形式。

5.1.1.2　什么是视图

视图也是可以和查询一样从数据库中获取所需的结果，但视图能够从本地或远程表中提取一组记录，并可以将更改结果发送回源表。

使用视图，可以从本地表或远程表中提取满足条件的记录，可以处理或更新检索到的记录并改变这些记录的值。视图中数据记录更改后，把更新结果发送回源表中，原数据表中的记录也随之修改。

5.1.1.3　查询和视图的区别

查询和视图有非常相似的地方，它们的区别是：

第一，查询的结果是只读的，不允许修改，而视图允许修改且在视图中可以达到修改数据源的目的。

第二，查询是以磁盘文件的形式存放在程序中的，它通过 DO 命令来执行，文件的扩展名为.qpr。查询除了能检索出那些满足指定条件的记录外，还可以根据需要对这些记录进行排序和分组，将其结果创建为报表、表和图形，并将它们保存在本地磁盘上。而视图是一个虚拟的逻辑表，它只有在使用时才能其作用，并不保存任何数据。

第三，视图只是从数据库表中产生虚拟表，它侧重查看和修改；而查询时执行 SQL 语言的一段程序。

5.1.2 使用"查询向导"建立查询

5.1.2.1 设计查询

查询向导可以引导客户快速创建一个查询。例如，用查询向导创建一个基于学生学籍管理数据库中学生基本信息表（Student.dbf）的查询，查询所有党员的信息。其具体操作步骤如下所述。

① 在【学生学籍管理】项目管理器中选择【数据】选项卡，然后选择【查询】，单击【新建】按钮。打开【新建查询】对话框，如图 5-1 所示。

图 5-1 【新建查询】对话框

② 在【新建查询】对话框中选择【查询向导】。弹出【向导选取】对话框，如图 5-2 所示。在【向导选取】对话框中选择所建查询的类型。有三个类型可供选择：【查询向导】创建一个标准的查询；【交叉表向导】可将查询结果以电子表格格式显示；【图形向导】在 Microsoft Graph 中创建一个显示 Visual FoxPro 表数据的图形。

这里选择【查询向导】，创建一个标准的查询。

③ 单击【确定】按钮，弹出"查询向导"的【步骤 1-字段选取】对话框，如图 5-3 所示。

在【数据库和表】中选择表【STUDENT】（学生基本情况表），单击选择字段按钮【 ▶ 】可以具体选择要查询显示的字段。将可用字段都添加到【选定字段】列表中。

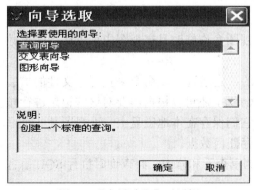

图 5-2 【向导选取】对话框

再选择【CJ】（成绩表），单击按钮【 ▶ 】，将可用字段列表中的所有字段都添加到【选定字段】列表中。

最后选择【SCORE】（课程表），用同上面的方式，将可用字段添加到列表中。

④ 单击【下一步】按钮，弹出【查询向导】的【步骤 2-为表建立关系】对话框。这一对话框的任务是从关系列表中选择匹配的字段用以决定表或视图间的关系。

由于表【STUDENT】和表【CJ】，表【CJ】

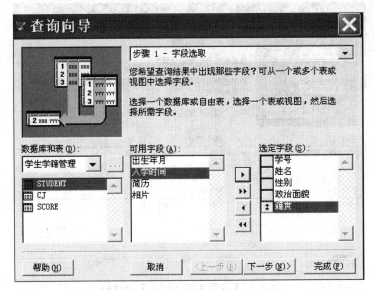

图 5-3　【步骤 1-字段选取】对话框

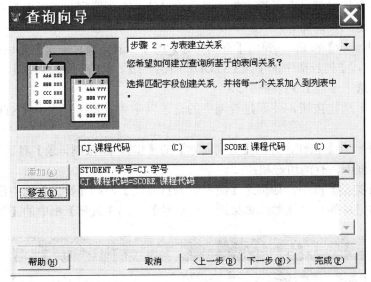

图 5-4　【步骤 2-为表建立关系】对话框

和表【SCORE】之间分别存在关系（参见第 4 章 4.2.1 节），这里选择 STUDENT.学号和 CJ.学号，CJ.课程代码和 SCORE.课程代码。

　　单击【添加】按钮，将关系加到列表框，如图 5-4 所示。

　　⑤　单击【下一步】按钮，弹出【查询向导】的步骤【步骤 3-筛选记录】对话框，如图 5-5 所示，在本题中是要查询所有学生中党员的成绩，这里选【字段】为【STUDENT.政治面貌】，选【操作符】为【等于】，值为【党员】。

　　当前步骤中，【操作符】时指字段与字段值之间的符号，它包括等于、不等于、大于、小于、为空、为 NULL、包含、不包含、在…中、在…之间、大于或小于或等于。

　　若有多个条件，还应该选择逻辑条件，其中："与"返回同时满足两个条件的记录；"或"返回至少符合其中一个条件的记录。

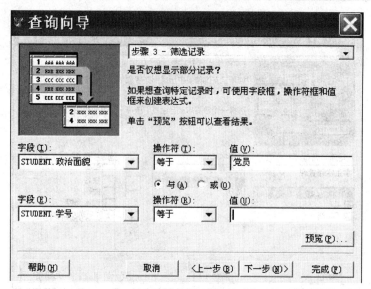

图 5-5 【步骤 3-筛选记录】对话框

单击【预览】按钮可以查看筛选条件返回的记录。在预览窗口可以看到查询效果，可以关闭预览窗口，返回查询向导。

⑥ 单击【下一步】按钮，弹出【查询向导】的【步骤 4-排序记录】对话框，如图 5-6 所示。选择【可用字段】列表框中的字段【STUDENT.学号】，单击【添加】按钮，则【STUDENT.学号】出现在【选定字段】列表框中。

选择【升序】选定按钮，使新建查询中的记录以学生基本情况表中【STUDENT.学号】的升序排序。

⑦ 单击【下一步】按钮，弹出【查询向导】的【步骤 4a-限制记录】对话框，如图 5-7 所示。在这个对话框中，有两组选项：

a. 在【部分类型】框中，如果选【所占记录百分比】，则【数量】框中的【部分值】选项将决定选取的记录的百分比数；如果选【记录号】，则【数量】框中的【部分值】选项将

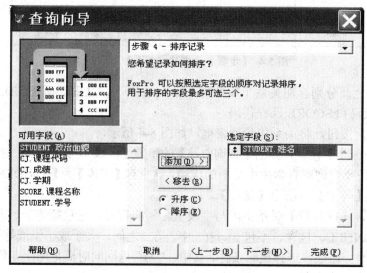

图 5-6 【步骤 4-排序记录】对话框

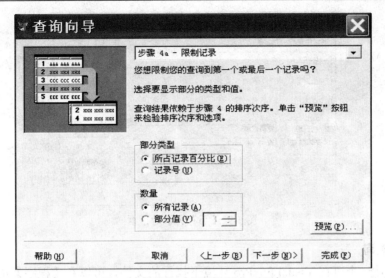

图 5-7　【步骤 4a-限制记录】对话框

决定选取的记录数；

　　b. 选【数量】框中的【全部记录】，将显示满足前面所设条件的所有记录。

　　这里选择【全部记录】。单击【预览】按钮，可查看查询设计的效果。

　　⑧ 单击【下一步】按钮，在弹出【查询向导】的【步骤 5-完成】对话框，如图 5-8 所示。
各选项的功能为：

图 5-8　【步骤 5-完成】对话框

　　a.【保存查询】将所设计的查询保存，以便以后打开；

　　b.【保存并运行查询】将查询结果保存，并运行该查询；

　　c.【保存查询并在"查询设计器"修改】将所设计的查询保存，同时打开【查询设计器】
修改该查询。

　　这里选【保存并运行查询】。

　　⑨ 单击【完成】按钮，将弹出【另存为】对话框，如图 5-9 所示。取名为"党员
成绩"。

117

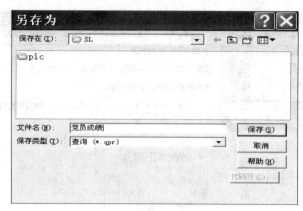

图 5-9 【另存为】对话框

5.1.2.2 运行查询

查询文件是一个可在 Visual FoxPro 环境下执行的文件，可以在【程序】菜单中选择【运行】选项或直接在命令窗口输入：DO <查询文件名>的形式去运行查询文件，运行结果将以表的形式给出，但结果是只读的，不允许修改。

当然，也可以通过打开【项目管理器】，选择【数据】选项下的【查询】，选定查询的名称，然后单击【运行】按钮。

5.1.3 使用"查询设计器"创建查询

前面介绍了用【查询向导】来创建查询，但实际使用中，【查询向导】设计器往往不能满足用户需要，这时可以采用【查询设计器】方便且灵活的设计各种查询，也可以先用查询向导创建一个简单的查询，然后调用查询设计器来打开修改它。

上一节的例子，如果要用【查询设计器】来完成，可以使用如下方式：

5.1.3.1 启动【查询设计器】

在 Visual FoxPro 中有两种启动方式，命令方式和菜单方式。

（1）命令方式

命令格式：CREATE QUERY

功能：打开查询设计器，弹出【添加表或视图】窗口。

（2）菜单方式

从【项目管理器】或【文件】菜单中，都可以启动【查询设计器】。启动【查询设计器】的步骤为：

① 从【文件】菜单中选择【新建】命令，或者单击常用工具栏上的【新建】按钮；

② 在【新建】对话框中，选择文件类型为【查询】，然后单击【新建文件】按钮；

③ 在创建新查询时，系统打开【添加表或视图】对话框，提示从当前打开的数据库或自由表中选择表或视图，如图 5-10 所示。

依次选择所需要的表或视图，按【添加】按钮，最后按【关闭】按钮，Visual FoxPro 将显示【查询设计器】窗口，如图 5-11 所示。

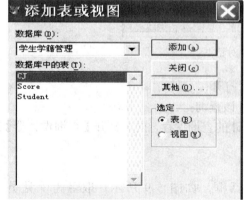

图 5-10 【添加表或视图】对话框

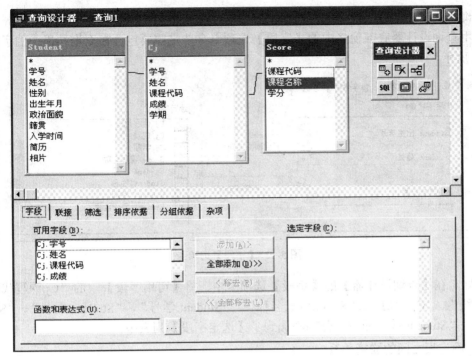

图 5-11　【查询设计器】窗口

启动查询设计器后，系统主菜单上的【格式】或【项目】菜单项被更改为【查询】菜单项。

查询设计器窗口被分为两部分，窗口的上部分用于放置查询中要使用的表或视图，每张表都以可以改变大小的窗口来表示，窗口中列了该表的字段信息。如果查询设计器中有多个表，并且两个表之间有关联的话，查询设计器就在两表之间画一条线以表明两表之间存在关联。查询设计器下部分的窗口中有几个选项卡，其含义如下：

a. 字段：用来选定包含在查询结果中的字段；

b. 联接：用来确定各数据表之间的联接关系；

c. 筛选：利用过滤的方法查找一个特定的数据子集；

d. 排序依据：用来决定查询结果输出中记录或行的排序顺序；

e. 分组依据：所谓分组就是将一组类似的记录压缩成一个结果记录，这样就可以完成基于一组的计算；

f. 杂项：通过该选项卡对创建的查询做最后的处理。

5.1.3.2　添加表和移去表

若要在查询设计器中添加或移去表，其操作步骤如下：

① 选择当前表，再选择查询设计器工具栏上的【移去表】❌按钮，或者单击系统菜单栏上的【查询】选项，在其下拉菜单中选择【移去表】选项；

② 从【查询设计器】工具栏上选择【添加表】🖳按钮，或者单击系统菜单栏上的【查询】选项，在其下拉菜单中选择【添加表】选项，再在【添加表或视图】对话框中选择需要添加的表或视图。

5.1.3.3　选定查询字段

在运行查询之前，必须选择表或视图，并根据建立查询的目的，选择查询结果中应该包含的字段。在某些情况下，可能会使用表或视图中所有的字段；在另外一些情况下，也许只想使查询与选定的部分字段相关，例如报表中的字段。

使用查询设计器底部窗格中的【字段】选项卡来选定需要包含在查询结果中的字段，如图 5-12 所示。

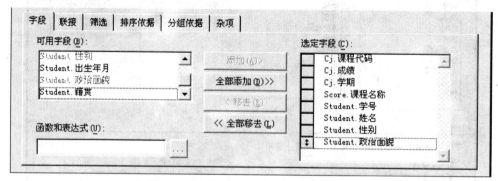

图 5-12 【字段】选项卡

此处，在【查询设计器】的【字段】选项卡中，将【可用字段】中的"Cj.课程代码"、"Cj.成绩"、"Cj.学期"、"Score.可成名称"、"Student.学号"、"Student.姓名"、"Student.性别"、"Student.政治面貌"分别添加到了【选定字段】列表中。

5.1.3.4 确定表之间的联接关系

当在多个表或视图之间进行查询时，需要指定这些表或视图之间的联接关系。在本例中，数据库表 Student 和 Cj，Score 和 Cj 之间已经建立外键关联，所以当点击【联接】选项卡，可以发现已经自动建立了查询联接。如图 5-13 所示。

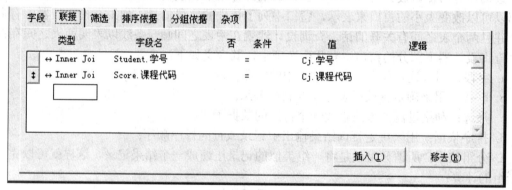

图 5-13 【联接】选项卡

如果事先表之间没有建立联接关系，则在添加表的时候，将会弹出一个【联接条件】对话框，询问用户是否根据两表中的公共字段如"学号"建立内部联系，单击【确定】按钮，两表之间就有一条直线，代表它们之间的联接，如图 5-14 所示。

在 Visual FoxPro 中表间联接有四种类型，在查询设计器底部窗格中的【联接】选项卡来确定两表之间的联接类型，如图 5-14 所示。

（1）Inner Join（内部联接）

指定满足联接条件的记录包含在结果中，得到的查询将只列出两表中所选字段相匹配的记录，即两表记录的交集。此类型是缺省的类型，也是最常用的。

（2）Left Outer Join（左联接）

指定满足联接条件的记录，以及满足联接条件左侧的表中记录（即使不匹配联接条件）

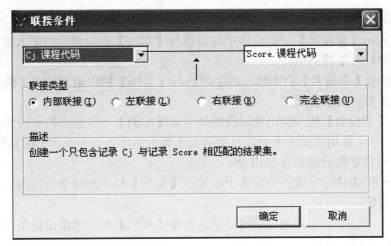

图 5-14 【联接条件】对话框

都包含在结果中，得到的查询将列出查询设计器左边表的所有记录，若根据联接条件，在右边表中无匹配记录，则在查询的相应列中出现 NULL。

（3）Right Outer Join（右联接）

指定满足联接条件的记录，以及满足联接条件右侧的表中记录（即使不匹配联接条件）都包含在结果中，与左联接恰好相反。

（4）Full Join（完全联接）

指定所有满足和不满足条件的记录都包含在结果中，得到的查询将列出完成联接的表中所有匹配的记录和所有不匹配的记录，即参与查询表的记录的并集。

5.1.3.5 筛选记录

选定想要查找的记录时决定查询结果的关键，也时查询的主要任务。用【查询设计器】中的【筛选】选项卡，可以构造一个带有 WHERE 条件的选择语句，用来决定想要搜索的记录，如图 5-15 所示。

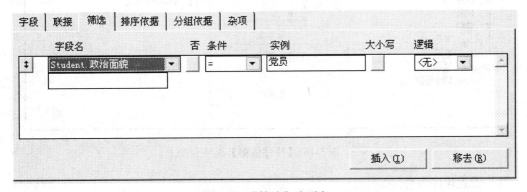

图 5-15 【筛选】选项卡

比如本例题中，要查询所有学生党员的信息，可以单击【筛选】选项。在【字段名】中选择 "Student.政治面貌"，【条件】框中选 "＝"，在【实例】框中填 "党员"。

说明：

① 【字段名】列表中，如果是通用字段或备注字段，则不能用于过滤器。

② 【条件】列表中用来选择比较的类型，有以下可以选择的类型：

a. ＝指字段值与实例相等；

b. LIKE 表示【字段名】中给出的字段指值与【实例】栏中给出的文本值之间执行不完全匹配，它主要针对字符类型；

c. ＝＝ 表示【字段名】栏中给出的字段值与【实例】栏中给出的文本值之间执行完全匹配检查，它主要针对字符类型；

d. ＞ 即为【字段名】栏中给出的字段的值大于【实例】栏中给出的字段的值；

e. ＞＝、＜、＜＝ 作用类似于上面，分别是大于等于、小于、小于等于的意思；

f. Is Null 指定字段必须包含 Null 值；

g. Between 即为输出字段的值应大于或等于【实例】栏中的最小值，而小于或等于【实例】栏中的最大值；

h. IN（在...之中） 即为输出字段的值必须是【实例】栏中所给出值中的一个，在【实例】栏中给出的各值之间以"，"分隔。

③ 在【实例】文本框中输入比较条件：

a. 字符串于查询的表中字段名相同时，用引号括起字符串，否则无需引号；

b. 日期不必用花括号括起来；

c. 逻辑位的前后必须使用点号；

d. 如果输入查询中表的字段名，Visual FoxPro 就将它识别为一个字段。

5.1.3.6　查询结果排序

排序决定了查询输出结果中记录或行的先后顺序。利用"排序依据"选项卡设置查询的排序次序，排序次序决定了查询输出中记录或行的排序顺序，如图 5-16 所示。首先，从"选定字段"框中选定要使用的字段，并把它们移到【排序依据】框中，然后根据查询结果中所需的顺序排列这些字段。

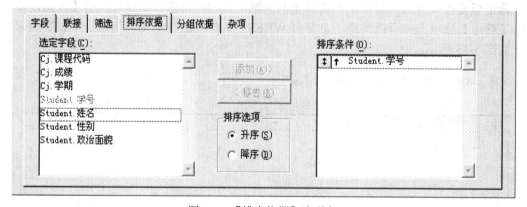

图 5-16　【排序依据】选项卡

（1）设置排序条件

在【选定字段】列表框中选定字段名，按【添加】按钮，将其添加到【排序条件】列表框中。

（2）排序顺序

字段在【排序顺序】列表框中的次序决定了查询结果排序时的次序，第一个字段决定了主排序次序。为了调整排序字段，可在【排序条件】列表框中，将字段左侧的按钮拖到相应的位置上；通过设置【排序选项】区域中的按钮，可以确定升序或降序的排序次序。在【筛选】选项卡的【选定字段】列表框中，每一个排序字段都带有一个上箭头或下箭头，该箭头表示按此字段排序时，时升序还是降序。

（3）移去排序条件

选定一个或多个想要移去的字段，选择【移去】按钮。

5.1.3.7　杂项

经过以上步骤的设置，基本上已生成一个全面的查询，接下来还可以通过【查询设计器】中的杂项选项卡做最后的处理。

单击【杂项】选项卡，可以看到期间包括【无重复记录】、【交叉数据表】、【全部】、【百分比】这四个复选框和一个微调按钮，如图 5-17 所示。

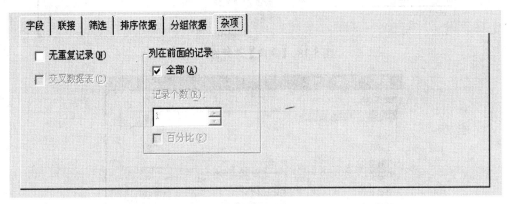

图 5-17　【杂项】选项卡

选中【无重复记录】复选框表示对于查询结果如果存在重复记录，则只取相同记录中的一个。选中此项，在查询生成器的 SQL 语句中会自动加上限定词 Distinct，表示去掉重复记录。

当输出的记录只有三项时，【交叉数据表】复选框变成可用状态，否则为不可选状态。选中【交叉数据表】复选框表示将查询的结果以交叉表的形式传递给其他报表或表。三项查询字段分别表示 X 轴、Y 轴和图形的单元值。

当选中【全部】复选框时，【记录个数】微调按钮和【百分比】复选框不可选，当不选中【全部】复选框，则可设定输出的记录个数和百分比数。

5.1.3.8　分组查询

在【查询设计器】中还有一个【分组依据】选项卡。

所谓分组就是将一组类似的记录压缩成一个结果记录，这样就可以完成基于一组记录的计算。例如，若想得到党员学生在某门课程上的平均成绩，不用单独查看所有记录，可以把所有记录合成一个记录，来获得所有学生成绩的平均值。

使用分组查询时，要注意以下几点。

① 在【字段】选项卡中，选择的字段一般是两种情况，要么是作为分组依据的字段，要么是使用了聚合函数的字段。若要查询平均成绩，字段选择步骤修改后如图 5-18 所示。

② 聚合函数主要是在前一章节介绍过的 SUM、COUNT、AVG、MAX、MIN 等。

③ 使用方式为在【字段】选项卡中有【函数和表达式】选项。单击…按钮，可以打开【表达式生成器】对话框，在该对话框【表达式】部分填写求平均成绩的表达式，效果如图

5-19 所示。点击【确定】按钮，返回【查询设计器】。在【查询设计器】的【字段】选项卡中点击【添加】按钮，则完成效果如图 5-18 所示。

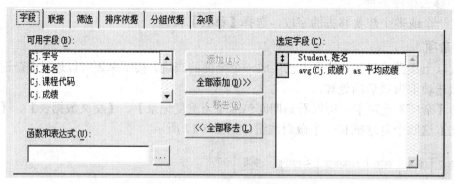

图 5-18 【字段】选择修改后图

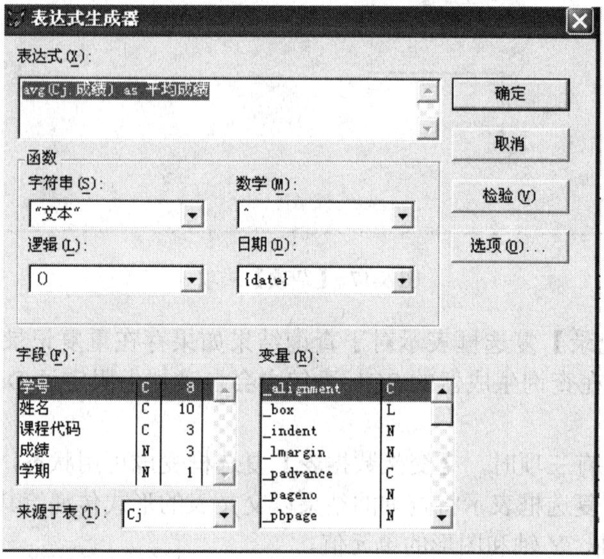

图 5-19 【表达式】对话框

5.1.3.9 定制查询

利用查询设计器中的其他可用的选项，很容易进一步定制查询，可使用过滤器扩充或缩小搜索，从而达到精确搜索的目的。

可能需要对查询返回的结果做更多的控制，例如，查找满足多个条件的记录，某课程不及格的学生，或者搜索条件满足条件之一的记录。此时，就需要在【筛选】选项卡中加更多的语句。如果在【筛选】选项卡中连续输入选择条件表达式，那么这些条件表达式自动以逻辑"与"（AND）的方式组合起来；如果想使待查找的记录满足两个以上条件中的任意一个时，可以使用"添加或"按钮在这些表达式中间插入逻辑"或"（OR）操作符。

（1）缩小搜索

如果想使查询检索同时满足一个以上条件的记录，只需在【筛选】选项卡中的不同行上列出这些条件，这一系列条件自动以"与"的方式组合起来，因此只有满足所有条件的记录才会被检索到。例如：上面例子中，如果将检索条件定为所有的男生党员的成绩信息，则筛选部分可以修改如图 5-20 所示。

（2）扩充搜索

若要使查询检索到的记录满足一系列条件中的任意一个时，可以在这些条件中间插入"或"（OR）操作符将这些条件组合起来。例如：上面例子改为，要查询党员或预备党员的成绩信息，则筛选部分修改为如图 5-21 所示。

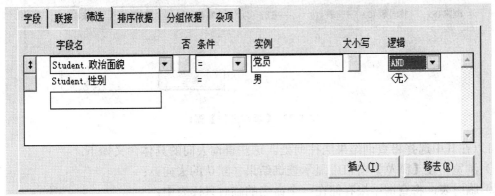

图 5-20 【筛选】选项卡"与"条件

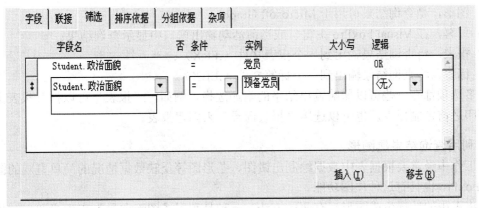

图 5-21 【筛选】选项卡"或"条件

（3）组合条件

很多情况下，可以把"与"和"或"条件组合起来以选择特定的记录集。

（4）删除重复记录

重复记录是指所有字段值均相同的记录。如果想把查询中的重复记录去掉，只要使用【杂项】选项卡中的【无重复记录】选项。

5.1.3.10 保存查询

完成查询条件设定后，可以点击主菜单【文件】选择【保存】，在此处保存取名为"党员成绩.QPR"。

5.1.4 定项输出查询结果

查询结果可以输出到不同的目的地。如果没有选定输出目的地，查询结果将显示在【浏览】窗口中。

从【查询】菜单中选择【查询去向】，或在【查询设计器】工具栏中选择【查询去向】按钮，将打开【查询去向】对话框，如图 5-22 所示。在该对话框中，可以选择将查询结果送往何处。

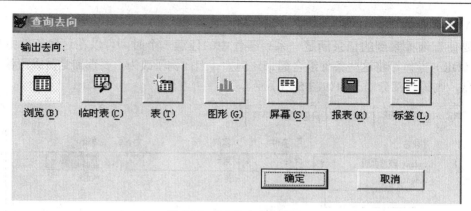

图 5-22 【查询去向】窗口

可以在其中选择将查询结果送往何处。这些查询去向的具体含义如下：

① 浏览，在【浏览】窗口中显示查询结果（默认的去向）；

② 临时表，将查询结果存储在一个命名的临时只读表中；

③ 表，将查询结果保存在一个命名的表中；

④ 图形，是查询结果可用于 Microsoft Graph；

⑤ 屏幕，在 Visual FoxPro 主窗口或当前活动输出窗口中显示查询结果；

⑥ 报表，将查询结果输出到一个报表文件（.FRX）；

⑦ 标签，将查询结果输出到一个标签文件（.LBX）。

许多选项都有一些可以影响输出结果的附加选择。例如，"报表"可以打开报表文件，并在打印之前定制报表，也可以选用"报表向导"来创建报表。

5.1.5 利用查询结果建图形

在工作中经常要根据表中数据绘制出饼图、条形图等反映数据情况的简单直观的图形，Visual FoxPro 也具有这种作图功能。

要将表中的数据生成图形，有两种方法，一种是利用【图形向导】来生成图形，另一种是利用【查询设计器】的【查询去向】中的【图形】来生成。

5.1.5.1 利用图形向导生成图形

例如，查询"学成管理数据库"中"课程表"的每门课程的学分，结果生成图形。操作步骤如下：

① 在项目管理器中选【查询】，单击【新建】按钮。

② 在【新建查询】对话框中单击【查询向导】，在【向导选取】对话框中选【图形向导】，单击【确定】按钮。

③ 弹出【图形向导】的【步骤 1-字段选取】对话框，如图 5-23 所示。

选数据库"学生学籍管理"和表"SCORE"。在可用字段中选择字段"课程名称"和"学分"。

④ 单击【下一步】按钮。弹出【步骤 2-定义布局】对话框，如图 5-24 所示。

在【可用字段】框中选"学分"，将其拖到【数据序列】；在【可用字段】框中选"课程名称"，将其拖到【坐标轴】文本框中。

⑤ 单击【下一步】按钮，弹出【步骤 3-选择图形样式】对话框。如图 5-25 所示。选择【三维柱形图】。

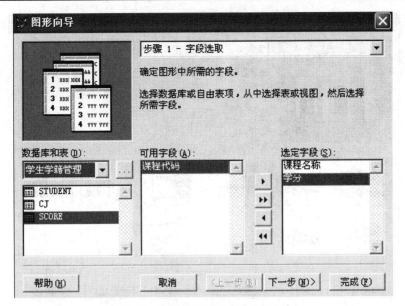

图 5-23 【步骤 1-字段选取】对话框

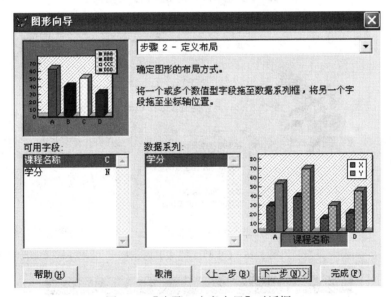

图 5-24 【步骤 2-定义布局】对话框

⑥ 单击【下一步】按钮，弹出【步骤 4-完成】对话框，如图 5-26 所示，输入图表的标题 "课程学分一览表"。

在【步骤 4-完成】对话框中，各选项说明如下：

a.【将图形保存到表单中】：将创建的图形放到表单中，同时打开【表单设计器】进行修改；

b.【将图形保存到表中】：将创建的图表放到一个表的通用字段中；

c.【使用该图形创建查询】：将图形保存成一个查询文件。

这里选【将图形保存到表中】，单击【完成】按钮。

⑦ 弹出【另存为】对话框，将数据表以 "课程学分图" 表保存。如图 5-27 所示。保存后自动弹出效果图，如图 5-28 所示。

127

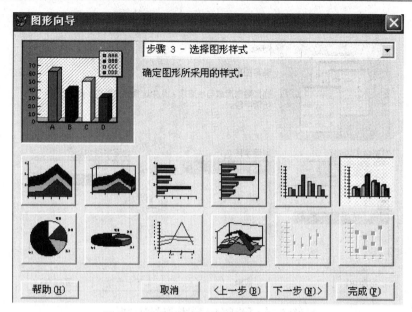

图 5-25 【步骤 3-选择图形样式】对话框

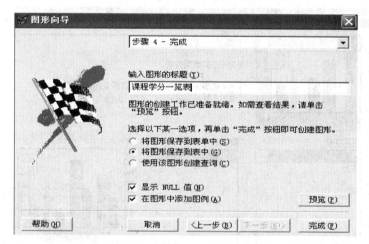

图 5-26 【步骤 4-完成】对话框

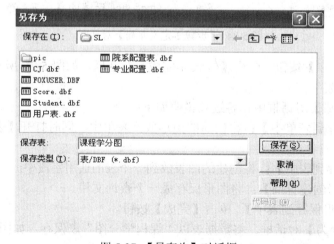

图 5-27 【另存为】对话框

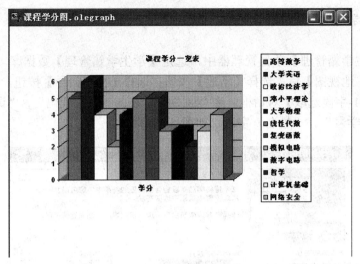

图 5-28　课程学分结果图

5.1.5.2　将查询结果以图形输出

查询结果也可以以图形形式输出，将查询设计好以后，在【查询去向】对话框中选【图形】，此后运行查询时，将打开【图形向导】的【步骤 2-定义布局】对话框，然后按照前面【图形向导】的方法创建数据图。

创建的数据图同样可以保存成表中的通用字段或者表单等形式。

5.2　创建视图

5.2.1　视图的概念

视图兼有"表"和"查询"的特点，与查询相类似的地方是，可以用来从一个或多个相关联的表中提取有用信息；与表类似的地方是，可以用来更新其中的信息，并将更新结果永久保存在磁盘上。可以用视图使数据暂时从数据库中分离成为自由数据，以便在主系统之外收集和修改数据。

使用视图可以从表中提取一组记录，改变这些记录的值，并把更新结果送回到基本表中。可以从本地表、其他视图、存储在服务器上的表或远程数据源中创建视图，所以 Visual FoxPro 的视图又分为本地视图和远程视图。

使用当前数据库中 Visual FoxPro 表建立的视图是本地视图。使用当前数据库之外的数据源（如 SQL Server）中的表建立的视图是远程视图。比如可以从 SQL Server 或其他 ODBC 数据源中创建视图，并选择【发送更新】选项，在更新或更改视图中的一组记录时，由 Visual FoxPro 将这些更新发送到基本表中。

视图是操作表的一种手段，通过视图可以查询表，也可以更新表。视图是根据表定义的，因此视图基于表，而视图可以使应用更灵活，因此它又超越表。视图是数据库中的一个特有功能，只有在包含视图的数据库打开时，才能使用视图。

5.2.2　使用向导创建视图

可以使用【本地视图向导】创建本地视图，如果要在 ODBC 数据源的表上建立可更新的视图，可以使用【远程视图向导】。

例如，在"学生学籍管理"项目中，查找某一门功课有哪些学生选学，可以使用以下方法来创建视图：

① 在【学生学籍管理】项目管理器中，选定【学生学籍管理】数据库。

② 选择【本地视图】后，选择【新建】按钮；选择【视图向导】按钮，打开【本地视图向导】的【步骤 1-字段选取】对话框。选"SCORE"表的"课程代码"、"课程名称"字段，选"CJ"表的"学号"、"姓名"字段，如图 5-29 所示。

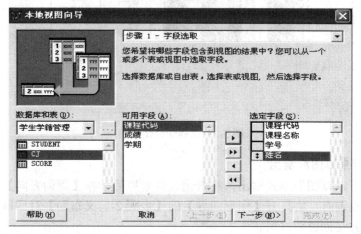

图 5-29 【步骤 1-字段选取】对话框

③ 单击【下一步】按钮，弹出【步骤 2-为表建立关系】对话框。在此对话框中设置的关联如图 5-30 所示。将"SCORE"的"课程代码"与"CJ"的"课程代码"建立关联。

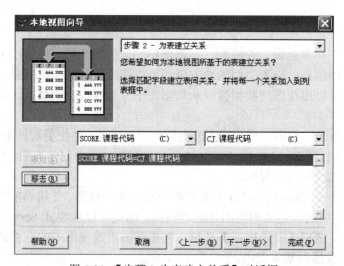

图 5-30 【步骤 2-为表建立关系】对话框

④ 单击【下一步】按钮，弹出【步骤 3-筛选记录】对话框。设置筛选条件为"课程代码＝001"，即查询"高等数学"这门课程的学生，如图 5-31 所示。

⑤ 单击【下一步】按钮，弹出【步骤 4-排序记录】对话框。在【可用字段】列表中单击"SCORE.课程代码"字段，单击【添加】，在【升序】和【降序】框中选【升序】，表示结果将按【课程代号】的升序排列，如图 5-32 所示。

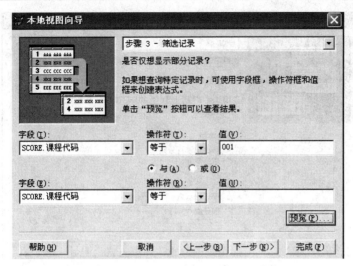

图 5-31　【步骤 3-筛选记录】对话框

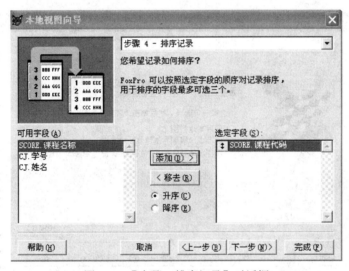

图 5-32　【步骤 4-排序记录】对话框

⑥ 单击【下一步】按钮，弹出【步骤 4a-限制记录】对话框。在【部分类型】框中，如果选【所占记录百分比】，则【数量】框中的【部分值】选项将决定选取的记录的百分比数；如果选【记录号】，则【数量】框中的【部分值】选项将决定选取的记录数。这里，选【数量】框中的【全部记录】，将显示满足前面条件的所有记录，如图 5-33 所示。

⑦ 单击【下一步】按钮，弹出【步骤 5-完成】对话框。此处选择【保存本地视图并浏览】将视图保存，并打开表的浏览窗口查看视图的运行效果，如图 5-34 所示。

⑧ 单击【完成】按钮，弹出【保存视图】对话框，在对话框中输入视图的文件名，输入视图名"选课学生"。

⑨ 单击【确定】按钮，将打开【浏览】窗口，如图 5-35 所示，可以看到表中列出了所有选学了"高等数学"的学生。

视图建立后，可以用来显示和更新数据，处理视图类似处理表。在【项目管理器】中先选择一个数据库，再选择视图名，然后选择【浏览】按钮，在【浏览】窗口中显示视图。或者使用 USE 命令以编辑方式访问视图。

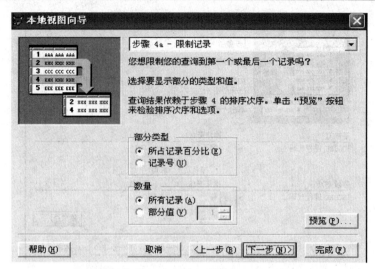

图 5-33 【步骤 4a-限制记录】对话框

图 5-34 【步骤 5-完成】对话框

课程代码	课程名称	学号	姓名	
001	高等数学	33006101	赵玲	
001	高等数学	33006102	王刚	
001	高等数学	33006104	李广	
001	高等数学	33006108	李伟	
001	高等数学	33006109	王丽	

图 5-35 【浏览】窗口

5.2.3 利用"视图设计器"创建视图

可以用【视图设计器】创建视图，首先应创建或打开一个数据库，当展开【项目管理器】中数据库名称旁边的加号时，【数据】选项卡上将显示出数据库中的所有组件。

可以使用以下方法来创建本地视图：

① 从【项目管理器】中选定一个数据库，例如选"学生学籍管理"数据库。

② 单击【数据库】符号旁的加号，在【数据库】下，选定【本地视图】并选择【新建】按钮。

③ 选择【新建视图】按钮，在【添加表或视图】对话框中，选定想使用的表或视图。例如，选"Student"表，再选择【添加】。选择视图中想要的表和视图，选择【关闭】。可以使用【视图设计器】，如图 5-36 所示。在【视图设计器】上方显示选定的表或视图，这里是"Student"。

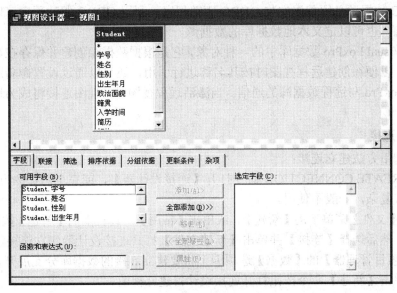

图 5-36　【视图设计器】窗口

④ 在【字段】选项卡上，选择要在视图结果中显示的字段。这里单击【全部添加】。

⑤ 分别进行各选项卡设置。

例如，要查找"Student.政治面貌"是"党员"的所有人员，单击【筛选】选项，在【筛选】选项中输入条件如图 5-37 所示。

⑥ 关闭【视图设计器】，将视图以视图名"学生视图"保存。

在【项目管理器】中选"学生视图"，单击"浏览"按钮，则在【浏览】窗口显示视图结果，如图 5-38 所示。

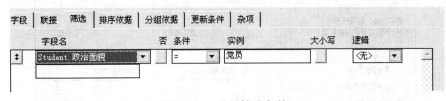

图 5-37　设置筛选条件

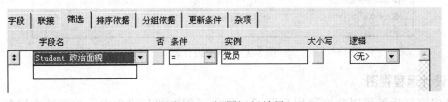

图 5-38　视图运行结果

133

5.2.4 远程视图与连接

为了建立远程视图，必须首先建立连接远程数据库的"连接"，"连接"是 Visual FoxPro 数据库中的一种对象。

5.2.4.1 定义数据源和连接

从 Visual FoxPro 内部可以定义数据源和连接。

数据源一般是 ODBC 数据源，开放数据库互连 ODBC 是一种连接数据库的通用标准。为了定义 ODBC 数据源必须首先安装 ODBC 驱动程序。利用 ODBC 驱动程序可以定义远程数据库的数据源，也可以定义本地数据库的数据源。

连接是 Visual FoxPro 数据库中的一种对象，它是根据数据源创建并保存在数据库中的一个命名连接，以便在创建远程视图时按其名称进行引用，还可以通过设置命名连接的属性来优化 Visual FoxPro 与远程数据源的通信。当激活远程视图时，视图连接将成为通向远程数据源的管道。

5.2.4.2 建立连接

可以用如下方法建立连接：

① 用 CREATE CONNECTION 命令打开【连接设计器】，或完全用命令方式建立连接，但命令格式较复杂，一般不使用。

② 选择【文件】菜单下的【新建】，或单击【常用】工具栏上的【新建】按钮，打开【新建】对话框，然后选择【连接】并单击【新建文件】打开连接设计器建立连接。

③ 在【项目管理器】的【数据】选项卡下将要建立连接的数据库分支展开，并选择"连接"，然后单击【新建】命令按钮打开连接设计器建立视图。

连接设计器的界面如图 5-39 所示。一般只需要选择【数据源】就可以了，并且可以单击【验证连接】命令按钮验证一下是否能够成功地连接到远程数据库。如果连接成功则可以单击工具栏上的【保存】按钮将该连接保存，以备建立和使用远程视图时使用。默认保存为"连接 1"。

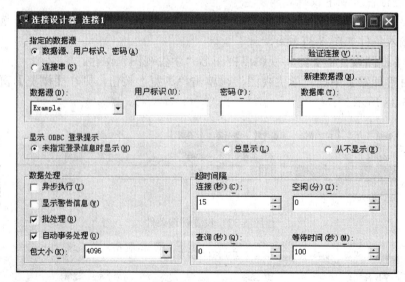

图 5-39　连接设计器

5.2.4.3 设计远程视图

连接建立好后就可以建立远程视图了。建立远程视图和建立本地视图的方法基本是一样的，只是在打开视图设计器时略有区别。

建立本地视图时，由于是根据本地的表建立视图，所以直接进入【添加表或视图】界面和【视图设计器】的界面。而建立远程视图时，一般是要根据网络上其他计算机或其他数据库中的表建立视图，所以需要首先选择【连接】或【数据源】，如图 5-40 所示，然后再进入上述界面。

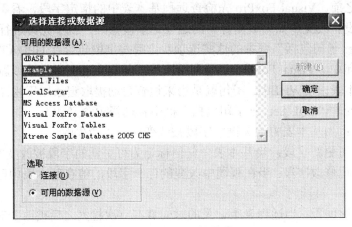

图 5-40   选择连接数据源

另外还要注意，利用数据源或连接建立的远程视图的 SQL 语法要符合远程数据库的语法，例如 SQL Server 的语法和 Visual FoxPro 的语法就有所区别。

5.2.5   视图与数据更新

视图是根据基本表派生出来的，所以把它叫做虚拟表，但在 Visual FoxPro 中它已经不完全是操作基本表的窗口。在依次打开数据库和关闭数据库之间的一个活动周期内，视图和基本表已经成为两张表，使用视图时会在两个工作区分别打开视图和基本表，默认对视图的更新不反映在基本表中，对基本表的更新在视图中也得不到反映，但是当关闭数据库后视图中的数据将消失，当再次打开数据库时视图从基本表中重新检索数据。所以默认情况下，视图在打开时从基本表中检索数据，然后构成一个独立的临时表供用户使用。

为了能够通过视图更新基本表中的数据，需要在【视图设计器】的【更新条件】界面的左下角选中【发送 SQL 更新】。下面参照【更新条件】界面中默认更新属性的设置介绍与更新属性有关的几个问题。

5.2.5.1   指定可更新的表

如果视图是基于多个表的，默认可以更新【全部表】的相关字段，如果要指定只能更新某个表的数据，则可以通过【表】下拉列表框选择表。

5.2.5.2   指定可更新的字段

在【字段名】列表框中列出了与更新有关的字段，在字段名左侧有两列标志，【钥匙】表示关键字，【铅笔】表示更新，通过单击相应列可以改变相关的状态，默认可以更新所有非关键字字段，并且通过基本表的关键字完成更新，即 Visual FoxPro 用这些关键字字段来惟一标识那些已在视图中修改过的基本表中的记录。建议不要改变关键字的状态，不要试图通过视图来更新基本表的关键字字段值，如果必要可以指定更新非关键字的字段值。

5.2.5.3 检查更新合法性

如果在一个多用户环境中工作，服务器上的数据也可以被别的用户访问，也许别的也在试图更新远程服务器上的记录，为了让 Visual FoxPro 检查用视图操作的数据在更新之前是否被别的用户修改过，可使用"SQL WHERE 子句包括"框中的选项帮助管理遇到多用户访问同一数据时应如何更新记录。

在允许更新之前。Visual FoxPro 先检查远程基本表中的指定字段，看看它们在记录被提取到视图中后有没有改变，如果数据源中的这些记录被修改，就不允许进行更新操作。

"SQL Server 子句包括"框中的这些选项决定哪些字段包含在 UPDATE 或 DELETE 语句的 WHERE 子句中。Visual FoxPro 正是利用这些语句将在视图中修改或删除的记录发送到远程数据源或基本表中，WHERE 子句就是用来检查自动提取记录用于视图后，服务器上的数据是否已经改变。"SQL Server 子句包括"框中各选择项含义如下：

① 关键字段：当基本表中的关键字字段被改变时，更新失败；

② 关键字和可更新字段：当基本表中任何标记为可更新的字段被改变时，更新失败；

③ 关键字和已修改字段：当在视图中改变的任一字段的值在基本表中已被改变时，更新失败；

④ 关键字和时间戳：当远程表上记录的时间戳在首次检索之后被改变时，更新失败，此项选择仅当远程表有时间戳列时才有效。

5.2.5.4 使用更新方式

【使用更新】框的选项决定当向基本表发送 SQL 更新时的更新方式。

① SQL DELETE 然后 INSERT。先用 SQL DELETE 命令删除基本表中被更新的旧记录，再用 SQL INSERT 命令向基本表插入更新后的新记录。

② SQL UPDATE。使用 SQL UPDATE 命令更新基本表。

5.2.6 使用视图

视图建立后，不但可以用它来显示和更新数据，而且还可以通过调整它的属性来提高性能。视图的使用类似于表。

5.2.6.1 视图操作

视图允许以下操作：

① 在数据库中使用 USE 命令打开或关闭视图；

② 在【浏览器】窗口中显示或修改视图中的记录；

③ 使用 SQL 语句操作视图；

④ 在文本框、表格控件、表单或报表中使用视图作为数据源等。

5.2.6.2 使用视图

可以在【项目管理器】中【浏览】视图，也可以通过命令来使用视图。

一个视图在使用时，将作为临时表在自己的工作区中打开。如果此视图基于本地表，即本地视图，则在另一个工作区中同时打开基本表。视图的基本表是由定义视图的 SQL SELECT 语句访问的。

在项目管理器使用视图的方式是：先选择一个数据库，接着再选择视图名，然后选择【浏览】按钮，则在【浏览】窗口中显示视图，并可对视图进行操作。

如果用命令来使用一个视图则必须首先打开数据库，如：

OPEN DATABASE　数据库名

USE　视图名

BROWSE

也可以使用 SQL 语句直接操作视图，前提是先打开数据库，如：

SELECT * FROM　视图名

对视图的更新是否反映在了基本表里，则取决于在建立视图时是否在【更新条件】选项卡中选择了【发送 SQL 更新】。

总的来说，视图一经建立就基本可以像基本表一样使用，适用于基本表的命令基本都可以用于视图，比如在视图上也可以建立索引，此索引当然是临时的，视图一关闭，索引自动删除，多工作区也可以建立联系等。但视图不可用 MODIFY STRUCTURE 命令修改结构。因为视图毕竟不是独立存在的基本表，它是由基本表派生出来的，只能修改视图的定义。

习　　题

1. 选择题

（1）以下关于查询的描述正确的是（　　　）。

  A. 不能根据自由表建立查询   B. 只能根据自由表建立查询

  C. 只能根据数据库表建立查询 D. 可以根据数据库表和自由表建立查询

（2）以下关于视图的描述正确的是（　　　）。

  A. 可以根据自由表建立视图   B. 可以根据查询建立视图

  C. 可以根据数据库表建立视图 D. 可以根据数据库表和自由表建立视图

（3）查询设计器中包括的选项卡有（　　　）。

  A. 字段、筛选、排序依据   B. 字段、条件、分组依据

  C. 条件、排序依据、分组依据 D. 条件、筛选、杂项

2. 填空题

（1）查询设计器_____生成所有的 SQL 查询语句。

（2）查询设计器的筛选选项卡用来指定查询的_____。

（3）通过 Visual FoxPro 的视图，不仅可以查询数据库表，还可以_____数据库表。

（4）建立远程视图必须首先建立与远程数据库的_____。

3. 问答题

（1）什么是查询？什么是视图？二者的异同点是什么？

（2）简述"查询设计器"中各个选项的含义和功能。

（3）视图和表有什么区别？

（4）查询结果可以有哪些去向？默认的查询去向是什么？

（5）在"视图设计器"中如何使表可更新？

（6）在"视图设计器"中怎样设置关键字段？

4. 综合题

自己动手，根据示例数据库分别创建一个查询和一个视图，并通过上机实践掌握建立查询、视图的方法，体会查询和视图的用途。

第6章 程序设计基础

前面各章都是以交互方式，即在命令窗口中逐条输入命令或通过选择菜单来执行 Visual FoxPro 命令的。除此之外，也可以采用程序的方式来调用 Visual FoxPro 系统功能，以完成更复杂的任务。在 Visual FoxPro 中，支持两种类型的编程：一种是早期 FoxPro 和 Xbase 语言所支持的过程编程方式，另一种是面向对象的编程方式。本章将介绍程序设计及其相关的一些内容，包括程序与程序文件、程序的基本结构、多模块程序以及程序调试等内容。

6.1 程序文件的建立与运行

本节首先介绍程序的基本概念，然后再对程序文件的建立、执行以及几条简单的输入输出命令进行讲解。

6.1.1 程序的概念

学习 Visual FoxPro 的目的就是要使用它的命令来组织和处理数据，完成一些具体的任务。许多任务单靠一条命令是无法完成的，而是要执行一组命令来完成。如果采用在命令窗口逐条输入命令的方式进行，不仅非常麻烦，而且容易出错。特别是当任务需要反复执行或所包含的命令很多时，这种逐条输入命令执行的方式几乎是不可行的。这时就应该采用程序的方式。

程序是能够完成一定任务的命令序列集合。这组命令被存放在称为程序文件或命令文件的文本中。当运行程序时，系统就会按照一定的次序自动执行包含在程序文件中的命令。与在命令窗口逐条输入命令相比，采用程序方式有如下好处：可以利用编辑器，方便地输入、修改和保存程序；可以用多种方式、多次运行程序；可以在一个程序中调用另一个程序。

下面是一个完整的 Visual FoxPro 过程化程序。

功能说明：求圆形的面积。

文件名：L601.PRG

```
CLEAR
SET TALK OFF
INPUT "请输入圆的半径，半径=" TO R
S=PI()*R*R
? "半径为"+ALLTRIM(STR(R))+"的圆，面积=",S
SET TALK ON
RETURN
```

① 从形式上看，Visual FoxPro 的程序是由若干有序的命令行组成，且满足下列规则：

a. 一个命令行内只能写一条命令，命令行的长度不得超过 2048 个字符，命令行以回车键结束；

b. 一个命令行可以由若干个物理行组成，即一条命令在一个物理行内写不下时，可以分成几行，换行的方法是在物理行的末尾加符号";"，表示下一行输入的内容是本行的继续；

　　c．为便于阅读，可以按一定的格式输入程序，即一般程序结构左对齐，而控制结构内的语句序列比控制结构的语句缩进若干格。

　　② 从功能上看，程序可以分为三个部分：

　　a．程序的说明部分，在本例程序中是最前面两行，一般用于说明程序的功能、文件名等需要说明的有关信息；

　　b．进行数据处理的部分，在本例程序中是从第五行开始的三行；通常任何一个有意义的程序，总是要有一些原始数据，否则，这个程序就没有处理对象；同样，程序运行的结果也有必要显示或打印出来，否则，用户将不知道程序干了一些什么；因此，第二部分程序常包括下列三个部分，依次为：提供原始数据部分、数据处理部分、输出结果部分；

　　c．程序的控制返回部分，在本例中就是最后二条命令，它控制程序返回到调用该程序的调用处。

6.1.2　程序文件的建立与运行

6.1.2.1　程序文件的建立

　　在 Visual FoxPro 中，一个过程文件就是一个 ASCII 文本文件，所以程序文件也称为命令文件。该文件可用任何文本编辑器或字处理软件来建立。Visual FoxPro 程序文件的扩展名为.prg。

　　（1）菜单方式建立程序文件

　　单击【文件】菜单，再单击【新建】或者直接单击常用工具栏的【新建】按钮，打开【新建】对话框。在【新建】对话框中，单击【程序】单选按钮，如图 6-1 所示，然后再单击【新建文件】按钮。以上操作结束后就会打开"程序 1"的程序编辑窗口，如图 6-2 所示。就可以在这个编辑窗口中输入程序代码。

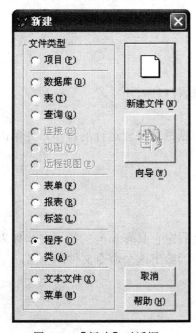

图 6-1　【新建】对话框

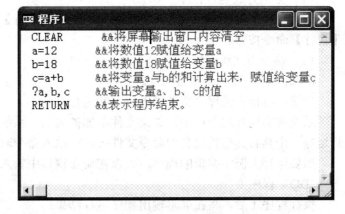

图 6-2　程序编辑窗口

（2）命令方式建立程序文件

格式：MODIFY COMMAND [<程序文件名>]|?

功能：打开程序编辑窗口，修改或创建程序文件。

说明：

① <程序文件名>指定修改或创建的程序文件名。若省略程序文件名，将会打开程序编辑窗口。

② 如果不指定程序文件名，用?号，则显示"打开"对话框，选择一个已有程序文件或在"文件名(N)"右边文本框中输入要创建的新程序文件名，单击【确定】按钮，即可在程序编辑窗口打开指定文件名的程序文件。

（3）程序的输入、保存与关闭

按照以上方式打开程序编辑窗口后，就可以在该窗口内输入程序命令了。

例 6-1　在程序编辑窗口输入如下 6 条命令。（程序名为程序 1.prg）

```
CLEAR                    &&将屏幕输出窗口内容清空
a=12                     &&将数值 12 赋值给变量 a
b=18                     &&将数值 18 赋值给变量 b
c=a+b                    &&将变量 a 与 b 的和计算出来，赋值给变量 c
?a,b,c                   &&输出变量 a、b、c 的值
RETURN                   &&表示程序结束。
```

① 程序文件的保存。按快捷键 Ctrl+W 将文件进行保存退出，而 Ctrl+Q 是取消本次输入或修改结果。

② 程序文件的打开。在命令窗口里，利用"MODIFY COMMAND <程序文件名>"命令打开指定程序文件，进行编辑修改。

③ 程序文件的关闭。程序文件的关闭有多种方式，可以任选下面方式中的一种：

a．单击菜单【文件(F)】→【关闭(C.】命令；

b．单击程序编辑窗口右上角的【×】关闭按钮；

c．在"命令"窗口里输入命令：CLOSE ALL ；

d．按快捷键 Ctrl+W，保存并关闭程序文件。

6.1.2.2　程序文件的运行

运行程序有多种方法 ，只要选择下面的任一方法均可运行程序。

（1）菜单方式运行程序

选择【程序】菜单下的【运行】菜单，利用【运行】对话框选择要运行的程序，并单击【运行】命令按钮。

（2）命令方式运行程序

格式：DO <程序文件名>

功能：将指定的程序文件调入内存并运行。

系统就会运行这个程序。如果文件不加扩展名，系统会假定它具有.prg 的扩展名，如果想运行一个具有其他扩展名的命令文件时，在输入命令时必须给出这个命令文件的全名。

如要运行上例中编辑的程序，可以在命令窗口中输入：

　DO　程序 1

执行程序 1 后，将在屏幕输出程序运行结果：

12　　　　　　18　　　　　　30

除了以上两种程序执行的方法以外，也可以在程序打开并且为当前程序的情况下，单击常用工具栏上的【!】命令按钮执行程序。

6.1.3　程序中的辅助命令

以前介绍的所有 Visual FoxPro 命令都可以在程序设计中使用，另外 Visual FoxPro 还提供了一些辅助命令，如注释命令、程序结束命令、运行环境设置命令等，这些命令能使程序更好地阅读和有效地运行。

6.1.3.1　程序注释命令

Visual FoxPro 提供了 3 种程序设计注释命令。

格式 1：　NOTE <注释内容>

格式 2：　* <注释内容>

功能：使 NOTE 或* 后面的内容成为注释内容。

格式 3：[<命令>]　&&<注释内容>

功能：<注释内容>对&&左面的命令做出解释或给出运行结果，又称为行尾注释命令。

6.1.3.2　程序结束命令

程序结束命令有多种，下面就来介绍几种常用格式。

格式 1：RETURN

功能：返回到上一级模块。如果本程序是以菜单方式或在命令窗口中调用执行的，则返回到命令交互状态即命令窗口。

格式 2：CANCEL

功能：结束程序运行，关闭程序中所有的文件和变量，返回到交互状态即命令窗口。

格式 3：QUIT

功能：关闭 Visual FoxPro，返回到操作系统。

对一个独立程序来说，一般在最后一条语句要用 RETURN 命令，以表示程序的结束。

6.1.3.3　运行环境设置命令

Visual FoxPro 的默认环境设置是基于程序开发环境考虑的，例如在删除一个文件或要清空一个数据表时，Visual FoxPro 会弹出一个询问对话框，提示是否确认删除。但是，对于自己的应用程序或许用户并不希望出现这样一个系统对话框，这就需要自行进行程序的运行环境设置。在程序中运用一些环境设置命令，可使程序正常而高效地运行。常用的环境设置命令如表 6-1 所示。

表 6-1　常用的环境设置命令

命　　令	功　　能
SET DEFAULT TO	设置文件访问时默认的驱动器、目录或文件夹
SET PATH TO	设置文件访问时默认的搜索路径
SET NOTIFY [CURSOR] ON | OFF	设置是否显示某些系统信息或数据表信息，如取消程序运行时出现的"执行已取消"
SET TALK ON | OFF	设置是否显示命令结果，如 PACK 等命令
SET STATUS ON | OFF	设置是否显示 Visual FoxPro 主窗口下端的状态栏
SET SAFETY ON | OFF	设置进行文件重写或覆盖操作时是否有安全提示
SET CONSOLE ON | OFF	设置键盘输入的信息是否发送到屏幕上

6.1.4 简单的输入输出命令

一个程序一般都包括数据输入、数据处理和数据输出三个部分。数据的输入和输出代码设计是编写许多程序都要面临的工作。这里介绍的输入和输出命令，在练习编写小程序时是非常有用的。

6.1.4.1 交互式输入命令

（1）字符接收语句 （ACCEPT 命令）

格式：ACCEPT　[<提示信息>] TO <内存变量名>

功能：将从键盘上接收的字符串数据存入指定的内存变量中。当用户以回车键结束输入时，系统将该字符串存入指定的内存变量，程序继续运行。提供此命令是为了向后兼容，在 Visual FoxPro 中可以用文本框控制命令代替。

说明：

① [<提示信息>]：指定提示信息字符串，其后是数据输入区。它可以是字符串，此时必须用字符串定界符将其括起来，也可以是字符型内存变量，该内存变量必须预先赋值。

② [<内存变量名>]：指定存储字符数据的内存变量或数组元素。如果没有定义此内存变量，ACCEPT 命令将自动创建。如果没有输入数据就按 Enter 键，内存变量或数组元素则为空字符串。

③ 用户在键盘输入的任何字符信息都被赋值给"内存变量"。输入的数据将作为字符型数据处理，不需要定界符括起来。

执行此语句时，先在屏幕上显示<提示信息>，光标紧随其后，然后暂停程序运行，等待用户从键盘上输入信息。输入的信息可以是任何可显示的 ASCII 码字符串，并以回车键结束。系统将此字符串信息存入指定的内存变量中，然后继续运行暂停的程序。

例 6-2　试编程完成下述功能：从键盘随机输入某个表的文件名，要求打开并显示此表的内容。

在命令窗口输入下列命令：

MODIFY COMMAND P2　　(文件名中的扩展名.prg 可省略，以后不再说明)

屏幕显示程序编辑窗口。在程序编辑窗口中输入如下程序代码后用 Ctrl+ W 存盘，返回命令窗口。程序代码如下：

```
CLEAR
SET TALK OFF
ACCEPT "请输入表文件名" TO FileName
USE &FileName    && 使用了宏替换
LIST
USE
RETURN
```

说明：程序中第四句使用了宏替换函数，这是由于 FileName 本身不是文件名，而其内容才是文件名。

（2）通用数据接收命令(INPUT 命令)

ACCEPT 语句只能给字符型内存变量提供数据。如果用户想给其他类型的内存变量提供数据，可以使用下列命令：

格式：INPUT[<提示信息>] TO <内存变量名>

功能：用于接收从键盘上输入的表达式，并将计算结果存入指定的内存变量或数组元素中。此命令也是为了提供向后的兼容性。在 Visual FoxPro 中，该命令也可以用文本框控制命令代替。

说明：

① [<提示信息>]。提示信息，提示用户要输入数据。与 ACCEPT 命令中的[<提示信息>]功能相同。

② [<内存变量名>]。指定一个内存变量或数组元素，存储从键盘输入的数据。如果指定的内存变量或数组元素不存在，Visual FoxPro 将自动创建该内存变量或数组。

③ 用户可以输入任何一个合法的数值型（N）、字符型（C）、日期型（D）、逻辑型（L）的表达式。

④ 如果输入字符串信息，则必须加上双引号或单引号等定界符，如"ABCDEF"。

⑤ 按 Enter 键结束输入，系统将表达式的值赋值给内存变量。

⑥ 如果输入的是非法表达式，系统将提示重新输入。

INPUT 语句与 ACCEPT 语句的区别是：ACCEPT 命令只能接收字符串，而 INPUT 语句可以接收任意类型的 Visual FoxPro 表达式；如果输入的是字符串，ACCEPT 语句不用使用字符型定界符，而 INPUT 语句必须用定界符括起来。

例 6-3　已知圆半径为 r，求圆面积 s (要求保留三位小数)。

假设圆的半径为 r，则计算圆面积 s 的公式为：$s=\pi r^2$，计算圆面积公式的表达式为：PI()*r^2 。程序编写步骤如下：

① 在命令窗口里输入：

MODIFY COMMAND P603

② 在打开的程序窗口里输入如下语句：

```
* 该程序用于计算指定半径的圆的面积。

CLEAR
INPUT "请输入圆半径 r=" TO r
s=ROUND(PI()*r^2,3)     &&ROUND 函数为四舍五入函数
?"该圆半径为：",r
?"该圆面积为：",s
RETURN
```

③ 按 Ctrl+W 保存该程序文件。

④ 在命令窗口里输入运行命令：

DO　P603

屏幕显示

请输入半径 r=

输入 10 后按 Enter 键

显示结果

该圆半径为：　　　　　　　　　10

该圆面积=　　　　　　　　　314.159

（3）程序暂停、等待接收单字符命令 WAIT

格式：WAIT [<提示信息>] [TO <内存变量>] [WINDOWS[AT <行坐标>,<列坐标>]]

143

[TIMEOUT <等待秒数>] [NOWAIT]

功能：暂停程序，用户按任意键或者时间超过等待的秒数后，程序继续执行。如果包含 [TO <内存变量>]短语，将用户所按键盘字符赋值给指定的内存变量。

说明：

① [<提示信息>]指定要显示的自定义信息。若省略该参数，则显示信息"按任意键继续……"。如果该参数为空字符，则不显示信息。

② [WINDOWS]是在主窗口右上角的系统信息窗口中，显示提示信息。如果指定[AT <行坐标>,<列坐标>]，则该窗口在指定屏幕坐标位置显示。

③ TIMEOUT <等待秒数>是指定在执行 WAIT 命令之后，程序暂停的时间，<等待秒数>参数指定等待的时间秒数。

④ NOWAIT 子句指在前述指定的 Windows 窗口中显示 WAIT 信息的同时，程序继续执行而不暂停。

例如下列命令将在屏幕 9 行、15 列位置处显示一含有提示信息的小窗口，如图 6-3 所示。此时单击鼠标按键、按下键盘上任意一个按键或小窗口在屏幕上停留 8 秒后，小窗口将从屏幕上消失。

WAIT "请稍后，程序将继续执……" WINDOWS AT 9,15 TIMEOUT 8

图 6-3　WAIT 命令显示的信息窗口

WAIT 语句主要用于下列两种情况：一是暂停程序的运行，以便观察程序的运行情况，检查程序运行的中间结果。二是根据实际情况输入某个字符，以控制程序的执行流程。比如，在某应用程序的"Y／N"选择中，常用此命令暂停程序的执行，等待用户回答"Y"或"N"，由于这时只需输入单个字符，也不用按回车键，操作简便、响应迅速。

6.1.4.2　输出命令

输出命令有基本输出命令、TEXT-ENDTEXT 命令和定位输入输出命令三种基本形式。

（1）基本输出命令"?|??"

格式：?|??<表达式 1>[,<表达式 2>…]

功能：先对一个或多个表达式求值，再将结果显示在主窗口。

说明：使用"?"命令在下一行显示，而"??"则在同一行显示。但在交互式命令方式下，两者没有区别。

例如：X=10

?"X=",X

输出结果为：X=10

（2）文本显示命令

格式：TEXT

　　　　　　　　<文本字符串>

ENDTEXT

功能：将<文本字符串>原样输出。

说明：这条命令通常是用于程序中对用户说明某些问题。

例如：若在程序中有以下一段语句：

TEXT

 USE student

 LIST

ENDTEXT

以上语句段的运行结果是：

 USE student

 LIST

（3）定位输出与输入命令

上面的输出命令基本上能完成程序输出的目的。但有时为了能按一定的要求来设计屏幕格式，使之美观、方便，下面介绍一个屏幕显示格式控制命令。

格式：@<行,列> [SAY <表达式>] [GET <变量>] [DEFAULT <表达式>]

  [RANGE <表达式 1>,<表达式 2>] [VALID <条件>]

功能：在屏幕上指定行、列位置输出指定表达式的值，并且（或者）获得所指定变量的值。

说明：

① @<行,列>用于指定在屏幕上输出的行、列位置坐标。

② SAY <表达式> 用来在屏幕上输出表达式的值。

③ GET <变量> 子句用来在屏幕上输入指定变量的值，且必须与 READ 命令配套使用。

④ DEFAULT <表达式> 子句用来给 GET <变量> 子句中的变量赋初值。

⑤ RANGE <表达式 1>,<表达式 2> 子句用来规定由 GET 子句输入的数值型或日期型数据的上下界，<表达式 1>为下界，<表达式 2>为上界。

⑥ VALID <条件> 子句用来规定 GET 子句输入的变量值所需符合的条件，以检测在 READ 操作时由键盘输入数据的合法性。

例 6-4 将学生基本情况表（STUDENT.DBF）打开，新增加一条记录的部分字段内容，增加完成后在浏览窗口显示数据表记录内容，关闭浏览窗口，屏幕出现等待信息窗口，8 秒后，等待信息窗口关闭，清屏并关闭数据表，程序结束。该程序代码如下：

```
CLEAR
USE   STUDENT
APPEND BLANK
@ 3,8 SAY "请输入新学生信息："
@ 4,8 SAY "学号：" GET  学号
@ 5,8 SAY   "姓名：" GET  姓名
@ 6,8 SAY "性别："   GET  性别
@ 7,8 SAY "出生年月："   GET  出生年月
@ 8,8 SAY "政治面貌："   GET  政治面貌
```

```
@ 9,8 SAY "籍贯："   GET  籍贯
@ 10,8 SAY "入学时间："   GET  入学时间
@ 11,8 SAY "简历："   GET   简历
READ
BROWSE
WAIT "程序将在 8 秒后关闭......。" WINDOWS AT 18,8 TIMEOUT 8
USE
CLEAR
RETURN
```

6.2 程序的基本结构

程序结构是指程序中命令或语句执行的流程结构。程序设计包括三种基本结构，即顺序结构、选择结构、循环结构。下面分别介绍这三种结构。

6.2.1 顺序结构

顺序结构是程序设计中最简单、最基本的结构，程序执行时，是按照语句序列，一条一条地往下执行，直到程序结束。

事实上，程序中的命令如果不进行特殊说明，就自动按其前后排列顺序执行。我们以前介绍的几个例题都是顺序结构程序。

例 6-5 在学生基本情况表中，根据从屏幕上输入的学生姓名来查询该学生的学号、出生年月、政治面貌、籍贯、入学时间。

```
CLEAR
USE   student.dbf
ACCEPT "请输入被查学生的姓名：" TO name
LOCATE FOR ALLTRIM(姓名)=name
?"学号：" + 学号
? "姓名：" + 姓名
? "性别：" + 性别
? "出生年月：" +DTOC(出生年月)
? "政治面貌：" + 政治面貌
? "籍贯："  + 籍贯
? "入学时间："  +DTOC(入学时间)
USE
RETURN
```

6.2.2 选择结构

选择结构是根据指定的判断条件，在两条或多条程序执行路径中进行选择，以决定程序的流向。选择结构按照选择结构执行路径的多少，可分为简单分支结构、双分支选择结构和多分支选择结构。无论是哪种类型的选择结构，都是根据所给条件是否为真，选择执行某一分支的相应操作。Visual FoxPro 的选择语句包括：IF...ENDIF 和 DO CASE...ENDCASE。

6.2.2.1　IF…ENDIF 语句

IF…ENDIF 语句以根据所指定逻辑表达式的值，有选择地执行一条或一组命令。其语法格式如下：

IF <条件>

<语句序列 1>

[ELSE

<语句序列 2>]

ENDIF

其中，<条件>为逻辑表达式。如果<条件>的计算结果为"真"（.T.），则执行<语句序列 1>；如果<条件>的计算结果为"假"（.F.），且存在 ELSE 子句，则执行 <语句序列 2>，如果不存在 ELSE 子句，则忽略 IF 和 ENDIF 之间的所有语句，程序从 ENDIF 语句后面的第一条命令开始，继续向下执行。

根据 IF…ENDIF 语句分支的复杂程度可以分为：简单分支、双分支、嵌套分支。

（1）简单分支结构

简单分支也就是不包含 ELSE 语句的 IF…ENDIF 语句。

格式：

IF <条件>

　<语句序列>

ENDIF

说明：

① 如果<条件>的逻辑值为.T.，就依次执行<语句序列>，执行完后就转去执行 ENDIF 之后的语句。如果<条件>的逻辑值为.F.，则直接转到 ENDIF 之后的语句，如图 6-4 所示。

② IF 语句和 ENDIF 语句必须成对出现，且各占一行。

③ 为了程序阅读方便，便于以后维护修改，<语句序列>部分最好采取向右缩进书写的方式。

例 6-6　从键盘输入 A 的值，然后不使用 ABS()函数求 A 的绝对值并将其绝对值放入的 B 中。

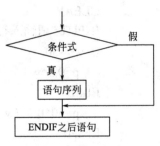

图 6-4　简单分支结构

程序代码如下：

```
SET TALK OFF
CLEAR
INPUT    "请输入一个数值：" TO A
B=A
IF A<0
   B=-A
ENDIF
?A,"的绝对值为：",B
SET TALK ON
RETURN
```

（2）双分支结构

双分支选择结构也是由 IF 语句开头，以 ENDIF 语句结束的若干条命令组成的，但其中包含一条 ELSE 语句，也就是说具有两个程序流向。

格式：

IF <条件>

    <语句序列 1>

ELSE

    <语句序列 2>

ENDIF

说明：

① 如果<条件>的逻辑值为.T.，就执行<语句序列 1>，执行完后就转到执行 ENDIF 之后的命令。如果<条件>的逻辑值为.F.，就执行<语句序列 2>，完成后转去执行 ENDIF 之后的命令。

② ELSE 语句单独占一行，IF 语句和 ENDIF 语句必须成对出现，且各占一行。

例 6-7　铁路托运行李，按规定每张客票托运行李不超过 50 公斤时，每公斤 0.3 元，如超过 50 公斤，超过部分按每公斤 0.45 元计算。编写一个程序，把行李重量输入计算机，计算出运费，并打印出付款清单。

问题分析：设行李重量为 w 公斤，应付运费为 p 元，则运费公式为：

$p=0.3 \times w$　　　　　　　　当 $w \leqslant 50$

$p=50 \times 0.3+(w-50) \times 0.45$　　　当 $w>50$

根据以上分析，程序如下：

```
SET TALK OFF
CLEAR
INPUT "请输入行李重量：" TO w
IF w<=50
    p=0.3*w
ELSE
    p=50*0.3+(w-50)*0.45
ENDIF
?"行李重量为：",w
?"应付运费为：",p
RETURN
```

其实这个问题也可以用单分支结构来编程。程序代码如下：

```
* 计算铁路托运行李费，w 为行李重量，p 为运费。
CLEAR
INPUT "请输入行李重量：" TO w
p=0.3*w
IF w>50
    p=50*0.3+(w-50)*0.45
ENDIF
?"行李重量为：",w
?"应付运费为：",p
RETURN
```

148

（3）嵌套分支

对于在分支结构中的<语句序列>，可以包含任何 Visual FoxPro 命令语句，也可以包括另外一个或几个合法的分支结构语句，也就是说分支结构可以嵌套。对于嵌套的分支结构语句，一定注意内外层分支结构层次分明，即注意各个层次的 IF……ELSE……ENDIF 语句配对情况。嵌套分支也就是在一个分支结构中包含另一个分支结构。嵌套深度最大为 384 层，但是建议嵌套深度不应过大，否则会降低程序的可读性和可维护性。

注意：ELSE 要与最近的 IF 配对。

例 6-8　某单位规定电费收费标准为：60 度电以内每度收 0.33 元，60～100 度范围内的电每度收费 0.66 元，超过 100 度的，每度收费 1.65 元。输入用电数，求出应交的电费。（保留两位小数）

```
CLEAR
INPUT TO NUM      &&输入用电度数
IF NUM<=60
    STORE NUM*0.33 TO    && MONEY 是应交的电费
ELSE
    IF NUM>60.AND.NUM<=100
        MONEY=(NUM-60)*0.66+60*0.33
    ELSE
        MONEY=(NUM-100)*1.65+40*0.66+60*0.33
    ENDIF
ENDIF
?MONEY
RETURN
```

6.2.2.2　DO CASE…ENDCASE 语句

使用 IF…ENDIF 语句在进行多个条件判断时，须使用嵌套分支结构，过多的嵌套会增加编程的复杂性。DO CASE…ENDCASE 语句可以简单有效地完成多个并行条件的判断，它将按照条件的排列顺序执行表达式的值为.T.的第一组命令。其语法格式如下：

```
DO CASE
      CASE <条件 1>
          <语句序列 1>
      CASE <条件 2>
          <语句序列 2>
      ……
      CASE <条件 n–1>
          <语句序列 n–1>
      [OTHERWISE
          <语句序列 n>]
ENDCASE
```

① 多分支选择结构执行的过程：系统依次判断各<条件>是否满足，若某一<条件>为.T.，就执行该<条件>下的<语句序列>，执行后不再判断其他<条件>，而转去执行 ENDCASE 后面的第一条命令。如果没有一个<条件>为.T.，就执行 OTHERWISE 后面的[语句序列]，直到 ENDCASE；如果不存在 OTHERWISE，并且所有表达式的值都为.F.，则跳过整个 DO

CASE...ENDCASE 语句块，继续执行 ENDCASE 后面的语句。

② DO CASE 语句和 ENDCASE 语句必须成对出现，各占一行。

③ DO CASE 语句最多有一个语句序列被执行。

④ 多分支选择结构中各 CASE 语句后的<条件>是按其先后顺序判断执行的，因此对实际问题进行编程时，应认真考虑各个条件排列的先后顺序。

例 6-9　用多分支选择结构编程计算例 6-8。程序代码如下：

```
CLEAR
INPUT TO NUM &&用电度数
DO CASE
  CASE NUM<=60
      MONEY=NUM*0.33
  CASE NUM<=100
      MONEY=(NUM-60)*0.66+60*0.33
  OTHERWISE
      MONEY=(NUM-100)*1.65+40*0.66+60*0.33
ENDCASE
?MONEY
RETURN
```

6.2.3　循环结构

在程序设计中，有时需要从某处开始有规律地反复执行某些类似的操作，这些类似的操作一般用循环结构程序设计来解决。Visual FoxPro 的循环命令有三类：基于条件的循环、基于计数的循环和基于表的循环。

6.2.3.1　基于条件的循环：DO WHILE 命令

DO WHILE...ENDDO 语句主要用于操作次数未知、操作次数根据程序运行的不同情况而改变的循环，其语法格式如下。

格式：DO WHILE <条件表达式>

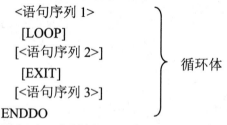

执行该语句时，先判断 DO WHILE 处的循环条件是否成立，如果条件为真，则执行 DO WHILE 与 ENDDO 之间的命令序列（循环体）。当执行到 ENDDO 时，返回到 DO WHILE，再次判断循环条件是否为真，以确定是否再次执行循环体。若条件为假，则结束该循环语句，执行 ENDDO 后面的语句，如图 6-5 所示。

说明：

① 如果第一次判断条件时，条件就为假，则循环体一次都不执行。

图 6-5　DO WHILE 循环结构

② ENDDO 表明 DO WHILE 语句的结束。DO WHILE 和 ENDDO 语句应配对使用，各占一行。

③ [LOOP]语句是终止本次循环命令，直接将程序控制返回到 DO WHILE 语句，并重新计算条件值。LOOP 可以放在 DO WHILE 和 ENDDO 之间的任何位置。

④ [EXIT]语句是终止本层循环命令，将程序控制从 DO WHILE 和 ENDDO 循环的内部转到 ENDDO 后的第一条命令，也就是提前结束循环。EXIT 可以放在 DO WHILE 和 ENDDO 之间的任何位置。

例 6-10　计算 S=1+2+3+…+100。

该程序要使用循环结构，解题的思路归纳为两点：

① 引进变量 S 和 I，其中 S 用来保存累加的结果，初值为 0；I 既作为被累加的数据，也作为控制循环条件是否成立的变量，初值为 1；

② 重复执行命令 S=S+I 和 I=I+1，直到 I 的值超过 100。每执行一次，S 的值增加 I，I 的值就增加 1，变成下一个数。

程序代码：

```
CLEAR
S=0
I=1
DO WHILE I<=100
    S=S+I
    I=I+1
ENDDO
?"S=",S
RETURN
```

思考：如果将此题改为求 1～100 内（包括 100 在内）所有的奇数和、求所有的偶数和或是能被 7 整除的整数和，又该如何改动上面的程序使它成为正确的程序。

例 6-11　将小于 1000 且能被 3 和 5 中至少一个数整除的所有正整数求和,并显示和刚超过 2000 时的那个自然数以及那时的和。

```
SET TALK OFF
CLEAR
S=0                 && S 用来存放和
X=0
DO WHILE X<=1000
  X=X+1
  IF MOD(X,3)=0   OR   MOD(X,5)=0
      S=S+X
  ENDIF
  IF S>2000
          EXIT
  ENDIF
ENDDO
? S,X
```

151

```
SET TALK ON
RETURN
```

例 6-12 求最小的自然数 n，使得从 51 开始的连续 n 个偶数之和大于 6000。

```
SET TALK OFF
CLEAR
S=0
N=0
I=51
DO WHILE S<=6000
  S=S+I
  I=I+2
  N=N+1
ENDDO
? N
SET TALK ON
RETURN
```

思考：如果将此题改为求最大的自然数 n，使得从 51 开始的连续 n 个偶数之和小于 6000。又该如何编写程序。

例 6-13 用辗转相除法求两自然数 X、Y 的最大公约数和最小公倍数。

求最大公约数的算法思想：

① 对于已知两数 X,Y,使得 X>Y；

② X 除以 Y 得余数 R；

③ 若 R=0，则 Y 为求得的最大公约数，算法结束，否则执行步骤（4）；

④ X=Y,Y=R,再重复执行步骤（2）。

求得了最大公约数，最小公倍数就可很方便地求出，即将原两数相乘除以最大公约数。

程序代码如下：

```
SET TALK OFF
CLEAR
INPUT "X=" TO X
INPUT "Y=" TO Y
S=X*Y
IF X<Y        && 这个 IF 语句执行完成后保证了 X>Y
  M=X
  X=Y
  Y=M
ENDIF
R=X % Y    && 求余
DO WHILE R<>0
  X=Y
  Y=R
  R=X % Y
```

ENDDO

?"最大公约数为：",Y

?"最小公倍数为：",S/Y

SET TALK ON

RETURN

当然也可以利用最大公约数或最小公倍数的概念来进行编程，大家自己试试编写出来。

例 6-14　程序运行时根据从键盘输入的职工姓名修改记录。

要求如下：将学生情况表打开，从屏幕上提示输入要修改信息的学生姓名，如果表中有此学生则在屏幕上显示该生的除备注和通用字段以外的所有字段，并可进行修改，修改完毕后，屏幕提示"记录修改完毕"提示信息窗口，按任意键关闭该窗口或 8 秒后该窗口自动关闭，然后再回到屏幕提示输入学生姓名处，可输入另一位学生的姓名；如果数据表中没有该姓名，则在屏幕上提示"数据表中没有此学生"提示信息窗口，按任意键关闭该窗口或 8 秒后该窗口自动关闭，然后再回到屏幕提示输入学生姓名处。如果输入学生姓名为"000"则程序结束。

```
CLEAR
USE student.dbf
DO WHILE .T.
    @3,8 CLEAR     &&清除活动窗口指定行、列右下角屏幕区域显示的内容
    NAME=SPACE(10)
    @ 3,8 SAY "请输入学生姓名(输入"000"结束修改)：" GET NAME
     READ
     IF ALLTRIM(NAME)="000"
          EXIT
     ENDIF
    LOCATE FOR ALLTRIM(姓名)=ALLTRIM(NAME)
    IF FOUND()
        @ 4,8 SAY "学号：" GET  学号
        @ 5,8 SAY "姓名：" GET  姓名
        @ 6,8 SAY "性别："    GET  性别
        @ 7,8 SAY "出生年月："    GET  出生年月
        @ 8,8 SAY "政治面貌："    GET  政治面貌
        @ 9,8 SAY "籍贯："    GET  籍贯
        @ 10,8 SAY "入学时间："    GET  入学时间
        @ 11,8 SAY "简历："    GET   简历
         READ
         WAIT "该记录数据修改完毕，按任意键继续" WINDOWS AT 18,8 TIMEOUT 8
      ELSE
    WAIT "数据表中没有此学生，按任意键继续" WINDOWS AT 18,8 TIMEOUT 8
    ENDIF
  ENDDO
   @3,8 CLEAR
   RETURN
```

例 6-15　统计成绩表（CJ.DBF）中有多少个成绩大于等于 90 分。

```
CLEAR
CLOSE DATABASE
a=0
USE cj.dbf
GO TOP
DO WHILE .NOT. EOF()
    IF  成绩>=90
          a=a+1
    ENDIF
        SKIP
ENDDO
?a
RETURN
```

6.2.3.2　基于计数的循环：FOR 命令

该语句通常用于实现循环次数已知情况下的循环结构。

格式：

FOR <循环变量>=<初值> TO <终值> [STEP <步长>]

    <语句序列>

    [EXIT]

    [LOOP]

ENDFOR|NEXT

执行该语句时，首先将初值赋给循环变量，然后判断循环条件是否成立（若步长为正值，循环条件为<循环变量> <= <终值>；若步长为负值，循环条件为<循环变量> >= <终值>）。若循环条件成立，则执行 FOR 到 ENDFOR 之间的语句序列(即循环体)，然后循环变量增加一个步长值，并再次判断循环条件是否成立，以确定是否再次执行循环体。若循环条件不成立，则结束循环语句，执行 ENDFOR 后面的语句。

说明：

①　<初值>、<终值>、<步长值>都是数值表达式；当<步长值>是 1 时，可以省略 STEP 子句。

②　ENDFOR 或 NEXT 语句为循环终端语句，用以标明本循环结构的终点。该语句必须和 FOR 语句配对使用。

③　可以在循环体内改变循环变量的值，但这会影响循环体的执行次数。

④　在循环体内的适当位置也可以放置 EXIT 和 LOOP 语句，作用和用法与 DO WHILE 循环结构类似。当执行到 LOOP 语句时，结束循环体的本次执行，然后循环变量增加一个步长值，并再次判断循环条件是否成立。

例 6-16　求 1～100 中所有偶数的和

```
CLEAR
S=0
FOR I=0   TO   100   STEP 2
    S=S+I
```

```
ENDFOR
? S
RETURN
```

例 6-17　设某四位数的各位数字的平方和等于 100 且该数为奇数，问共有多少个这种四位数？

```
SET TALK OFF
CLEAR
GS=0
FOR N=1000 TO 9999
   A=INT(N/1000)
   B=INT((N % 1000)/100)
   C=INT((N % 100)/10)
   D=MOD(N,10)
   IF A*A+B*B+C*C+D*D=100 AND N % 2<>0
      GS=GS+1
   ENDIF
ENDFOR
? GS
SET TALK ON
RETURN
```

注意：对于将一个四位数分别求出其各个数字，可以采用多种方法，不过用的较多的是取整函数（INT（））和求余函数（MOD（））。

例 6-18　某国在 2000 年时人口总数为 2 亿，若以每年 3%的速度递增，试求出至少要到哪一年该国人口总数才会翻一番。

```
SET TALK OFF
CLEAR
S=2
FOR N=2001 TO 3000      && 题中没有给出循环终值，需要自己赋一个较大的值
   S=S*(1+0.03)
   IF S>=4
     EXIT
   ENDIF
ENDFOR
? N
SET TALK ON
RETURN
```

此题用 DO WIHLE 循环结构编写更简单些，代码如下：

```
SET TALK OFF
CLEAR
S=2
N=2000
```

```
DO WHILE S<4
    S=S*(1+0.03)
    N=N+1
ENDDO
? N
SET TALK ON
RETURN
```

6.2.3.3 基于表的循环命令：SCAN 命令

该循环语句一般用于处理表中记录。语句可指明需处理的记录范围及应满足的条件。

格式：SCAN [<范围>] [FOR <条件 1>] [WHILE <条件 2>]

    [<语句序列>]   && [<语句序列>]也称为循环体

   ENDSCAN

执行该语句时，记录指针自动、依次地在当前表的指定范围内满足条件的记录上移动，对每一条记录执行循环体内的命令。

说明：

① 该结构是针对当前打开的数据表进行操作的。它的功能是对当前打开的数据表中指定范围内符合条件的记录，逐个进行<语句序列>所规定的操作，如果缺少范围和条件子句时，则对所有记录逐个进行<语句序列>规定的操作。SCAN 命令的默认范围为 ALL。

② 基于表的循环结构每循环一遍，记录指针自动移动到下一条记录，不需要设置 SKIP 语句。

③ SCAN 和 ENDSCAN 语句要配对使用。

④ 在<语句序列>的适当位置也可以放置 EXIT 和 LOOP 语句，功能和用法同其他循环结构类似。

例 6-19 逐条显示 STUDENT 表中男生的情况。

程序代码如下：

```
USE STUDENT
SCAN FOR  性别= "男"
    DISP
    WAIT
ENDSCAN
USE
```

或者使用下列代码：

```
USE STUDENT
SCAN
    IF  性别#"男"
        LOOP
    ENDIF
    DISP
    WAIT
ENDSCAN
USE
```

例 6-20　如果在命令窗口执行命令：LIST 名称,而在主窗口中显示：

记录号　名称

1　　　 电视机

2　　　 计算机

3　　　 电话线

4　　　 电冰箱

5　　　 电线

假定名称字段为字符型、宽度为 6,那么下面程序段的输出结果是：

```
GO 2
SCAN NEXT 4 FOR LEFT(名称,2)= "电"
IF RIGHT(名称,2)= "线"
EXIT
ENDIF
ENDSCAN
?名称
```

SCAN-ENDSCAN 语句也称为表扫描循环语句,其功能相当于 LOCATE、CONTINUE 和 DO WHILE-ENDDO 语句功能的合并。

6.2.3.4　循环结构嵌套

循环结构的嵌套是指在一个循环体内包含其他的循环结构,也称为多重循环结构。同一种类型的循环结构可以嵌套,不同类型的循环结构也可以嵌套。要编好循环嵌套结构程序,必须做到：循环开始语句和循环结束语句要配对出现；内外层循环层次分明,不得交叉。Visual FoxPro 最多允许 128 层嵌套。

例 6-21　用双重循环打印九九乘法表,即：

$1×1=1$,　$1×2=2$,　…,　$1×9=9$

$2×1=2$,　$2×2=4$,　…,　$2×9=18$

……　　……　　……

$9×1=9$,　$9×2=18$,　…,　$9×9=81$

问题分析：这是一个有 9 个行、9 个列数据项的矩阵,可以用双重循环解决。外循环用于控制各个行,内循环用于控制每一行的各个列项,一行输出完毕以后,换行输出下一行各个列的数据项。程序代码如下：

```
*打印乘法九九表。
CLEAR
FOR a=1 TO 9
    FOR b=1 TO 9
        p=a*b
        ??STR(a,1)+"×"+STR(b,1)+"="+STR(p,2)+"    "
    ENDFOR
    ?             && 一行输出完成后换行
ENDFOR
RETURN
```

例 6-22 对自然数 A、B、C，若 A<B<C 且 A*A+B*B=C*C，则称{A,B,C}为一组勾股弦数，其中 A、B、C 分别称为勾、股、弦。试求出弦为 1300 的勾股弦组数。

程序代码如下：

```
CLEAR
C=1300
N=0
FOR A=1   TO   C
    B=INT(SQRT(C*C−A*A))
    IF A*A+B*B=C*C AND A<B AND B<C   &&判断条件
        N=N+1
    ENDIF
  NEXT
?N
RETURN
```

或者用以下代码也行。

```
CLEAR
C=1300
N=0
FOR A=1   TO   C−2
  FOR B=A+1   TO   C−1   && B 的初值保证了 A<B,而 B 的终值保证了 B<C
    IF A*A+B*B=C*C
        N=N+1
    ENDIF
  NEXT
NEXT
?N
RETURN
```

6.3 多模块程序

应用程序一般都是多模块程序，可包含多个程序模块。模块是一个相对独立的程序段，它可以被其他模块所调用，也可以去调用其他的模块。通常，把被其他模块调用的模块称为子程序，把调用其他模块而没有被其他模块调用的模块称为主程序。

将一个应用程序划分成一个个功能相对简单、单一的模块程序，不仅便于程序的开发，也利于程序的阅读，将使整个应用系统的维护更加方便，应用系统运行的效率也更高。

6.3.1 模块的定义和调用

在 Visual FoxPro 中，模块可以是命令文件，也可以是过程。

6.3.1.1 过程的定义

语法格式如下：

PROCEDURE |FUNCTIION <过程名>

　　　　　　[PARAMETERS <参数表>]
　　　　　　　<命令序列>
　　　　　　[RETURN　[表达式]]
　　　　[ENDPROC|ENDFUNC]

　　说明：

　　① PROCEDURE |FUNCTIION 命令表示一个过程的开始，并命名过程名。过程名必须以字母或下划线开头，可包含字母、数字和下划线。

　　② [PARAMETERS　<参数表>]为接受过程运行时传递过来的数据，如果过程不需要传递数据，该语句可省略。

　　③ RETURN 命令表示控制将转回到调用程序（或命令窗口），并返回表达式的值。如缺省该语句，则返回逻辑真.T.。

　　④ ENDPROC|ENDFUNC 命令表示一个过程的结束。如果缺省 ENDPROC|ENDFUNC 命令，那么过程结束于下条 ENDPROC|ENDFUNC 命令或文件结尾处。

　　⑤ 过程文件可以放置在程序文件的后面，也可以保存在称为过程文件的单独文件里。过程文件的建立和程序文件建立命令相同（MODIFY COMMAND）命令，过程文件的默认扩展名还是.prg。

　　过程文件里只包括过程，这些过程能被任何其他程序所调用。但在调用过程文件中的过程之前首先要打开过程文件。打开过程文件的命令格式为：

　　SET PROCEDURE TO [<过程文件 1> [，<过程文件 2>，…]] [ADDITIVE]

　　可以打开一个或多个过程文件。一旦一个过程文件被打开，那么该过程文件中的所有过程都可以被调用。如果选用 ADDITIVE，那么在打开过程文件时，并不关闭原先已打开的过程文件。

　　当使用不带任何文件名的 SET PROCEDURE TO 命令，将关闭所有打开的过程文件。如果不想一起关闭所有过程文件，而要关闭个别过程文件，可用下面命令：

　　　　　　RELEASE PROCEDURE <过程文件 1> [，<过程文件 2>，…]

6.3.1.2　调用过程文件

　　存放在命令文件里的过程主要被命令文件中的代码所调用，但也可以被其他程序所调用。当命令文件处于执行（打开）状态时，包含在其中的过程就可以被直接调用，如果命令文件不处于打开状态，那么要调用其中的过程，就要用 SET PROCEDURE 命令先打开此命令文件。这与打开过程文件的道理是一样的。

　　过程调用的格式有以下两种。

　　格式 1：使用 DO 命令

　　　　DO <文件名>|<过程名>

　　格式 2：在名字后面加一对小括号

　　　　<文件名>|<过程名>（）

　　在上面的两种格式里，如果模块是程序文件的代码，就用<文件名>；否则用<过程名>。

　　格式 2 既可以作为命令使用（返回值被忽略），也可以作为函数出现在表达式里。在这里，<文件名>不能包含扩展名。

　　例 6-23　在主程序中调用三个过程 P1、P2、P3。

　　*主程序

　　CLEAR

```
?"*   *   *   *   *   *"
DO P1                         &&  调用过程 P1
?"*   *   *   *   *   *"
DO P2                         &&  调用过程 P2
?"*   *   *   *   *   *"
DO P3                         &&  调用过程 P3
RETURN

*过程名称 P1
PROCEDURE P1
?"1   1   1   1   1   1"
ENDPROC

*过程名称 P2
PROCEDURE P2
?"2   2   2   2   2   2"
ENDPROC

*过程名称 P3
PROCEDURE P3
?"3   3   3   3   3   3"
ENDPROC
```

此程序运行结果为：

```
*   *   *   *   *   *
1   1   1   1   1   1
*   *   *   *   *   *
2   2   2   2   2   2
*   *   *   *   *   *
3   3   3   3   3   3
```

6.3.2 参数传递

模块程序可以接收调用程序传递过来的参数，并能够根据接收到的参数控制程序流程或对接收到的参数进行处理，从而大大提高模块程序功能设计的灵活性。

接收参数的命令有 PARAMETERS 和 LPARAMETERS，它们的格式如下：

PARAMETERS <形参变量 1> [，<形参变量 2>，…]

LPARAMETERS <形参变量 1> [，<形参变量 2>，…]

其中 PARAMETERS 命令声明的形参变量被看作是模块程序中建立的私有变量，而另一个命令 LPARAMETERS 命令声明的形参变量被看作是模块程序中建立的局部变量。除此之外，两条命令没有什么不同。

不管是 PARAMETERS 命令还是 LPARAMETERS 命令，都应该是模块程序的第一条可执行命令。相对应地，调用带参过程的格式为：

格式 1：使用 DO 命令

　　　DO <文件名>|<过程名> WITH <实参 1> [, <实参 2>, …]

格式 2：在名字后面加一对小括号

　　　<文件名>|<过程名>（<实参 1> [, <实参 2>, …]）

实参可以是常量、变量或数组元素，也可以是一般形式的表达式。调用过程时，系统自动把实参传递给相应的形参。

说明：

① 形参的数目不能少于实参的数目，否则系统运行时出错。若形参数目多于实参的数目，则多于的形参取初值这逻辑假.F.。

② 若实参是常量或表达式，系统先计算出实参的值，再赋给相应的形参变量，称为按值传递。若实参是变量则传递的将不是变量的值，而是变量的地址，称为按引用传递。尽管名字可能不同，但形参和实参是同一变量，在模块程序中对形参变量值的改变，同样是对实参变量值的改变。

采用格式 2 调用模块程序时，默认情况下都以按值进行参数传递。如果实参是变量，可以通过命令 SET UDFPARMS 命令重新设置参数传递的方式。其命令格式如下：

SET UDFPARMS TO VALUE | REFERENCE

TO VALUE 表示按值传递参数，在这种情况下，过程可以修改作为参数的变量值，但是主程序中的变量原值不会改变。即形参变量值的改变不会影响实参变量的取值。

TO REFERENCE 表示按引用传递，在这种情况下，将把保存参数值变量的地址传递给过程，过程可以修改作为参数的变量值，所做修改也随之反映到主程序中的变量上。即形参变量值改变时，实参变量值也随之改变。

例 6-24　下面程序的功能是输入一个年份，然后判断其是否为闰年。若是闰年，输出"YES"，否则输出"NO"。

```
*主程序
SET TALK OFF
CLEAR
ANS=""
INPUT "输入年号：" TO Y
DO SUB WITH Y, ANS
?ANS
SET TALK ON
RETURN
*带参过程
PROCEDURE SUB
PARAMETER Y,ANS
ANS="NO"
IF Y % 4=0 .AND. (Y % 100<>0 .OR. Y % 400=0)
   ANS="YES"
ENDIF
RETURN
```

例 6-25　按值传递和按引用传递示例。

```
CLEAR
```

```
STORE 10 TO X1,X2
SET UDFPARMS TO VALUE                        && 设置按值传递
DO P4 WITH X1,(X2)                           && X1 按引用传递，(X2)按值传递
?"第一次：",X1,X2
STORE 10 TO X1,X2
P4(X1,(X2))                                  && X1、(X2)按值传递
?"第二次：",X1,X2
STORE 10 TO X1,X2
SET UDFPARMS TO REFERENCE                     && 设置按引用传递
DO P4 WITH X1,(X2)                           && X1 按引用传递，(X2)按值传递
?"第三次：",X1,X2
STORE 10 TO X1,X2
P4(X1,(X2))                                  && X1 按引用传递，((X2)按值传递
?"第四次：",X1,X2
*过程 P4
PROCEDURE P4
PARAMETERS X1,X2
STORE X1+1 TO X1
STORE X2+1 TO X2
ENDPROC
```

程序运行的结果如下：

第一次：	11	10
第二次：	10	10
第三次：	11	10
第四次：	11	10

（X2）是用圆括号将一个变量括起来使其变成一般形式的表达式，所以不管什么情况，总是按值传递。从运行结果还可以看出，用格式 1 调用过程时参数传递方式并不受 UDFPARMS 值设置影响。

还可以在调用程序和被调用程序之间传递数组。当实参是数组元素时，总是采用按值传递方式传递元素值。当实参是数组名时，若传递方式是按值传递，那么就传递数组的第一个元素值给形参变量；若传递方式是按引用传递，那么传递的将是整个数组。

例 6-26 已知一数组有 5 个元素，要求按从小到大排序并显示。

```
*主程序
CLEAR
DIMENSION A(5)
FOR I=1 TO 5
  INPUT "输入数组元素的值：" TO A(I)
NEXT
DO P5 WITH A
FOR I=1 TO 5
  ?A(I)
```

```
NEXT
RETURN


*过程名称为 P5
PROCEDURE P5
PARAMETERS B                              &&接收整个数组
M=0
FOR J=1 TO 4
   FOR K=J+1 TO 5
      IF B(J)>B(K)
         M=B(K)
         B(K)=B(J)
         B(J)=M
      ENDIF
   NEXT
NEXT
ENDPROC
RETURN
```

6.3.3　变量的作用域

程序设计离不开变量，一般变量在使用之前必须先定义。一个变量除了类型和取值之外还有一个重要的属性就是它的作用域。变量的作用域是指变量在什么范围内是有效或能够被访问的。在 Visual FoxPro 中，根据变量的发生作用的范围，可将变量分为公共变量、私有变量和本地变量 3 类。

6.3.3.1　公共变量

在任何模块中都能使用的变量称为公共变量，也称为全局变量。公共变量要先建立后使用，下列格式定义变量为公共变量：

　　　　PUBLIC <内存变量表>

该命令的功能是建立公共的内存变量,并为它们赋初值逻辑假.F.。

说明：

① 将<内存变量表>指定的所有变量定义为公共变量。

② 在命令窗口里定义的变量都是公共变量。

③ 程序终止时，公共变量不会自动清除，需要用 CLEAR ALL 或者 RELEASE ALL 命令清除。

④ 可以用类似的格式将数组建立并声明为全局数组，如下列命令：

PUBLIC [ARRAY]<数组名>(<数值表达式 1>[,<数值表达式 2>])[,<数组名>(<数值表达式 1>[<数值表达式 2>]),…]

例如，命令 PUBLIC X,Y,A(10)建立了三个公共内存变量：简单变量 X 和 Y 以及一个含 10 个元素的数组 A，它们初值都是.F.。

6.3.3.2　私有变量

在程序中直接使用（没有通过 PUBLIC 和 LOCAL 命令事先声明）而由系统隐含建立的

变量都是私有变量。私有变量的作用域仅在定义它的模块及其下层模块中有效，而在定义它的模块运行结束时自动释放。

当私有变量与上层模块的变量同名时，要用下述命令来声明：

PRIVATE <内存变量表>|[ALL [LIKE|EXCEPT <通配符>]]

功能：该命令执行时，声明私有变量并隐藏上级模块中同名的变量，直到所属的程序、过程等执行完毕，再恢复隐藏起来的同名变量。

说明：

① 声明的私有变量，只能在当前以及下层模块中有效，当本级模块结束返回上级程序时，私有变量自动清除，主程序中同名变量恢复其原来的值。

② 在程序模块调用时，PARAMETERS <参数表> 语句中<参数表>指定的变量自动声明为私有变量。

6.3.3.3　本地变量（又叫局部变量）

本地变量既不能在上级模块中发挥作用，也不能在下级模块中发挥作用，只能在建立它的模块中发挥作用，本级模块结束，本地变量自动清除。下列命令将变量声明为本地变量：

　　　　LOCAL <内存变量表>

　LOCAL 将<内存变量表>指定的变量声明为本地变量，并赋初值为.F.。注意，LOCAL 不能简写为 LOCA（Visual FoxPro 认为 LOCA 与 LOCATE 具有同样的含义）。

局部变量要先建立后使用。

例 6-27　变量作用域举例。认真分析如下程序中变量发生作用的范围。

```
*主程序
CLEAR
PUBLIC A                    &&建立公共变量 A，初值为.F.
PRIVATE B,K                 &&建立私有变量 B、K，初值均为.F.
A=1
B=2
DO P6
?"A=",A,"B=",B
K=3
DO P7
?"B=",B,"K=",K

*过程名 P6
PROCEDURE P6
LOCAL B                     &&建立本地变量 B，初值为.F.
B=3
A=A*B
B=A+B
RETURN

*过程名 P7
PROCEDURE P7
```

```
K=K+B
B=K*B
RETURN
```

此程序的运行结果为：

A=3　　　　　　　　B=2

B=10　　　　　　　K=5

6.4　程序的调试

在开发应用程序时，需要对应用程序进行调试，以发现其中的错误并进行修改，直至达到设计要求，才能投入使用。程序调试是指在发现程序有错误的情况下，确定出错的位置并纠正错误，其中关键是要确定出错的位置。有些错误（如语法错误）系统是能够发现的，当系统编译、执行到这类错误代码时，不仅能给出出错信息，还能指出出错的位置；而有些错误系统是无法确定的，只能由用户自己来查错。Visual FoxPro 提供的功能强大的调试工具——调试器，可以帮助我们进行这项工作。这一节主要介绍调试器的使用。

6.4.1　程序中常见的错误

程序中常见的错误包括语法错误、溢出错误、逻辑错误。语法错误包括命令字拼写错误、命令格式错误、使用了中文标点符号作为分界符、使用了没有定义的变量、数据类型不匹配、操作的文件不存在等；溢出错误包括计算结果超过 Visual FoxPro 所允许的最大值、文件太大、嵌套层数超过允许范围等；逻辑错误指程序设计的差错，如要计算圆的面积，在程序中却用了计算圆周长的公式等。对于语法错误和溢出错误可以通过运行程序，系统给出相应提示信息予以纠正；逻辑错误，只有通过运用典型数据进行测试，分析计算结果是否合理和正确，才能予以纠正。

6.4.2　调试器环境

调用调试器的方法一般有两种：

① 选择【工具】菜单中的【调试器】命令；

② 在命令窗口输入 DEBUG 命令。

系统打开【调试器】窗口，进入调试器环境。在中可选择地打开 5 个子窗口：跟踪窗口、监视窗口、局部窗口、调用堆栈窗口、调试输出窗口。要打开子窗口，可选择【调试器】窗口【窗口】菜单中的相应命令；要关闭子窗口，则只需单击窗口右上方的【关闭】按钮。

下面是各子窗口的作用和使用特点。

6.4.2.1　跟踪窗口

用于显示正在调试执行的程序文件。要打开一个需要调试的程序，可选择【调试器】|【文件】菜单中的【打开】命令，然后在打开的对话框中选定所需的程序文件。被选中的程序文件将显示在跟踪窗口里，以便调试和观察。

跟踪窗口左端的灰色区域会显示某些符号，常见的符号及其意义如下所示：

→：指向调试中正在执行的代码行；

●：断点，可以在某些代码行处设置断点，当程序执行到该代码行时，中断程序执行。

6.4.2.2　监视窗口

用于监视指定表达式在程序调试执行过程中的取值变化情况。要设置一个监视表达式，可单击窗口中的【监视】文本框，然后输入表达式的内容，按回车键后表达式便添入到文本框下方的列表框中。当程序调试执行时，列表框内将显示所有监视表达式的名称、当前值与类型。也可通过将 Visual FoxPro 窗口选定的文本拖到监视窗口来创建监视表达式。

双击列表框中的某个监视表达式就可对它进行编辑修改，右击列表框中的某个监视表达式，然后在弹出的快捷菜单选择【删除监视】命令可删除一个监视表达式。

6.4.2.3 局部窗口

局部窗口用于显示模块程序(程序、过程)中的内存变量(简单变量、数组和对象)，显示它们的名称、当前取值和类型。

可以从【位置】下拉列表中选择指定一个模块程序，下方的列表框内将显示在该模块程序内有效(可视)的内存变量的当前情况。

6.4.2.4 调用堆栈窗口

用于显示当前正在执行的程序、过程的名称。如果正在执行的程序是一个子程序，那么主程序和子程序的名称都会显示在该窗口中。

6.2.4.5 调试输出窗口

调试输出窗口用于显示活动程序、过程代码的输出。

可以在模块程序中安置一些 DEBUGOUT 命令。

命令格式：DEBUGOUT<表达式>

当模块程序调试执行到此命令时，会计算出表达式的值，并将计算结果送入调试输出窗口。注意，命令动词 DEBUGOUT 至少要写出 6 个字母，以区别于 DEBUG 命令。

若要把调试输出窗口中的内容保存到一个文本文件里，可以选择【调试器】|【文件】菜单中的【另存输出】命令，或选择快捷菜单中【另存为】命令。要清除该窗口中的内容，可选择快捷菜单中的【清除】命令。

6.4.3 设置断点

调试程序也可以通过设置断点的方法来实现，在调试器窗口可以设置以下 4 种类型的断点：

类型 1：在定位处中断。可以指定一代码行，当程序调试执行到该代码时就中断程序运行。

类型 2：如果表达式值为真则在定位处中断。指定一代码行以及一个表达式，当程序调试执行到该行代码时如果表达式的值为真，就中断程序运行。

类型 3：当表达式值为真时中断。可以指定一个表达式，在程序调试执行过程中，当该表达式值改成真时，就中断程序运行。

类型 4：当表达式值改变时中断。指定一个表达式，在程序调试执行过程中，当该表达式值改变时，就中断程序运行。

不同类型断点的设置方法大致相同，但也有一些区别。下面就介绍如何设置各类型断点的方法。

6.4.3.1 设置类型 1 断点

在跟踪窗口中找到要设置断点的那行代码，然后双击该行代码左端的灰色区域，或先将光标定位于该行代码中，然后按 F9 键。设置断点后，该代码行左端的灰色区域会显示一个实心圆点。用同样的方法可以取消已经设置的断点。

也可以在【断点】对话框中设置该类断点，其方法与设置类型 2 断点的方法类似。

6.4.3.2　设置类型 2 断点

在调试器窗口中，选择【工具】菜单上的【断点】命令，打开【断点】对话框，从【类型】下拉列表中选择相应的断点类型。在【定位】框中输入适当的断点位置，例如"lpp，2"表示在模块程序 lpp 的第 2 行处设置断点。在【文件】框中指定模块程序所在的文件。文件可以是程序文件、过程文件、表单文件等。在【表达式】框中输入相应的表达式。单击【添加】按钮，将该断点添加到【断点】列表框里，再单击【确定】按钮。

与类型 1 断点相同，类型 2 断点在跟踪窗口的指定位置上也有一个实心点。要取消类型 2 断点，可以采用与取消类型 1 断点相同的方法，也可以先在【断点】对话框的【断点】列表中选择断点，然后单击【删除】按钮。后者适合于所有类型断点的删除。

在设置该类断点时，如果觉得【定位】框和【文件】框的内容不大好指定，也可以采用下面的方法进行：

在所需位置上设置一个类型 1 断点，在【断点】对话框的【断点】列表框内选择该断点，重新设置类型并指定表达式。单击【添加】按钮，添加新的断点，选择原先设置的类型 1 断点，单击【删除】按钮。

6.4.3.3　设置类型 3 断点

在调试器窗口中，选择【工具】菜单上的【断点】命令，打开【断点】对话框。从【类型】下拉列表中选择相应的断点类型，在【表达式框】中输入相应的表达式，单击【添加】按钮，将该断点添加到【断点】表列框里。

6.4.3.4　设置类型 4 断点

如果所需的表达式已经作为监视表达式在监视窗口中指定，那么可在监视窗口的列表框中找到该表达式，然后双击表达式左端的灰色区域。这样就设置了一个基于该表达式的类型 4 断点，灰色区域上会有一个实心圆点。

如果所需的表达式没有作为监视表达式在监视窗口中指定，那么可以采用与设置类型 3 断点相似的方法设置该类断点。

6.4.4　调试菜单

利用 Visual FoxPro 调试器中的【调试】菜单所提供的各项功能来调试程序，包含执行程序、选择执行方式、终止程序执行等命令，现解释如下：

① 运行：执行在跟踪窗口中打开的程序。如果在跟踪窗口里还没有打开程序，那么选择该命令将会打开【运行】对话框。当用户从对话框中指定一个程序后，调试器随即执行此程序，并中断于程序的第一条可执行代码上。

② 继续执行：当程序执行被中断时，该命令出现在菜单中。选择该命令可使程序在中断处继续往下执行。

③ 取消：终止程序的调试执行，并关闭程序。

④ 定位修改：在程序暂停时，选定该命令后将会出现一个取消程序信息框，选定其中的【是】按钮，就会切换到程序编辑器窗口，用户可修改。

⑤ 跳出：以连续方式而非单步方式继续执行被调用模块程序中的代码，然后在调用程序的调用语句的下一行处中断。

⑥ 单步：单步执行下一行代码。如果下一行代码调用了过程或者程序，那么这些过程或者程序在后台执行。

⑦ 单步跟踪：逐行执行代码。

⑧ 运行到光标处：从当前位置执行代码直至光标处中断。光标位置可以在开始时设置，也可以在程序中断时设置。

⑨ 调速：打开【调整运行速度】对话框，设置两代码行执行之间的延迟秒数。

⑩ 设置下一条语句：程序中断时选择该命令，可使光标所在行成为恢复执行后要执行的语句。

6.5 常用算法实例

Visual FoxPro 是一种数据库管理系统，它的最大优点就是对数据库。但作为一种语言，它也像其他高级语言（如 C 语言）一样，能对数值数进行处理。在本节我们给出了一些有关程序设计的常用算法例子，让大家自己阅读理解。

6.5.1 累加、连乘

在循环结构中，最常用的算法是累加和连乘。累加是在原有和的基础上一次一次地每次加一个数；连乘则是在原有积的基础上一次一次地每次乘以一个数。在一般情况下累加时和的初始值为 0，连乘时积的初始值为 1。对于单重循环中的和、积的初始值设置是放在循环体的外面，而对于多重循环，置初值是在外循环体外还是在内循环体外要根据所解的问题决定。

例 6-28 求出[1234,23456]内恰好有两位数字是 6 的所有整数之和 [注意 AT()函数和 STR()函数的功能]。

分析：本题的求和比较简单。对于求其中恰好有两位数字是 6 的办法，我们采用的是先用 STR()函数将数值转换成字符，然后再利用 AT()函数来判断 6 在其中出现的次数。代码如下：

```
SET TALK OFF
CLEAR
S=0
FOR X=1234 TO 23456
  IF AT('6',STR(X),2)>0   AND AT('6',STR(X),3)=0
    S=S+X
  ENDIF
ENDFOR
? S
SET TALK ON
RETURN
```

例 6-29 将大于 1000 且能被 4 和 6 中至少一个数整除的所有整数按从小到大顺序排列后，求前面 20 个数之和。

分析：本题中有两个累加，一个符合条件数的个数，另一个是符合条件数的和。

```
SET TALK OFF
CLEAR
S=0                      && S 是能被 4 和 6 中至少一个数整除的数的和
K=0                      && K 是能被 4 和 6 中至少一个数整除的数的个数
X=1000
DO WHILE K<=20
  X=X+1
```

```
    IF MOD(X,4)=0 OR MOD(X,6)=0        && 保证 X 是符合条件的数
        S=S+X
        K=K+1
    ENDIF
ENDDO
? S–X                    && 当循环退出时多计算一个数，此时应减去这个数
SET TALK ON
RETURN
```

例6-30　求出 100 以内的最大的自然数 N，使得算式 1+1/(1+2)+…+1/(1+2+…+N)的值小于 1.9。

分析：先要找出求和的式子中各个分母的规律，先将第一式子 1 看作 1/1，就可以发现后一个式子分母就是前一个式子分母加上自然数 N（其中 N 就是第几个式子）。

```
SET TALK OFF
CLEAR
S=0
T=0
FOR N=1 TO 100
    S=S+N
    T=T+1/S
    IF T>=1.9
        EXIT
    ENDIF
ENDFOR
? N–1
SET TALK ON
RETURN
```

6.5.2　求素数

素质，也称质数，就是指一个大于 2 且只能被 1 和本身整除的整数。

判别某数 I 是是否为素数的方法很多，最简单的是从素数的定义来求解，其算法思想是：对于 I 从 J=2，3，…，I–1 判断 I 能否被 J 整除，只要有一个能整除，I 就不是素数，否则 I 就是素数。

例6-31　求 100～1000 内的第 10 个素数。

```
SET TALK OFF
CLEAR
K=0
FOR I=100 TO 1000
    FOR J=2 TO I–1
        IF MOD(I,J)=0
            EXIT
        ENDIF
    ENDFOR
    IF    J=I
```

```
            K=K+1
            IF K=10
                EXIT
            ENDIF
        ENDIF
    ENDFOR
?I
RETURN
```

这种算法比较简单，但速度慢。实际上 I 不可能被大于 SQRT(I)的数整除，因此，稍加改进，即只要将内循环语句：

```
FOR J=2 TO I-1
```

改为：

```
    FOR J=2 TO SQRT(I )
```

而相对应的判断条件语句 IF   J=I   要改为 IF   J=INT(SQRT(I))+1 即可。

另外，也可以通过增加状态变量 F,在循环内确定 I 是否为素数，出了循环根据 F 的状态来显示结果，改进的程序如下：

```
SET TALK OFF
CLEAR
K=0
FOR I=100 TO 1000
    F=.T.          &&先假设每个数都是素数，F 的值为.T.
    FOR J=2 TO SQRT(I)
        IF MOD(I,J)=0
            F=.F.              &&I 被 J 整除，则 I 不是素数，将 F 的值改为.F.
        ENDIF
    ENDFOR
    IF F=.T.
        K=K+1
        IF K=10
            EXIT
        ENDIF
    ENDIF
ENDFOR
?I
```

6.5.3 穷举法

"穷举法"也称为"枚举法"，即将可能出现的各种情况一一测试，判断是满足条件，一般采用循环来实现。

例 6-32 把一张一元钞票,换成一分、二分和五分硬币,每种至少 1 枚,问兑换后硬币总数为 50 枚的兑换方案有多少种？

分析：设一分、二分和五分硬币各为 YI、ER、WU 枚，则有：

YI+ER+WU=50

YI+ER*2+WU*5=100

显然三个变量的变化范围为：

YI：1～50

ER：1～50

WU：1～20

程序代码如下：

```
SET TALK OFF
CLEA
N=0
FOR YI=1 TO 50
  FOR ER=1 TO 50
    FOR WU=1 TO 20
      IF   YI+ER+WU=50 AND YI+ER*2+WU*5=100
            N=N+1
      ENDIF
    ENDFOR
  ENDFOR
ENDFOR
? N
SET TALK ON
RETURN
```

在多重循环中，为了提高运行的速度，对程序要考虑优化，有关事项如下：

① 尽量利用已给出的条件，减少循环的重数；

② 合理地选择内、外层的循环控制变量，即循环次数多的放在内循环。

因此，也可以将上题写成如下代码：

```
SET TALK OFF
CLEA
N=0
FOR YI=1 TO 50
  FOR ER=1 TO 50
    WU=50-YI-ER
    IF   YI+ER*2+WU*5=100
      N=N+1
    ENDIF
  ENDFOR
ENDFOR
? N
SET TALK ON
RETURN
```

6.5.4 递推法

所谓"递推"，是指在前一个（或几个）结果的基础上推出下一个结果。在实际问题中，有许多问题没有现成的公式直接推导出结果，而必须采用递推的方法逐步求出结果。

例 6-33 设一个数列的前 3 项都是 1，从第 4 项开始，每一项都是其前 3 项之和。试求出此数列的前 25 项中大于 54321 的项数。

```
SET TALK OFF
CLEAR
STORE 1 TO F1,F2,F3    && 数列的前三项初值均为 1
N=0                    && 符合条件数个数初值
FOR K=4 TO 25
  F=F1+F2+F3           && 后一项都是其前 3 项之和
  IF F>54321
    N=N+1
  ENDIF
  F1=F2                && 新的第一项的值
  F2=F3                && 新的第二项的值
  F3=F                 && 新的第三项的值
ENDFOR
? N
SET TALK ON
RETURN
```

当然，此题若不用上面的方法，也可以通过数组来实现。其代码如下：

```
SET TALK OFF
CLEAR
DIMENSION F(25)              && 定义数组 F
STORE 1 TO F(1),F(2),F(3)    && 数组的前三项初值均为 1
N=0
FOR K=4 TO 25
  F(K)=F(K-1)+F(K-2)+F(K-3)    && 后一项都是其前 3 项之和
  IF F(K)>54321
    N=N+1
  ENDIF
 ENDFOR
? N
SET TALK ON
RETURN
```

6.5.5 求最大值或最小值

在若干个数中求最大值，一般先假设一个较小的数为最大值的初值，若无法估计较小值，则取第一个数为最大值的初值，然后将每个数与最大值比较，若该数大于最大值，将该数替换为最大值，依次逐一比较。

例如，要求 30 个同学计算机考试的最高分，最高分变量的初值应为 0 分或更小。如果设置成 100 分，则程序运行无法得到正确的最高分，为什么？

求最小值的方法同样，仅先假设一个较大的数为最小值。

例 6-34 编写程序，求所有符合算式 IJ*JI=1300 的最大数 IJ（即 I*10+J）。其中 I、J 是 1～9 之间的一位整数。

```
SET TALK OFF
CLEA
MAX=11
FOR I=1 TO 9
  FOR J=1 TO 9
    IF (I*10+J)*(J*10+I)=1300   AND   MAX<I*10+J
        MAX=10*I+J
    ENDIF
  ENDFOR
ENDFOR
? MAX
RETURN
```

例 6-35 求方程 3x-7y=1 在条件|x|<100 且|y|<40 下的所有整数解的|x|+|y|的最小值。

分析：要满足条件|x|<100 且|y|<40 下，那|x|的值最大为 100 且|y|的值最大为 40，显然|x|+|y|最小值的初始值可以设置为 140。

```
SET TALK OFF
CLEAR
MIN=140
FOR X=-99 TO 99
  Y=INT((3*X-1)/7)
  Z=ABS(X)+ABS(Y)
  IF 3*X-7*Y=1 AND ABS(Y)<40 AND Z<MIN
    MIN=Z
    * ? X,Y,Z
  ENDIF
ENDFOR
? MIN
SET TALK ON
RETURN
```

6.5.6 有关数据库的简单程序

例 6-36 编制一个查询学生成绩的程序。要求根据给定的学号找出并显示学生的姓名、性别及各门成绩。

分析：利用 SELECT-SQL 语句实现自动查询。代码如下：

```
OPEN DATABASE 学生学籍管理
USE CJ IN 0
```

```
USE STUDENT IN 0
DO WHILE .T.
    CLEAR
    ACCEPT '输入学号：' TO   MXH
    SELECT STUDENT.学号,STUDENT.姓名, STUDENT.性别,CJ.课程代码,CJ.成绩;
            FROM STUDENT,CJ;
            WHERE STUDENT.学号=CJ.学号  AND   STUDENT.学号=MXH;
            NOWAIT
    WAIT '继续查询？（Y/N）' TO P
    IF UPPER(P)<>'Y'
        USE              &&关闭查询窗口
        EXIT
    ENDIF
ENDDO
CLOSE DATABASE
```

习　题

1. 选择题

(1) 以下赋值语句正确的是 (　　)。

A. STORE　8　TO X，Y　　　　　　　　B. XTORE　8，9 TO X, Y

C. X=8, Y=9　　　　　　　　　　　　D. X, Y=8

(2) 结构化程序设计的三种基本逻辑结构是 (　　)。

　A. 选择结构、循环结构和嵌套结构　　　B. 顺序结构、选择结构和循环结构

　C. 选择结构、循环结构和模块结构　　　D. 顺序结构、递归结构和循环结构

(3) 有关 FOR 循环结构，叙述正确的是 (　　)。

　A. 对于 FOR 循环结构，循环的次数是未知的

　B. FOR 循环结构中，可以使用 EXIT 语句，但不能使用 LOOP 语句

　C. FOR 循环结构中，最好不要人为地修改循环控制变量，否则会导致循环次数出错

　D. FOR 循环结构中，可以使用 LOOP 语句，但不能使用 EXIT 语

(4) 有关 LOOP 语句和 EXIT 语句的叙述正确的是 (　　)。

　A. LOOP 和 EXIT 语句可以定居循环体的外面

　B. LOOP 语句的作用是把控制转到 ENDDO 语句

　C. EXIT 语句的作用是把控制转到 ENDDO 语句

　D. LOOP 和 EW 语句一般写在循环结构里面嵌套的分支结构中

(5) 有关参数传递叙述正确的是 (　　)。

　A. 参数接收时与发送的顺序相同　　　　B. 接收参数的个数必须少于发送参数的个数

　C. 参数接收时与发送的顺序相反　　　　D. 接收参数的个数必须正好等于发送参数的个数

(6) 有关过程调用叙述正确的是 (　　)。

　A. 用命令 DO<proc>　 WTTH　<para　list>调用过程时，过程文件无需打开，就可以调用其中的过程

　B. 用命令 DO<proc>　 WTTH　<para　list> IN <file>调用过程时，过程文件无需打开，就可以调用其中的过程

　C. 同一时刻只能打开一个过程，打开新的过程旧的过程自动关闭

　D. 打开过程文件时，其中的主过程自动调入主存

174

(7) 在 Visual　Foxpro 中，用于建立或修改过程文件的命令是（　　）。

　　A. MODIFY<文件名>　　　　　　　　　B. MODIFY　　COMMAND<文件名>

　　C. MODIFY　PROCEDURE<文件名>

　　D. MODIFY　　COMMAND<文件名>，MODIFY　PROCEDURE<文件名>均对

(8) 顺序执行下列命令：

X=100

Y=8

X=X+Y

?X, X=X+Y

最后一条命令的提示结果为（　　）。

　　A. 100　.F.　　　　　　　　B. 100　.T.　　　　　　　C. 108　.T.　　　　　　　D. 108　.F.

(9) 执行下列程序段后，屏幕上显示的结果是（　　）。

SET TALK OFF

CLEAR

X="18"

Y="2E3"

Z="ABC"

?VAL(X)+VAL(Y)+VAL(Z)

　　A. 2018.00　　　　　　　B. 18.00　　　　　　　C. 20.00　　　　　　　D. 错误信息

(10) 在 Visual FoxPro 中，如果希望一个内存变量只限于在本过程中使用，说明这种内存变量的命令是（　　）。

　　A. PRIVATE　　　　　　　　　　B.PUBLIC

　　C. LOCAL　　　　　　　　　　　D.在程序中直接使用的内存变量(不通过 A，B，C 说明)

2. **写出程序的运行结果**

（1）程序代码如下

```
SET TALK OFF
    STORE 0 TO X,Y
    DO WHILE .T.
        X=X+1
        Y=Y+X
        IF X>=5
            EXIT
        ENDIF
    ENDDO
    ?X,Y
    SET TALK ON
```

运行结果：＿＿＿＿＿＿＿＿＿＿

（2）程序代码如下

```
SET TALK OFF
    CLEAR
    INPUT"N=" TO N
    P=N
    I=1
    DO WHILE N>0
        ? SPACE(I)
```

```
        P=N+I
        DO WHILE P>0
          ??"*"
          P=P-1
    ENDDO
        I=I+1
        N=N-1
ENDDO
SET TALK ON
```

假设输入的数值为 5，则程序的运行结果为：_____

（3）写出程序的运行结果

```
    SET TALK OFF
    A=3
    B=5
    DO SUB1_24 WITH 2*A,B,1
      ?A,B
      SET TALK ON
    RETURN
    PROC SUB1_24
    PARA X,Y,Z
      CLEAR
      S=X*Y+Z
      X=2*X
      Y=Y*2
      ?"S="+STR(S,3)
      ?X,Y
    RETU
    ENDP
    程序运行结果为：_____
```

3. 程序改错

下面的程序中均有几处错误，请根据题意进行修改。

（1）求出 45678 的所有非平凡因子（即除 1 和它本身以外的约数）中奇数的个数。(7)

```
SET TALK OFF
CLEAR
A=45678
N=0
FOR B=3 TO A STEP 2
  IF MOD(B,A)=0
    N=N+1
  ENDIF
ENDFOR
? B
SET TALK ON
RETURN
```

（2）求使得算式 $1/1!+1/2!+\ldots+1/N!$ 的值大于 1.71 的最小的自然数 N。

```
SET TALK OFF
CLEAR
S=0
T=0
FOR N=1 TO 1000
   T=T*N
   S=S+1/T
  IF S>1.71
     LOOP
   ENDIF
ENDFOR
? N+1
SET TALK ON
RETURN
```

（3）已知 24 有 8 个正整数因子(即:1,2,3,4,6,8,12,24)，而 24 正好被其因子个数 8 整除。求[200,300]之间能被其因子数目整除的数中且能被 3 整除的数之和。(1713)

```
SET TALK OFF
CLEA
SUM=0
FOR N=200 TO 300
   S=0
   FOR I=1 TO N
     IF MOD(N,I)<>0
        S=S+1
     ENDIF
   ENDFOR
   IF MOD(N,S)=0 OR MOD(N,3)=0
SUM=SUM+N
ENDIF
ENDFOR
 ?SUM
RETURN
```

4. 程序填空

（1）求 100～999 的水仙花数(一个数的值正好为自身各位立方之和，如：153=1^3+5^3+3^3)的个数。填空完成程序。（保留整数位）

```
SET TALK OFF
CLEA
N=0
FOR I=100 TO 999
      A=INT(I/100)
      B=INT((I−A*100)/10)
      C=MOD(I,10)
      IF A^3+B^3+C**3= _____
        N= _____
      ENDIF
```

```
ENDFOR
?N
RETURN
```

（2）下列程序的功能是：计算 1～13800 之间的偶数之和。请填写合适的命令行，使运行完成其功能。（保留整数位）

```
SET TALK OFF
X=0
S=0
DO WHILE .T.
 X=X+1
DO CASE
    CASE X>13800
     EXIT
    CASE MOD(X,2)_____
    LOOP
    OTHERWISE

    _____
ENDCASE
ENDDO
?S
RETURN
```

（3）下面程序求 1!+3!+5!+…+(2K+1)!，要求在其和大于 5500 时中止程序运行，填空完成程序。（保留整数位）

```
SET TALK OFF
CLEA
I=0
S=0
DO WHILE .T.
 I=I+1
 IF I/2=INT(I/2)

    _____
 ENDIF
 J=1
 SUB=1
 DO WHILE J<=I
     SUB=_____
     J=J+1
 ENDDO
 S=S+SUB
 IF S>5500
     EXIT
 ENDIF
ENDDO
?S
SET TALK ON
```

RETU

(4) 下面程序求在 1，2，3，4，…，500 这 500 个数中的任意选两个不同的数，要求它们的和能被 2 整除的数的总对数（注意：像 3+5 和 5+3 被认为是同一对数）。请完成程序填空。（保留整数位）

```
SET TALK OFF
CLEAR
N=0
I=1
DO WHILE I _____
  J=1
  DO WHILE J _____
      IF MOD(I+J,2)=0
          N=N+1
      ENDIF
      J=J+1
  ENDDO
  I=I+1
ENDDO
?N
SET TALK ON
RETURN
```

5．按要求编写程序

(1) 求[10,1000]内所有能被 6 和 9 中的一个且只有一个数整除的整数的个数。

(2) 已知数列：1,2,4,7,11,16,…，其规律是相邻两项之差依次是 1,2,3,4,5,…。试求出此数列中大于 5000 的最小的项。

(3) 已知一个由分数组成的数列：1/2，3/5，8/13，21/34，…，其特点是：从其中第 2 个分数起，每个分数的分子都是前一分数的分子分母之和而其分母都是其分子与前一分数的分母之和。试求出此数列的前 25 项中其值大于 0.618 的项数。

(4) 一球从 100m 高处落至平地，并且连续多次再反弹再落下，假设每次反弹的高度都是前一高度的 3/4 倍，试求出最小的自然数 N，使得此球从开始下落至第 N 次着地时在垂直方向所经过的总路程超过 678m。

(5) 编写程序，查询"STUDENT.DBF"中指定的记录；首先按学号查询，如果学号出错，再按姓名查询，若找到，则显示该记录；否则，显示提示信息，并由用户决定是重新开始又一次查找还是结束查找。

(6) 对"STUDENT.DBF"表，编写一按学生姓名删除记录的程序，要求：①学生姓名由用户从键盘输入；②删除前确认；③完成一次删除操作后，由用户决定是否继续进行下一次删除操作。

6．简答题

(1) 在 Visual FoxPro 的程序中，共包括哪些基本结构？

(2) 在 Visual FoxPro 的程序中，常用的循环控制方法有哪几种？它们分别适用于哪种情况？

(3) EXIT 和 LOOP 命令的功能是什么？二者有何差别？

(4) 当循环语句与条件选择语句嵌套时，应注意哪些问题？

(5) 在参数传递过程中按值传递和按引用传递的含义是什么？

(6) 在 Visual FoxPro 中，若以变量的作用域来分，内存变量可分为几类？各是什么变量。

(7) 调试器中各子窗口的作用和使用特点是什么。

第7章　表单设计

表单又称为界面或窗体，是 Visual FoxPro 提供的一种功能强大的界面。各种对话框和窗口都是表单的不同表现形式。它可以使用户在简单明了的界面中查看数据或将数据记录输入到表中。本章将介绍面向对象编程有关的概念、表单的操作等内容。

7.1　面向对象程序设计

Visual FoxPro 不仅支持传统的结构化程序设计，而且在语言上还提供了面向对象程序设计的强大功能和更大的灵活性。本节将介绍面向对象程序设计的基础知识、类的概念以及怎么创建类、修改类等面向对象设计的基本方法。

7.1.1　基本概念

哲学的观点认为现实世界是由各种各样的实体（事物、对象）所组成的，每种对象都有自己的内部状态和运动规律，不同对象间的相互联系和相互作用就构成了各种不同的系统，进而构成整个客观世界。同时人们为了更好地认识客观世界，把具有相似内部状态和运动规律的实体（事物、对象）综合在一起称为类。类是具有相似内部状态和运动规律的实体的抽象，进而人们抽象地认为客观世界是由不同类的事物间相互联系和相互作用所构成的一个整体。计算机软件的目的就是为了模拟现实世界，使各种不同的现实世界系统在计算机中得以实现，进而为我们的工作、学习、生活提供帮助。

7.1.1.1　什么是对象

对象（object）是指现实世界中各种各样的实体。它可以指具体的事物也可以指抽象的事物。如：整数 1、2、3、学生、苹果、飞机、规则、表单等。每个对象皆有自己的内部状态和运动规律，如学生具有名字、身高、体重等内部状态。同时还具有吃饭、睡觉、学习等运动规律。在面向对象概念中我们把对象的内部状态称为属性，运动规律称为方法或事件。

7.1.1.2　什么是类

类（class）是具有相似内部状态和运动规律的实体的集合（或统称、抽象）。类的概念来自于人们认识自然、认识社会的过程。在这一程中，人们主要使用两种方法：由特殊到一般的归纳法和由一般到特殊的演绎法。在归纳的过程中，我们从一个个具体的事物中把共同的特征抽取出来，形成一个一般的概念，这就是"归类"；如：昆虫、狮子、爬行动物，因为它们都能动所以归类为动物。在演绎的过程中我们又把同类的事物，根据不同的特征分成不同的小类，这就是"分类"；如动物，猫科动物，猫，大花猫等。对于一个具体的类，它有许多具体的个体，我们就管这些个体叫做"对象"。类的内部状态是指类集合中对象的共同状态；类的运动规律是指类集合中对象的共同运动规律。如：电视机是人们熟悉的电器之一，电视机的品牌多种多样，但不管是哪种品牌的电视机，用户都会使用，国为所有的电视机都具有相同的属性，如电源开关、音量调节和频道选择等。这样我们就可以将所有品牌的电视机看成一个类，即把具有共性的对象划分一个类，得出一个抽象的概念。

7.1.1.3 类的特性：封装、继承和多态性

在面向对象程序设计中，类有三个基本特征：封装性、继承性和多态性，这些特征提高了代码的可重用性和易维护性，下面分别介绍一下这些术语。

（1）封装

在现实生活中，把某样东西放进一个盒子，包起来，使外界不知道其实际内容，这就是一个封装的实例。在 Visual FoxPro 中封装就是信息的隐藏，将对象的方法和属性包装在一起，外界无法看到。例如：听收音机时，我们不需要知道收音机是如何接收到电台的信号，又如何转换为音频输出的，我们只要会打开收音机，调台就可以了。由此可知，封装简化了操作，用户只需集中精力来使用对象的特征，而无需知道对象内部的细节。封装还给代码的安全性带来了很大的好处，因为代码已经被封装在对象中而受到保护。例如：把确定列表框选项的属性和选择某选项时所执行的代码都封装在一个控件里。

（2）继承

继承是类不同抽象级别之间的关系。类的定义主要有 2 种办法：归纳和演绎；由一些特殊类归纳出来的一般类，称为这些特殊类的父类、基类或超类，而特殊类就称为一般类的子类或派生类；同样，父类可以演绎出子类，父类是子类更高级别的抽象。子类可以继承父类的所有内部状态和运动规律。在计算机软件开发中采用继承性，提供了类的规范的等级结构；通过类的继承关系，使公共的特性能够共享，提高了软件的重用性。

（3）多态

多态性是指同名的方法可在不同的类中具有不同的运动规律。在父类演绎为子类时，类的运动规律也同样可以演绎，演绎使子类的同名运动规律或运动形式更具体，甚至子类可以有不同于父类的运动规律或运动形式。不同的子类可以演绎出不同的运动规律。例如：父类"汽车"都可以用来装载"东西"，但在子类"客车"中，装载的是"人"，而在子类"货车"中装载的却是"货物"。

7.1.2 Visual FoxPro 中的类

在 Visual FoxPro 中，内部定义的类叫基类，它是其他自定义类的基础。

7.1.2.1 基类

为了便于进行快速开发，Visual FoxPro 提供了许多的基类，包括控件类和容器类。其中的大部分可以在类设计器中进行可视化设计，一少部分则只能使用代码建立。

Visual FoxPro 的基类如表 7-1 所示。

表 7-1 Visual FoxPro 的基类

类　　型	名　　称	说　　明
控件类	CheckBox	复选框类
	CommandButton	命令按钮类
	ComboBox	组合框类
	EditBox	编辑框类
	Hyperlink Object	超级链接对象类
	Image	图像类
	Label	标签类
	Line	线条类

续表

类 型	名 称	说 明
控件类	ListBox	列表框类
	Shape	形状类
	Spinner	微调控制类
	TextBox	文本框类
控件类	Timer	计时器类
	OLEBoundControl	OLE 绑定控件类。在表单或报表中，OLE 绑定控件允许在表中的通用字段上显示一个 OLE 对象（如来源于 Microsoft Word 或 Microsoft Excel）的内容。与 OLE 容器控件不同，可插入的 OLE 对象没有自己的事件集合
	OLEContainerControl	OLE 容器控件类。OLE 容器控件允许向应用程序中加入 OLE 对象，如 ActiveX 控件
	Separator	分割器类
容器类	Column	表格中的列类。可包含 Header 和除 Form、FormSet、ToolBar、Timer 其他表格列外的任意对象
	CommandGroup	命令按钮组类。可包含 CommandButton 对象
	Container	容器类。可包含任意控件
	Control	控件类。可包含任意控件
	Custom	自定义类。自定义类具有属性、事件和方法，但没有可视的外观，可包含任意控件、PageFrame、Container 和 Custom 对象
	Form	表单类。可以包含任意控件、PageFrame、Container 和 Custom 对象
	FormSet	表单集类。可以包含 Form 和 ToolBar
	Grid	表格类。可以包含 Column 对象
	OptionGroup	选项按钮组类。可以包含 OptionButton 对象
	PageFrame	页框类。可以包含 Page 对象
	Page	页类。可以包含任意控件、Container 和 Custom 对象
	ToolBar	工具栏类。可以包含任意控件、PageFrame 和 Container 对象

所有的 Visual FoxPro 基类都能识别表 7-2 列出的事件和表 7-3 列出的属性。

表 7-2　所有 Visual FoxPro 基类都能识别的事件

事 件	说 明
Init	在对象创建时发生
Destroy	从内存中释放对象时发生
Error	在类的事件或方法过程中出现错误时发生

表 7-3　所有 Visual FoxPro 基类都具有的属性

属 性	说 明
Class	类的类型
BaseClass	类的基类，如 Form、Commandbutton 或 Custom 等
ClassLibrary	存储类的类库
ParentClass	当前类的父类。如果类直接派生于 Visual FoxPro 的基类，则 ParentClass 属性与 BaseClass 属性相同

7.1.2.2　容器类

容器类可以包含其他对象，这种包含通常是多层嵌套。类的分层和容器是两个独立部分，Visual FoxPro 通过类的分层来查找事件代码，而对象在容器分层中进行引用。例如，要操作一个在表单集中表单上的控件，需要确认它在容器分层中的关系，需要引用表单集、表单，然后才是控件。这种引用就像描述一个人的家庭住址，位于某个城市的某条街道的某个门牌号。

例如，要设置当前表单集中表单中的文本框可用，需要提供下列地址：

Formset.Form.TextBox1.Enabled=.T.

又如，如果不知道表单的名称，应用程序对象（_VFP）的 ActiveForm 属性允许操作活动表单事件。下面的代码用于改变活动表单的背景颜色。

_VFP.ActiveForm.BackColor=RGB(255,255,255)

上面的代码都是通过类分层的关系来逐层进行控件调用的，如果这种嵌套非常多时，引用起来比较烦琐，并且这也会影响程序的执行效率，因为 Visual FoxPro 每次都要从顶层进行寻找。为此，Visual FoxPro 提供了一些进行相对引用对象的属性或关键词，如表 7-4 所示。

例如，要从当前表单中位于表格列的控件中设置表格的背景颜色，可以使用下面的直接引用或相对引用语句，比较一下二者的区别。

直接引用：

THISFORM.Pageframe.Page.Grid.BackColor=RGB(255,255,255)

相对引用：THIS.Parent.Parent.BackColor=RGB(255,255,255)

在上面的相对引用语句中，第一个 Parent 使引用到达 Column 容器，第二个 Parent 使引用到达 Grid 容器。

表 7-4　相对引用对象的属性或关键词

属性或关键词	引　用
Parent	引用当前对象的容器
THIS	引用当前对象
THISFORM	引用包含当前对象的表单
THISFORMSET	引用包含当前对象的表单集

7.1.2.3　控件类

控件类的封装比容器类更为严密，但也因此丧失了一些灵活性。在该"类"中不能包含其他类，最典型的控件类就是命令按钮。容器类虽然在引用时可以视为一个整体，但无论是在设计阶段还是在运行阶段，其所包含的对象都是可以识别并可以单独操作的。

7.1.3　Visual FoxPro 中类的操作

在 Visual FoxPro 面向对象程序设计中，类库是利用 Visual FoxPro 提供的专门类设计器来帮助设计和管理类。使用类设计器可以用可视化的方式建立类，建立的类将被包含在一个指定类库文件（.vcx）中，而使用代码建立的类则是包含在程序文件（.prg）中。

在 Visual FoxPro 中，主要有以下三种创建类的方法：

① 在项目管理器中，选择【类】选项卡，并单击【新建】按钮，如图 7-1 所示；

② 选择 Visual FoxPro 【文件】菜单下的【新建】菜单项，并在出现的【新建】对话框中选择【类】单选按钮，然后单击"新建文件"按钮，如图 7-2 所示；

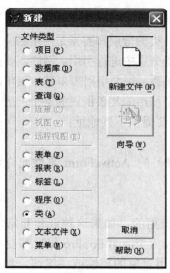

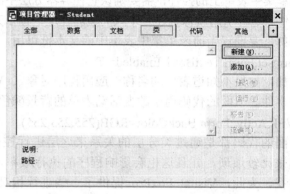

图 7-1　使用项目管理器创建类　　　　　图 7-2　使用新建对话框创建类

③ 在命令窗口中用 CREATE CLASS 命令创建类。

CREATE CLASS 命令的语法格式如下：

CREATE CLASS ClassName | ? [OF ClassLibraryName1 | ?]

　　[AS cBaseClassName [FROM ClassLibraryName2]] [NOWAIT]

其中，ClassName 指定要创建的类定义的名称；第一个和第二个"?"都用于显示【新建类】对话框；ClassLibraryName1 指定要创建的可视化类库的文件名称，如果类库文件已经存在，则可在其中添加类定义；AS cBaseClassName 指定要创建类的基类，可以是除了 Column 和 Header 之外的任何 Visual FoxPro 基类，如果包含指定类库名的 FROM ClassLibraryName2 子句，并且这个类库中包含有 cBaseClassName 指定的用户自定义类，则可以建立基于 cBaseClassName 的子类；NOWAIT 在类设计器打开之后继续程序的执行。

前两种方式都会直接打开【新建类】对话框。在 CREATE CLASS 命令中如果使用了"?"，也会打开【新建类】对话框。在该对话框中，可以在"类名"文本框中输入类名，在"派生于"下拉列表框中选择基类，在"存储于"文本框中输入存储新类的类库名称和位置。

在进行如图 7-3 所示的设置后，单击 OK 按钮将在 MyLibrary 类库中建立一个名为 BoyStudent

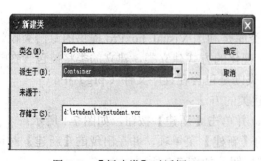

图 7-3　【新建类】对话框　　　　　　　　　图 7-4　类设计器

的容器类，并打开【类设计器】窗口，如图 7-4 所示。也可以使用 CREATE CLASS 命令直接指定类和类库名称，打开类设计器窗口，如：

CREATE CLASS BoyStudent OF MyLibrary AS Container

7.1.4　为控件或容器类添加对象

在类设计器中，可以通过"表单控件"工具栏和"属性"窗口等工具定制类的内容和外观。如果新类基于控件或容器类，则可以向其中添加控件。可以在"表单控件"工具栏中选择控件按钮，然后在"类设计器"中拖放出控件的大小。例如，单击工具栏上的■按钮，可以在类设计器中添加一个命令按钮控件对象。

7.1.5　为类添加成员和定义事件

可以根据需要向类中添加属性、方法和定义事件过程，这些属性和方法程序属于类，而不属于类的单个组件。

7.1.5.1　为类添加属性

① 在打开"类设计器"的情况下，单击【类】菜单中的【新建属性】菜单项，将打开【新建属性】对话框，如图 7-5 所示。

② 可以在"名称"文本框中输入新建属性名。

③ 在"可视性"下拉列表中指定属性的可视性，包括：公共、保护和隐藏 3 种类型。默认为公共，表示可在应用程序的任何位置访问该属性；如果设置为保护则属性只能被该类定义内的方法程序或该类的子类所访问；如果设置为隐藏则属性只能被该类的定义内成员所访问，该类的子类不能看到或引用它们。

④ 可以指定属性是否具有访问方法、赋值方法或同时具备这两个方法。访问/赋值方法允许在请求/修改属性值时，执行相应的程序代码。

⑤ 可以在"说明"文本框中输入属性描述文本，当把类加入到类设计器的表单设计器中时，此描述文本将显示在属性窗口的底部。如果属性可由用户设置，输入描述文本是很必要的。

⑥ 设置完毕后，单击"添加"按钮将属性添加到类中。

属性被添加到类中后，如果要改变其数据类型，可以在"属性"窗口中找到该属性。如果在属性值中输入 0 或其他数字表示为"数值"型，也可以输入小数位数，如 0.00；如果属性值为空，表示为"字符"型；如果输入.F.或.T.，表示为"逻辑"型。

7.1.5.2　为类添加新方法

① 在打开"类设计器"的情况下，单击【类】菜单中的【新建方法程序】菜单项，将打开【新建方法程序】对话框，如图 7-6 所示。

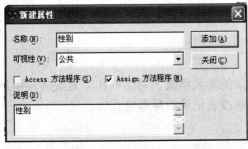

图 7-5　【新建属性】对话框

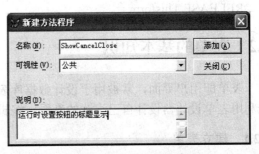

图 7-6　【新建方法程序】对话框

② 在"名称"文本框中输入要添加方法的名称。

③ 指定方法的可视性：公共、保护和隐藏。

④ 在"说明"文本框中输入方法的描述文本。

⑤ 单击"添加"按钮将方法添加到类中。

⑥ 为方法编写代码。所添加的 ShowCancelClose 方法用于在运行时设置按钮的标题显示，该方法可以接收一个"数值"型参数。在"属性"窗口中双击 ShowCancelClose 方法，打开代码编辑器，在其中添加如下代码：

```
LPARAMETERS nIsCancelClose
IF VARTYPE(nIsCancelClose)#"N"            &&检测传递的参数类型
    MESSAGEBOX("参数类型错误！",0+48,"提示")
    RETURN
ENDIF
DO CASE
    CASE nIsCancelClose=0
        This.Command1.Caption="取消"
    CASE nIsCancelClose=1
        This.Command1.Caption="关闭"
    OTHERWISE
        MESSAGEBOX("参数错误！可以传递的参数为 0 或 1。",0+48,"提示")
ENDCASE
```

7.1.5.3　为类定义事件

用户不能为类添加事件，只能定义事件过程的处理方式。例如，如果要设计 Cancel 类在启动时将按钮的标题默认地显示为 Command1，无论 IsCancelClose 自定义属性如何设置，Visual FoxPro 都不会理会。这时可以在类的 Init 事件中来处理这个问题，在对象初始化时根据设置的 IsCancelClose 值来决定要显示的按钮标题，代码如下：

```
IF This.IsCancelClose=0
    This.Command1.Caption="取消"
ELSE
    This.Command1.Caption="关闭"
ENDIF
```

在 Command1 的 Click 事件中添加下列代码，用于在单击按钮时关闭基于该类的对象所在的表单。

```
RELEASE Thisform
```

7.2　表单的基本知识

表单即用户界面，常被用于设计数据库表记录的输入格式、对话框和工具条等。用户可以利用表单设计器设计自己喜欢的查看、编辑和修改记录的屏幕格式等。

7.2.1　建立表单

在 Visual FoxPro 中，可以用以下任意一种方法生成表单：

① 使用表单向导；

② 使用"表单设计器"；

③ 在"表单设计器"中，通过选择【表单】菜单上的【快速表单】来创建一个通过添加控件来定制的简单表单。

为管理建立的表单，后面所建立的表单都存放在"D：\学生管理系统\表单"文件夹下。

7.2.1.1　表单向导

利用表单向导创建的表单，具有对用户指定表文件的游览、编辑、查找和打印等功能。

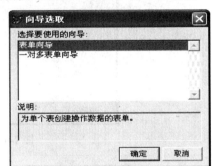

用表单向导建立表单又分为两种方式：针对一个表文件的"表单向导"与针对两个表文件的"一对多表单向导"。

用向导建立表单的操作步骤如下：

选择【文件】|【新建】|【表单】|【向导】。

当出现如图 7-7 所示的【向导选取】对话框时。在【选择要使用的向导】列表框中选择【表单向导】，并按【确定】按钮。

出现【表单向导】对话框时，按照向导的指引，一步一步完成表单的创建。

图 7-7　【向导选取】对话框

下面以建立"学生基本情况信息"表单为例说明使用向导建立表单的方法。

操作步骤如下：

① 选择【文件】|【新建】|【表单】|【向导】。

② 当出现如图 7-7 所示的【向导选取】对话框时。在【选择要使用的向导】列表框中选择【表单向导】，并按【确定】按钮。

③ 系统将显示【表单向导】的"步骤 1-字段选取"对话框。如图 7-8 所示。在【数据库和表】列表中选取"学生基本情况"表，则"学生基本情况"表中的字段出现在【可用字段】列表框中。依次单击 ▶ 按钮，设置好选定字段。

④ 单击【下一步】按钮。弹出【表单向导】的"步骤 2-选取表单样式"对话框，如图7-9 所示。

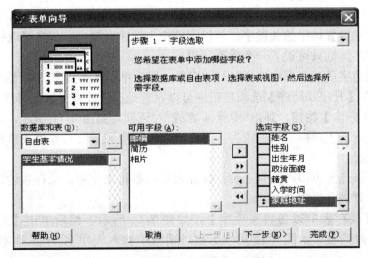

图 7-8　"步骤 1-字段选取"对话框

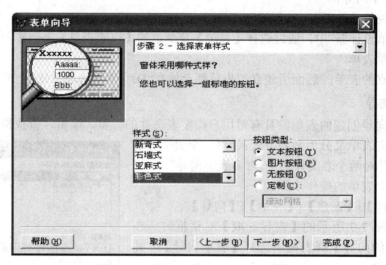

图 7-9 "步骤 2-选取表单样式"对话框

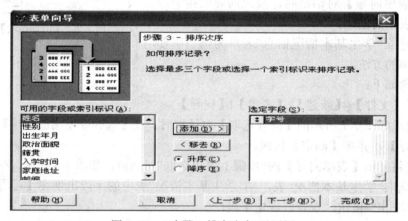

图 7-10 "步骤 3-排序次序"对话框

在这一步骤中可以选择表单的样式及按钮类型。

⑤ 单击【下一步】按钮,弹出【表单向导】的"步骤 3-排序次序"对话框,如图 7-10 所示。

这一步骤要求设置排序的关键字。若以字段作为排序关键字,最多可选择 3 个字段;若以索引标识来排序,则只可设置一个索引标识。

在对话框左边字段列表框中选择"学号"字段,然后单击【添加】,则"学号"出现在"选定字段"列表中;在【升序和降序】选项按钮中可以设置是按升序还是降序排序。

⑥ 单击【下一步】按钮,弹出"步骤 4-完成"对话框。如图 7-11 所示。这一步可以设置表单标题,即显示在表单标题栏的内容,如不设置,则取表单文件作为表单标题。此例设置为:学生基本情况。

这一步还可以选择出口,共有三种:保存表单以备将来使用;保存并运行表单;保存表单并用表单设计器进行修改表单。

这里选择【保存表单以备将来使用】,如图 7-11 所示,然后单击【完成】按钮,将出现【另存为】对话框,如图 7-12 所示。在对话框中输入表单名"学生基本情况",按【保存】命令按钮。

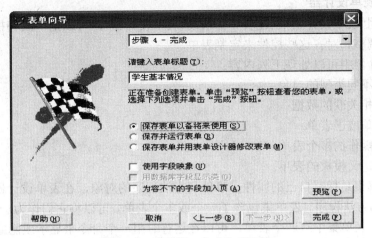

图 7-11　"步骤 4-完成"对话框

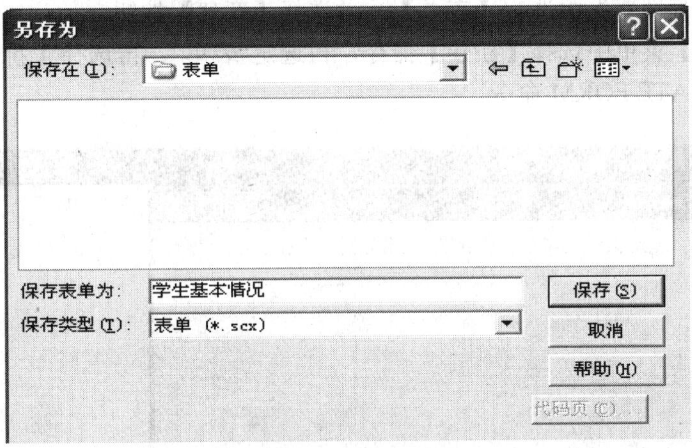

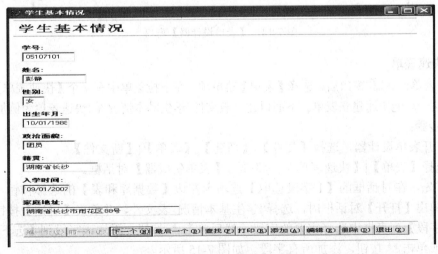

图 7-12　"另存为"对话框

这样，就建立了一个名为【学生基本情况】的表单，如图 7-13 所示。用向导建立的表单有一套标准的按钮，并已赋予了功能，利用这些按钮可以浏览、编辑、添加和删除记录。

图 7-13　【学生基本情况】表单

7.2.1.2 使用"表单设计器"

还可以使用"表单设计器"创建表单。借助"表单设计器"，可以把字段和控件添加到表单中，并且通过调整和对齐这些控件来定制表单。

在表单设计器中可以处理下列内容：

① 表单中不同类型的对象；

② 与表单相关联的数据；

③ 顶层表单或子表单；

④ 能一起操作的多个表单；

⑤ 基于自定义模板的表单。

表单和表单集是拥有自己的属性、事件和方法程序的对象，在表单设计器中可以设置这些属性、事件和方法程序。表单集包含了一个或多个表单，可以将它们作为一个整体来操作。例如，如果一个表单集中有四个表单，可以在运行时用一个命令来显示或隐藏它们。

可以用如下的三种方法之一打开表单设计器(如图 7-14 所示)：

① 在【项目管理器】中选定【表单】，并选择【新建】按钮；

② 在【文件】菜单中选择【新建】命令，再选定"表单"，再选择【新建文件】按钮；

③ 使用 CREATE FORM 命令。

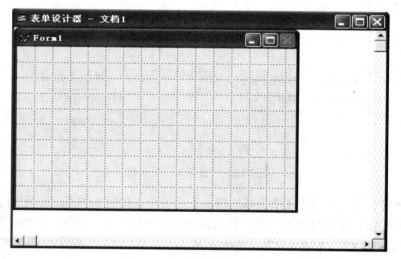

图 7-14 【表单设计器】窗口

7.2.1.3 快速表单

打开"表单设计器"窗口后，选择【表单】菜单项，在下拉菜单中有一个【快速表单】菜单项，可以利用这一功能快速建立表单。下面以建立表文件"学生基本情况"的快速表单为例加以说明。

操作步骤：

① 打开表单设计器，选择【文件】|【新建】|【表单】|【新文件】。

② 选择【表单】|【快速表单】，将弹出【表单生成器】对话框。

③ 首先，在对话框的【1.字段选取】选项卡左边【数据库和表】的选择按钮···上单击鼠标，当弹出【打开】对话框时，选择"学生基本情况"表文件，并单击【确定】按钮；其次，在【可用字段】列表框中选择需要的字段，然后单击 ▶ 按钮，添加该字段到【选下字段】列表框中；或单击 ▶▶ 按钮，添加所有字段。如图 7-15 所示。

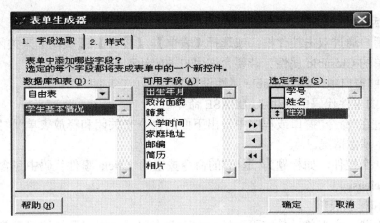

图 7-15　表单生成器中字段的选取

④ 选择【2.样式】选项卡，为要添加的控件选择一种样式，单击【确定】按钮。

⑤ 保存表单，单击常用工具栏的 ![按钮] 按钮，在弹出"另存为"对话框中为表单命名。如，xdqkbd 单击"保存"即创建成功。

运行表单将会看到表单中显示出"学生基本情况"的第一条记录。

7.2.2　表单操作

7.2.2.1　保存表单

用"表单设计器"设计好表单后，可以将表单保存在磁盘上，保存表单有多种方法，这里介绍常用的几种。

① 使用菜单：选择【文件】|【保存】；

② 使用常用工具栏：按常用工具栏的 ![按钮] 按钮；

③ 按组合键：Ctrl+W。

无论用上述哪种方法保存文件，都会在指定文件夹或默认文件夹下产生两个主文件名相同，扩展名分别为.scx 和.sct 的表单文件和表单备注文件。

7.2.2.2　表单的运行和退出

（1）运行表单

保存表单后，可以运行该表单，看它是如何工作的。运行表单的方法也有多种，下面介绍常用的三种。

① 使用菜单：选择【程序】|【运行】，在弹出对话框的"文件类型"中选择表单，再选择要执行的表单文件，最后单击"运行"按钮。

② 使用常用工具栏：当某个表单设计器的窗口处于活动状态时，常用工具栏的 ![按钮] 按钮将处于活动状态，此时单击此按钮即可运行当前表单。

③ 从程序中运行表单：若想在程序中运行表单，需要在与事件相关联的代码、方法程序代码或在程序或过程中包含 DO FORM 命令。

格式：DO FORM FormName | ? [WITH cParameterList] [TO] VarName

参数描述：

FormName：指定需要运行的表单文件名，可以包含路径。

cParameterList：需要传递到表单的参数列表。

VarName：指定该表单运行结束时用于接收返回值的变量名。

（2）关闭活动的表单

若想允许用户通过双击控件框，或选择【表单】|【控件】|【关闭】来关闭活动的表单，则需要设置表单的 Closable 属性。若要允许用户关闭活动表单，可以：

① 在"属性"窗口中，将 Closable 属性设置为"真"（.T.）；

② 在相应的事件代码中使用 RELEASE 命令。

例如，通过在"命令"窗口或程序中发出下面的命令来关闭和释放表单"学生基本情况"：**RELEASE** 学生基本情况。

也可以在一个控件，如标题为"退出"的命令按钮的 Click 事件代码中包含下面的命令：**THISFORM.Release**。

（3）隐藏和释放表单

用户可以隐藏一个表单，使它不可见。在隐藏表单后，用户不能访问表单上的控件，但仍可以用程序完全控制它们。

若要隐藏表单，可使用 Hide 方法。例如，在与命令按钮的 Click 事件相关的代码中，可以包含下面一行代码：**THISFORM.Hide**。

当用户单击命令按钮时，表单仍在内存中，但不可见。

7.2.2.3　修改表单

若对设计的表单不满意，可以对其进行修改，采用下述方法可进入表单修改状态。

① 使用命令：MODIFY　FORM　<表单文件名>

② 使用菜单：选择【文件】|【打开】，在弹出对话框的"文件类型"中选择表单，再选择要修改的表单文件，最后单击"确定"按钮。

7.2.3　表单的数据环境

每一个表单或表单集都包括一个数据环境（Data Environment）。数据环境是一个对象，它包含与表单相互作用的表或视图，以及表单所要求的表之间的关系。可以在"数据环境设计器"中直观地设置数据环境，并与表单一起保存。

在表单运行时，数据环境可以自动打开、关闭表或视图。而且，通过设置"属性"窗口中 ControlSource（指定与对象对立联系的数据源）属性设置框，在这个属性框中列出了数据环境中的所有字段，数据环境将帮助设置控件用的 ControlSource 属性。

7.2.3.1　常用数据环境属性

表 7-5 所列是在属性窗口中经常设置的数据环境属性。

表 7-5　常用数据环境属性

属　性	说　明	默认设置
AutoCloseTable	控制当释放表、表单或报表时，由数据环境所指定的表或视图是否关闭	真（.T.）
AutoOpenTable	控制当释放表、表单或报表时，由数据环境所指定的表或视图是否打开	真（.T.）
InitialSelectedAlias	在数据环境加载时指定与某个临时表对象相关的某个别名是否为当前别名	设计时为" "。如果没有指定，在运行时首先加到"数据环境"中的临时表最先被选定

7.2.3.2　向数据环境设计器中添加表或视图

向数据环境设计器中添加表或视图时，可以看到属于表或视图的字段或索引。若要向数据环境中添加表或视图，可以按如下步骤来进行：

① 在"表设计器"中，单击【显示】|【数据环境】菜单，打开"数据环境设计器"；

② 从【数据环境】菜单中选择【添加】，在弹出来的【打开】对话框中选择表或视图即可添加表或视图到数据环境设计器中，如图 7-16 所示。

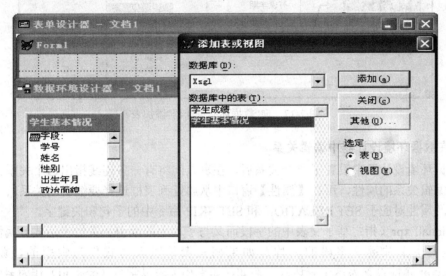

图 7-16　向数据环境设计器中添加表或视图

在关闭了【添加表或视图】对话框后，若还想向"数据环境"中添加表或视图，可采用以下方法之一：

① 在【数据环境设计器】中右击，打开数据环境的快捷菜单，从中选择【添加】菜单项，将【添加表或视图】对话框再次打开，添加方法与上述相同。

② 在"数据环境设计器"处于激活状态时，系统菜单上会有【数据环境】菜单，可以单击【数据环境】|【添加】将【添加表或视图】对话框再次打开。

③ 将要添加的表或视图从打开的项目或"数据库设计器"拖放到"数据环境设计器"中。

7.2.3.3 从数据环境设计器中移去表

当将表从数据环境中移去时，与这个表有关的所有的关系也随之移去。若要将表或视图从数据环境设计器中移去，可以在"数据环境设计器"中选择要移去的表或视图；或在【数据环境】快捷菜单中选择【移去】命令。

7.2.3.4 在数据环境设计器中设置关系

如果添加进"数据环境设计器"的表具有在数据库中设置的永久关系，这些关系将自动地加到数据环境中。如果表中没有永久的关系，可以在"数据环境设计器"中设置这些关系。

要在"数据环境设计器"中设置这些关系，可以将字段从主表拖到相关表中的相匹配的索引标识上。也可以将字段从主表拖到相关表中的字段上。如果和主表中的字段对应的相关表中没有索引标识，系统将提示是否创建索引标识。

① 先向表单的"数据环境设计器"添加两个表，如图 7-17 所示。

② 按"学号"字段设置"学生基本情况"表与"学生成绩"表的一对多关系：在"数据环境设计器"中的"学生基本情况"表中选择"学号"字段并将其拖到"学生成绩"表的"学号"字段上。

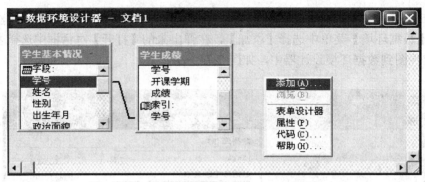

图 7-17　向"数据环境设计器"添加表

7.2.3.5　在数据环境设计器中编辑关系

在数据环境设计器中设置了一个关系后，在表之间将有一条连线指出这个关系。

若要编辑关系的属性，可在【属性】窗口中从属性列表框选择要编辑的关系。

关系的属性对应于 SET RELATION 和 SET SKIP 命令中的子句和关键字。

RelationalExpr（指定基于父表中的字段而又与子表中的索引相关的表达式）属性的默认设置为主表中主关键字字段的名称。如果相关表是以表达式作为索引的，就必须将 RelationalExpr 属性设置为这个表达式。例如，如果相关表以学号（cust_id）作为索引，就必须将 RelationalExpr 属性设置为学号（cust_id）。

如果关系不是一对多关系，必须将 OneTOMany 属性（指定是否只有在子表中遍历了所有相关记录之后才移动父表记录的记录指针）设置为"假"（.F.）。这对应于使用 SET RELATION 命令时不发出 SET SKIP 命令。

将关系的 OneToMany 属性设置为"真"（.T.），相当于发出 SET SKIP 命令。当浏览父表时，在记录指针浏览完子表中所有的相关记录之前，记录指针一直停留在同一父记录上。

注意：如果在表单或表单集中想设置一对多关系，必须将 OneToMany 属性设置为"真"（.T.），甚至在数据库中已经建立了永久一对多关系时也必须如此。

7.2.4　表单中对象的属性设置

所谓属性是指控件、字段或数据库等对象的特性。可以对属性进行设置，用于定义对象的特征或某一方面的行为。当新建一个表单，又没有选择其他控件时，属性窗口中显示出表单的所有属性，表单的属性取不同的值，表单将会有不同的特征。例如，Visible 属性影响一个控件在运行时是否可见；Enabled 属性影响一个控件在运行时是否可操作；若设置表单的属性 BackColor 属性值为 128，255，255，则表单的背景将变为淡蓝色。属性值可以在设计时指定也可以在运行时通过程序对其进行赋值修改。在设计时指定是指通过"属性"对话框来修改一个对象的属性。图 7-18 所示的为表单属性设置对话框，也称为属性窗口。

7.2.4.1　属性窗口

属性窗口自上至下依次包括对象组合框、选项卡、属性设置框、属性列表和属性说明信息 5 个部分。下面分别说明这些部分。

（1）对象组合框

对象组合框包含当前表单、表单集及全部控件的列表，用户可在列表中选择表单或控件，这和在表单窗口选定对象的效果是一致的。

（2）选项卡

属性窗口中包括 5 个选项卡，分别用来显示对象的属性、事件、方法程序等选项，选项按字母顺序排列。

① 全部选项卡：列出全部属性、事件和方法程序。

② 数据选项卡：列出显示或操作数据的属性。

③ 方法程序选项卡：列出方法程序与事件。这两者都是对象的程序，它们的区别在于，带 Event 后缀的选项是事件，否则就是方法程序。例如在表单对象的方法程序选卡中，选取项 ClickEvent 表示单击事件，选项 Circle 则表示画圆方法程序。

④ 布局选项卡：列出位置、大小等属性。

⑤ 其他选项卡：列出类信息和用户自定义属性等。

上述选项卡中，除全部选项卡外的 4 个选卡都是分类选项卡，用户既可在全部选项卡中查找所要的选项，也可在分类选项卡中查找选项。

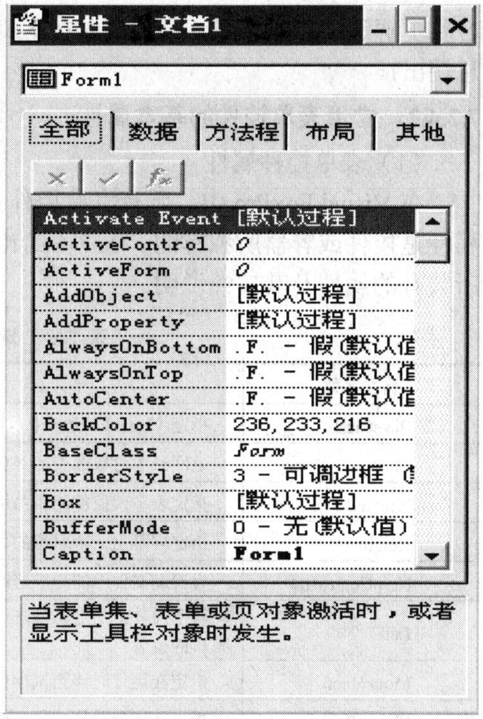

（3）属性设置框

图 7-18　属性窗口的组成

属性设置框可能是文本框或组合框，用于更改属性值。不同属性设置方法也不尽相现，基本有以下 3 种设置方法。

① 当属性窗口的属性设置框，只出现一个编辑框，右边还没有其他按钮时，可以直接输入属性值，然后单击 ✔ 按钮，或按回车键；

② 当属性窗口的属性设置框，出现一个编辑框，右边还出现一个 … 按钮时，可以直接输入属性值，然后单击 ✔ 按钮，或按回车键；

③ 当属性窗口的属性设置框，出现一个下拉列表框，单击下拉列表框按钮，在下拉列表框中选择属性值。

属性设置框左侧有 3 个按钮，它们的功能说明如下。

① 确认按钮（ ✔ ）。在属性设置文本框中输入属性值后，单击此按钮可确认对属性的更改，这与按回车键作用相同。

② 取消按钮（ ✘ ）。当属性设置文本框中已输入属性值，但尚未确认时，用些按钮可取消刚才的输入值，并恢复以前的值。

③ 函数按钮（ f_x ）。用于打开表达式生成器，供设置一个表达式，该表达的值将作为属性值。对于用表达式设置的属性，在属性值之前会自动插入一个等号（=）。

（4）属性列表

属性列表的每一行包含两列，分别显示属性的名字与它的当前值。

选定某属性后即可更改属性值，更改过的属性仍可恢复默认值，只要选定该属性后，在快捷菜单中选定"重置为默认值"命令即可。注意，以斜体字显示的选项表示只读，用户不能修改；用户修改过的选项将以黑体显示。

（5）属性说明信息

在属性列表中选定某属性和事件或方法程序后，属性窗口的底部即简要地显示它的含义：

195

若要了解进一步的信息，可在此时按 F1 键显示帮助信息 (如果没有安装帮助，则没有帮助信息调出)。

7.2.4.2 常用表单控件的基本属性

（1）表单控件属性

在 Visual FoxPro 中，所有表单控件都有属性。其中有些属性是一般控件都具有的，有些属性是控件或容器所独有的。表 7-6 给出了 Visual FoxPro 常用可视表单控件和常用可视容器所共有的属性及其属性说明。

表 7-6 常用表单对象的基本属性

属性名称	属性说明
BaseClass	指定 Visual FoxPro 中基类的类名，被引用的对象由此基类派生得到
Class	返回派生对象的类的类名
Enabled	指定表单或控件能否由用户相应的操作引发事件
Height	指定屏幕上一个对象的高度
HelpContextID	为帮助文件中的一个帮助主题指定上下文标识，以提供与上下文相关的帮助
Left	对于控件，指定其最左边与其你对象的位置；对于表单，指定表单的最左边与 Visual FoxPro 主窗口的位置
MouseIcon	指定在运行时该当鼠标位于对象的某一特定部分时用作自定义鼠标指针的光标文件
MousePointer	指定在运行时刻当鼠标位于对象的某一特定部分时鼠标指针的形状
Name	指定在代码中用以引用对象的名称
Parent	调用一个控件的容器对象
ParentClass	返回派生当前对象的父类的类名
Top	对于控件，指定其顶边相对于父对象顶边的距离；对于表单对象，指定表单的顶边相对于 Visual FoxPro 主窗口顶边的距离
Visible	指定控件是可见还是隐藏，其值为逻辑真时为可见，为逻辑假时隐藏
Width	指定对象（控件）的宽度

（2）表单对象的属性

表单由控件、容器等对象组成。每个对象都有自己的属性，对象的属性是独立存在的，可以分别定义每个对象的属性。对象的属性设置可以有两种方法：一种是在设计表单时设置对象的属性，另一种方法是在表单运行时设置表单对象的属性。在运行时设置表单对象的属性，必须在设计表单时就将要设置的属性名及属性值通过程序的方式加以定义。

① 在设计表单时设置对象的属性。打开【属性】对话框会显示选定对象的属性或事件。如果选择了多个对象，则这些对象共有的属性将显示在【属性】对话框中。要编辑另一个对象的属性或事件时，可在【对象】框中选择这个对象，或者直接在表单中选择这个对象。

若要设置属性，则可首先在【属性】对话框的【属性和事件】列表中选择一个属性，然后在【属性设置】框中为选中的属性键入或选择需要的设置。

注意：那些在设计时为只读的属性，例如，对象的 Class 属性，在【属性】对话框的【属性和事件】列表框中将以斜体显示。

如果属性要求输入字符值，则不必用定界符。

通过“属性”对话框可以将属性设置为表达式或函数的结果。若要用表达式设置属性，可以：

a. 在【属性】对话框中通过单元【函数】按钮来打开【表达式生成器】。

b. 在【属性设置】框中键入"="号，并在后面键入表达式。

例如，如果想设置表单的 Caption 属性，使它在运行表单时能够指示当前的活动表，则可在"属性设置"框中键入：=Alias（）。

在【属性】对话框中设置一个属性表达式，并在运行时刻或设计时刻初始化对象时，才对这个属性表达式进行求值。

如果将属性设置为用户自定义函数的结果，那么当设置或修改这个属性，以及运行表单时，对这个函数进行求值。如果用户自定义函数出现错误，则有可能打不开这个表单。此外，也可以在对象的 Init 事件中将属性设置为用户自定义函数，如：This.Caption＝myfunction( )。

如果用户自定义函数出现错误，则虽然不能运行表单，但可以修改它。

如果要指定表单的图标，则将表单的 Icon 属性设置为一个.ICO 文件的文件名。

在【表单设计器】中设计表单时，表单是"可视"的。除非 Visible（指定对象是可见还是隐藏）属性设置为.F.，对表单的外观和行为的修改将立刻在表单上反映出来。如果将 WindowState 属性设置为 0（普通）、1（最小化）或 2（最大化），则表单设计器中的表单会立即体现这一设置。如果将 Movable 属性设置为.F.，那么不但用户在运行时不能移动表单，即使在设计时也不能移动它。因此应该在设置那些决定表单行为的属性之前，先完成表单的功能设计，并添加所有需要的控件。 表 7-7 列出了在设计时常用的表单属性，它们定义了表单的外观和行为。

表 7-7 设计时常用的表单属性

属性名称	属性说明
Caption	指定对象的标题（显示时标识对象的文本）
Name	指定对象的名字（用于在程序中引用对象）
foreColor	指定对象中的前景色（文本和图形的颜色）
BackColor	指定对象内部的背景色
BorderStyle	指定边框样式为无边框，单线框样式等
AlwaysOnTop	是否处于其他窗口之上
AutoCenter	是否在 Visual FoxPro 主窗口内自动居中
ScaleMode	指定坐标单位
Closable	标题栏中关闭按钮是否有效
Controlbox	是否取消标题栏的图标和其他按钮
MaxButton	是否有最大化按钮
MinButton	是否有最小化按钮
Movable	运行时表单能否移动
WindowState	指定运行时表单最大化还是最小化还是不变
Icon	设置表单左上角的小图标

② 在运行时设置表单中对象的属性。若想在运行时对一个对象的属性设置，首先需要确定它和容器层次的关系，只有在确定关系后方可通过下述格式设置属性。控件的容器、控件名、属性（或方法）由点号（.）分隔。

格式：Objectvariable.[form.]control.property=setting

表 7-8 列出的属性或关键字使在对象层次上引用对象变得更容易。

表 7-8　用于对象引用的属性和关键字

属性或关键字	引　用	属性或关键字	引　用
ActiveControl	当前活动表单中具有焦点的控件	THIS	对象或对象的过程或事件
ActiveForm	当前活动表单	THISFORM	包含对象的表单
ActivePage	当前活动表单中的活动页	THISFORMSET	包含对象的表单集
Parent	对象的直接容器		

可在表单或表单集中使用 THIS、THISFORM 和 THISFORMSET 引用对象。

表 7-9 给出了使用 THISFORMSET、THISFORM、THIS 和 Parent 设置对象的示例。

表 7-9　**THISFORMSET、THISFORM、THIS 和 Parent 设置示例**

命令示例	包含命令的地方
THISFORMSET.Frm1.cmd1.Caption="OK"	可用于表单集中除 frm1 对象之外表单集中任何控件的事件或方法程序代码中
THISFORM.cmd1.Caption="OK"	在表单中除 cmd1 之外任何控件的事件或方法程序代码
THIS.Caption="OK"	当前控件的事件或方法程序代码
THIS.Parent.BackColor=RGB(190，0，0)	处理表单上当前控件的容器对象

表单在运行时也可以使用表达式或函数来设置属性。若要在运行时将属性设置为表达式，可为属性指定一个表达式，或者为属性指定一个用户自定义函数的结果。例如，建立一个"属性设置示例"表单，根据一个变量的不同值，将 Command 命令按钮的标题设置为【添加】或【保存】。

首先在表单的 Init Event 事件中声明这个变量：

PUBLIC glediting

Glediting=.F.

然后命令按钮的 Click Event 事件中，包含如下代码：

glediting=IIF(glediting,.F.,.T.)　　&&当点击事件发生时，变量值发生变化

this.caption=iif(glediting,"保存","添加")

③ 同时设置一个对象的多个属性。可以同时为一个对象设置多个属性，此时可使用 WITH…ENDWITH 结构。例如，对于上面例子中的命令按钮，在标题名称变化时还要使它们的宽度、字体、字体风格、背景颜色变化，可在命令按钮的 Click Event 方法程序代码中包含下面的语句：

glediting=IIF(glediting,.F.,.T.)

WITH This

　　.Caption=IIF(glediting,"保存","添加")

　　.Width=IIF(glediting,75,100)

　　.FontName=IIF(glediting,"宋体","黑体")

　　.FontBold=IIF(glediting,.F.,.T.)

　　.ForeColor=IIF(glediting,RGB(0,0,0),RGB(0,128,255))

ENDWITH

7.2.5　创建单文档和多文档界面

Visual FoxPro 允许创建两种类型的应用程序。

① 单文档界面（SDI）应用程序由一个或多个独立窗口组成，这些窗口均在 Windows 桌面上单独显示。Microsoft Exchange 即是一个 SDI 应用程序的例子，在该软件中打开的每条消息均显示在自己独立的窗口中。

② 多文档界面（MDI）各个应用程序由单一的主窗口组成，且应用程序的窗口包含在主窗口中或浮动在主窗口顶端。Visual FoxPro 基本上是一个 MDI 应用程序，带有包含于 Visual FoxPro 主窗口中的命令窗口、编辑窗口和设计器窗口。

由单个窗口组成的应用程序通常是一个 SDI 应用程序，但也有一些应用程序综合了 SDI 和 MDI 的特性。例如，Visual FoxPro 将调试器显示为一个 SDI 应用程序，而它本身又包含了自己的 MDI 窗口。

为了支持这两种类型的界面，Visual FoxPro 允许创建以下几种类型的表单。

① 子表单。包含在另一个窗口中，用于创建 MDI 应用程序的表单。子表单不可移至父表单（主表单）边界之外，当其最小化时将显示在父表单的底部。若父表单最小化，则子表单也一同最小化。

② 浮动表单。属于父表单（主表单）的一部分，但并不是包含在父表单中。而且，浮动表单可以被移至屏幕的任何位置，但不能在父窗口后台移动。若将浮动表单最小化时，它将显示在桌面的底部。若父表单最小化，则浮动表单也一同最小化。浮动表单也可用于创建 MDI 应用程序。

③ 顶层表单。没有父表单的独立表单，用于创建一个 SDI 应用程序，或用作 MDI 应用程序中其他子表单的父表单。顶层表单与其他 Windows 应用程序同级，可出现在其前台或后台，并且显示在 Windows 任务栏中。

7.2.5.1　指定表单类型

创建各种类型表单的方法大体相同，但需设置特定属性以指出表单应该如何工作。如果创建的是子表单，则不仅需要指定它应在另外一个表单中显示，而且还需指定是否是 MDI 类的子表单，即指出表单最大化时是如何工作的。如果子表单是 MDI 类的，它会包含在父表单中，并共享父表单的标题栏、标题、菜单以及工具栏。非 MDI 类的子表单最大化时将占据父表单的全部用户区域，但仍保留它本身的标题和标题栏。

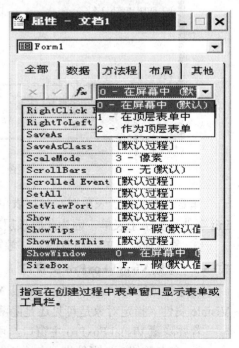

图 7-19　子表单

（1）子表单的建立方法

① 用"表单设计器"创建或编辑表单。

② 可将表单的 ShowWindow 属性设置为下列值之一（如图 7-19 所示）。

0-在屏幕中：子表单的父表单将为 Visual FoxPro 的主窗口。

1-在顶层表单中：当子窗口显示时，子表单的父表单是活动的顶层表单。如果希望子窗口出现在顶层表单窗口内，而不是出现在 Visual FoxPro 主窗口内时，可选用该项设置。如果希望子表单最大化时与父表单组合成一体，可设置表单的 MDIForm 属性为"真"(.T.)；如果希望子表单最大化时仍保留为一独立的窗口，可设置表单的 MDIForm 属性为"假"(.F.)。

（2）浮动表单的建立方法

① 用"表单设计器"创建或编辑表单。

② 可将表单的 ShowWindow 属性设置为以下值之一。

0-在屏幕中：浮动表单的父表单将出现在 Visual FoxPro 主窗口。

1-在顶层表单中：当浮动窗口显示时，浮动表单的父表单将是活动的顶层表单。

③ 将表单的 DeskTop 属性（指定表单是否包含在 Visual FoxPro 主窗口中）设置为"真"(.T.)。

（3）顶层表单的建立方法

① 用"表单设计器"创建或编辑表单。

② 将表单的 ShowWindow 属性设置为"2-作为顶层表单"。

7.2.5.2 显示位于顶层表单中的子表单

如果所创建的子表单中的 ShowWindow 属性设置为【1-在顶层表单中】，则不需直接指定顶层表单作为子表单的父表单。而是在子窗口出现时，Visual FoxPro 指派成为该子表单的父表单。

若要显示位于顶层表单中的子表单，可以用以下方法实现。

① 创建顶层表单。

② 在顶层表单的事件代码中包含 DO FORM 命令，指定要显示的子表单的名称。例如，在顶层表单中建立一个按钮，然后在按钮的 Click 事件代码中包含如下的命令，如图 7-20 所示。

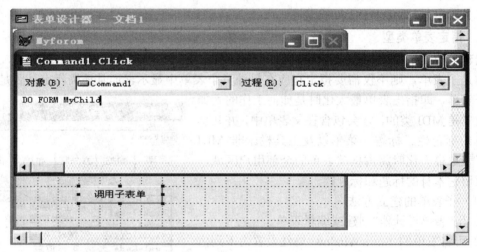

图 7-20 显示子表单命令

注意：在显示子表单时，顶层表单必须是可视的、活动的。因此，不能使用顶层表单的 Init 事件来显示子表单，因为此时顶层表单还未激活。

③ 激活顶层表单，如有必要，触发用以显示表单的事件。

7.2.5.3 隐藏 Visual FoxPro 主窗口

在运行顶层表单时，可能不希望 Visual FoxPro 主窗口是可视的。使用应用程序对象的 Visible 属性（指定对象是可见还是隐藏）按要求隐藏或显示 Visual FoxPro 主窗口。

若要隐藏 Visual FoxPro 主窗口，可以采用以下方法。

① 在表单的 Init 事件中，包含下列代码行：

　　　　Appliction.Visible=.F.

②　在表单的 Destroy 事件中，包含下列代码行：

　　　　Appliction.Visible=.T.

在某些方法程序或事件中，可使用 THISFORM.Release 命令关闭表单。

注意：也可以在配置文件中包含以下行，用以隐藏 VISUAL FOXPRO 主窗口：SCREEN=OFF。

7.2.5.4 在顶层表单中添加菜单

若要在顶层表单中添加菜单，可以采用以下方法。

①　创建顶层表单的菜单；

②　将表单的 ShowWindow 属性设置为【2-作为顶层表单】；

③　在表单的 Init 事件中，运行菜单程序并传递两个参数：

　　　　Do menuname.mpr WITH oForm,LAutoRename

其中，oForm 是表单的对象引用。在表单的 Init 事件中，THIS 作为第一个参数进行传递。LAutoRename 指定了是否为菜单取一个新的唯一的名字。如果计划运行表单的多个实例，则将.T.传递给 LAutoRename。

例如，可以使用下列代码调用名为 mySDImenu 的菜单：

　　　　DO mySDImenu.mpr WITH THIS, .T.

7.2.6 用表单集扩充表单

可以将多个表单包含在一个表单集中，作为一组处理。表单集有以下优点。

①　可同时显示或隐藏表单集中的全部表单；

②　可以可视的调整多个表单以控制它们的相对位置；

③　因为表单集中所有表单都是在单个.scx 文件中用单独的数据环境定义的，可自动地同步改变多个表单中的记录指针。如果在一个表单的父表中改变记录指针，另一个表单中子表的记录指针则被更新和显示。

注意：运行表单集时，将加载表单集所有表单和表单的所有对象。加载带着很多控件的多个表单会花几秒钟的时间。

7.2.6.1 创建表单集

表单集是一个包含有一个或多个表单的父层次的容器。可在"表单设计器"中创建表单集，若要创建表单集，可从【表单】菜单中，选择【创建表单集】选项。

如果不需要将多个表单处理为表单组，则不必创建表单集。创建表单集以后，则可向其中添加表单。

7.2.6.2 添加和删除表单

创建了表单集以后，可添加新表单或删除表单。若要向表单集中添加附加的表单，可从【表单】菜单中选择【添加新表单】。

若要从表单集中删除表单，可以采用以下方法。

①　在【表单设计器】【属性】窗口的对象列表框中，选择要删除的表单；

②　从【表单】菜单中选择【移除表单】。

如果表单集中只有一个表单，可删除表单集而只剩下表单。若要删除表单集，可从【表单】菜单中选择【移除表单集】。

表单以表的格式存储在.scx 后缀的文件中。创建表单时，.SCX 表包含了一个表单的记录，一个数据环境的记录，和两个内部使用记录。为每个添加到表单或数据环境中的对象添加一个记录。如果创建了表单集，则为表单集及每个新表单添加一个附加的记录。每个表单的父容器为表单集，每个控件的父容器为其所在的表单。

注意：当运行表单时，若不想在表单集中的所有表单的初始时就设置为可视的，可以在表单集运行时，将不准备显示的表单的 Visible 属性设置为"假"(.F.)。要显示的表单的 Visible 属性设置为"真"(.T.)。

7.2.7　表单的常用事件

事件是一种预先定义的特定动作，由系统或用户激活。多数情况下是通过用户的交互操作激活的，如：单（双）击鼠标按键，移动鼠标指针等。

7.2.7.1　表单的常用事件

表单对象有很多事件，表 7-10 给出了表单的常用事件。

表 7-10　表单的常用事件

事　件	触发时机	事　件	触发时机
Load	创建对象前	MouseUP	释放鼠标键时
Init	创建对象时	MouseDown	按下鼠标键时
Activate	对象激活时	KeyPress	按下并释放某键盘键时
GotFocus	对象得到焦点时	Destroy	释放对象时
Click	单击鼠标左键时	LostFocus	对象失去焦点时
DblClick	双击鼠标左键时	Unload	释放对象时

在表单双击鼠标，弹出表单事件代码编辑窗口，单击过程框的下拉列表按钮，列表框中列出了表单可用的所有事件，对于这些事件的处理，如果用户不设置代码，将采用系统的默认过程处理事件。

7.2.7.2　添加表单事件代码的步骤

① 在表单无控件的地方双击鼠标；
② 单击过程框的下拉列表按钮，在下拉列表框中选定要添代码的事件；
③ 输入要添加的代码；
④ 关闭该窗口。

7.2.7.3　事件驱动工作方式

事件一旦被触发，系统马上就去执行添加在该事件中的代码。待事件代码执行完毕后，系统又处于等待某事件发生的状态。

由上可知，事件包括事件过程和事件触发方式两方面。事件过程的代码应该事先编写好。事件触发方式可细分为 3 种：由用户触发，例如单击命令按钮事件；由系统触发，例如计时器事件，将自动按设定的时间间隔发生；由代码引发，例如用代码来调用事件过程。

7.2.8　向表单添加控件

7.2.8.1　表单控件工具栏

【表单控件】工具栏共有 25 个按钮，如图 7-21 所示。在这些按钮中，除第一列和最后一列的选定对象、查看类、生成器锁定和按钮锁定等 4 个按钮是辅助按钮外，其他按钮都是控

图 7-21 【表单控件】工具栏

件定义按钮。在【表单控件】工具栏中，呈凹陷状的按钮表示当前选中的按钮。当鼠标指针指向某个按钮时，将显示该按钮的功能。

7.2.8.2 在表单上添加控件

向表单添加控件有两种方法，使用方法一添加控件，控件的大小由系统确定，也就是说取系统规定的默认值添加控件；使用方法二添加控件，控件的大小由用户拖曳鼠标确定。

（1）方法一的操作步骤

① 在【表单控制】工具栏中，单击相应的控件按钮。

② 移动鼠标到表单合适的位置，单击鼠标。

（2）方法二的操作步骤

① 在【表单控制】工具栏中，单击相应的控件按钮。

② 移动鼠标到表单合适的位置，单击鼠标并拖曳鼠标到合适的大小，释放鼠标。

7.2.8.3 设置控件的属性

和表单一样，每一个控件都有一组自己的属性，属性取值不同使控件具有不同的特征。设置控件属性的步骤为：

① 单击要设置属性的控件，即选定该控件；

② 此时属性的窗口中显示的就是关于该控件的属性和方法，单击要设置的属性；

③ 修改属性的值，方法同表单属性值的修改；

④ 选择 ✔ 确认属性值的修改。

7.2.8.4 操作控件

（1）选择、移动控件和改变控件的大小

在建立好一个表单后，有时会觉得有些控件放的位置不合适，这时可以灵活使用下述方法改变控件的位置及大小。

① 选择一个控件：移动鼠标到控件上，然后单击鼠标。

② 选择多个相邻控件的方法如下：

a. 在表单控件工具栏中单击 按钮；

b. 移动鼠标指针到表单中要选择控件的左上角，单击鼠标拖曳，这时会有一个虚线的矩形框出现，直到这个矩形框包括了所有要选择的控件，释放鼠标。

③ 移动控件：单击选定控件，并拖曳鼠标，把控件拖动到表单合适的位置，释放鼠标。或选定控件后，用方向键移动控件，可以作细微的调整。

④ 改变控件的大小的方法如下：

a. 选定控件，控件的四边和四个角出现 8 个控制点；

b. 移动鼠标指针，到控制点上，当鼠标变为十字形状时，单击并拖动鼠标，改变控件的大小。

（2）拷贝和删除控件

这两个操作之前都要选定控件，用【编辑】菜单中的【复制】【粘贴】菜单即可拷贝控件，用【删除】菜单就可以删除控件。

注意：拷贝控件会将控件的属性值及事件代码一同拷贝，删除控件时，也会将控件的属性值及事件代码一同删除。

7.3 常用表单控件简介

7.3.1 标签

标签是最常用的控件之一，该控件一般用于显示文本信息，不能接受输入或进行编辑。但在程序运行过程中，标签显示的文本可以改变。标签有如下特点：标签没有数据源；标签不能直接编辑；标签不能用 Tab 键选择。

标签常用的属性有以下几种。

Caption：定义标签显示的文本；

AutoSize：确定是否根据标题的长度来调整大小；

BackStyle：确定标签是否透明；

WordWrap：确定标签上显示的文本能否换行；

FontName：定义标签文本的字体；

FontColor：定义标签文本的颜色；

FontSize：定义标签文本的大小；

WordWrap：定义显示在标签中的文本是否可以换行。

图 7-22 所示是一个标签控件的实例。

图 7-22　标签控件实例

7.3.2 文本框

与标签控件不同的是，文本框有自己的数据源，并可以进行输入和更改操作。相对于标签固定的文本信息，文本框通常以表的一个字段或一个内存变量作为自己的数据源。文本框应用示例如图 7-23 所示。

（1）常用属性

文本框的常用属性有以下几种。

ControlSource：指定与对象建立联系的数据源；

DisabledBackColor：当文本框废止时文本框的背景色；

DisabledForeColor：当文本框废止时文本框的前景色；

Format：属性决定在文本框中值的显示方式；

InputMask：指定每个字符输入时必须遵守的规则；

PasswordChar：输入口令时在文本框中显示的字符；

SelectBackColor：文本框中选定文本的背景色；

SelectedForeColor：文本框中选定文本的前景色；

SelLength：选定字符的数目或指定要选定的字符数目；

SelStart：选定文本起始点位置或指出插入点的位置；

Seltext：返回用户在文本框的文本输入区所选定的文本；

TabStop：用户能否用 Tab 键选择该控件；

Value：文本框当前状态的值。

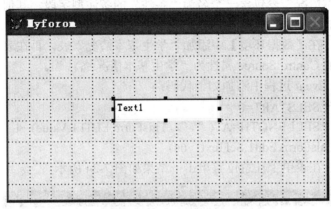

图 7-23 文本框控件

（2）文本框的应用

① 检验文本框中的数据有效性。在 Valid 事件相关的方法中添加代码，例：

```
IF CTOD( )<DATE( )
        =MESSAGEBOX（"你需要输入将来值"，1）
        RETURN .F.
ENDIF
```

② 指明当前选定的文本框。改变文本框的颜色可以指明用户当前编辑的文本框，如在 GotFocus 事件中更改 ForeColor、BackColor 属性；再在 LostFocus 事件中恢复原来的设置。

③ 当文本框得到焦点后选择文本在 GotFocus 中包含以下代码：

```
This.SelStart=0
This.SelLength=LEN(ALLTRIM(This.Value))
```

④ 对文本框中的文本进行格式编辑。InputMask 属性决定在文本框中可以键入的值格式。

⑤ 接收用户的输入。用户在文本框中输入的值被保存在 Value 属性和 Text 属性中。并可以使用 ControlSource 属性与数据环境中一个表的某一字段建立连接。

（3）编辑框

编辑框一般用于对表中的备注型字段的内容进行编辑。编辑框的常用属性有以下几种。

AllowTabs：确定在编辑框中用户能否插入 Tab 键；

ControlSource：指定与对象建立联系的数据源；

Format：K 当该控件得到焦点时选择所有文本，

　　　　　D 使用当前的 SET DATA 设置的日期格式；

HideSelection：确定在编辑框中选定的文本在编辑框没获得焦点时是否仍然显示为被

选定；

ReadOnly：用户能否修改编辑框中的文本；

ScrollBars：是否具有垂直滚动条；

SelLength：返回所选定字符的数目或指定要选定的字符数目；

SelStart：返回所选定文本的起始点位置或指出插入点的位置；

SelText：返回用户在编辑框的文本输入区所选定的文本；

Value：编辑框当前状态的值。

例：在编辑框中选择截止到第一个逗号前的所有字符，并在消息框中显示当前所选中的字符串。"学生基本情况"表包含一个名为"备注"的备注型字段，其值为"该同学在校期间表现良好，学习成绩优秀。"

新建一个表单，在【数据环境】中添加"学生基本情况"表，再在表单上添加一个编辑框，并设置编辑框的 ControlSource 属性为"学生基本情况.备注"。

在表单的 Click Event 过程中添加如下代码：

ThisForm.EDIT1.SELSTART=0

ThisForm.EDIT1.SELLENGTH=AT（"，"，ThisForm.EDIT1.Value）−1

=MessageBox(ThisForm.Edit1.SelText，64)

运行表单，然后在表单上任意位置单击，结果如图 7-24 所示。

图 7-24　编辑框实例

7.3.3　命令按钮

命令按钮是常用控件之一，通常被用来执行某一操作。命令按钮的常用属性有以下几种。

Cancel：当该项为.T.时，回车时相当于执行"Esc"；

Caption：在按钮上显示的标题；

Default：当该项为.T.时，回车时相当于"Click"；

DisablePicture：当按钮失效时，显示的.BMP 图片；

DownPicture：当按钮按下时，显示的.BMP 图片；

Enabled：能否选择此按钮；

Picture：显示在按钮上的.BMP 图片。

在使用 Picture、DisablePicture 和 DownPicture 属性时，这 3 个属性允许选择一个.BMP 文件作为命令按钮的标题显示。

命令按钮的属性只是对命令按钮进行布局设置的一些参数，但命令按钮在表单中最主要的作用还是执行一些相应的操作，命令按钮最主要的事件如下所述。

Click：在按钮上按下并释放主鼠标键时产生此事件；

MiddleClick：在按钮上按下并释放鼠标的中间键时产生此事件；

MouseDown：在按钮上按下主鼠标键时产生此事件；

MouseUp：在按钮释放主鼠标键时产生此事件；

RightClick：在按钮上按下并释放辅鼠标键时产生此事件。

命令按钮的事件除了使用鼠标操作产生以外，也可以通过方法程序触发相应的事件。要使用 Visual FoxPro 对某一事件产生相应的响应，还应在相应事件的方法程序中编写事件代码，指定在产生事件时执行相应的操作。

例：建立如图 7-25 所示的表单，在该表单中可以打开一个指定的表或浏览指定的表。

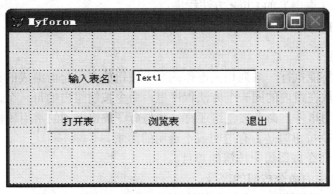

图 7-25　命令按钮示例

其中的对象及属性设置如表 7-11 所示。

表 7-11　命令按钮示例中表单及其对象的属性设置

对象	属性名	属性值	对象	属性名	属性值
窗体 1	Name Caption	Form1 Form1	命令按钮 1	Name Caption	Command1 打开表
标签 1	Name Caption	Lable1 输入表名：	命令按钮 2	Name Caption	Command2 浏览表
文本框 1	Name	Text1	命令按钮 3	Name Caption	Command3 退出

命令按钮的 Click 方法程序如下所述。

① Command1（打开表）的 Click 方法程序；

```
cTABLENAMESR=ALLTRIM(ThisForm.TEXT1.Value)    && 将输入的表名存入一个变量
nPOINT=AT(".DBF",UPPER(cTABLENAMESR))         && 判断输入表名的扩展名位置
cTABLENAME=IIF(nPOINT=0,cTABLENAMESR,LEFT(cTABLENAMESR,;
nPOINT−1))                                    && 提取不含扩展名的表名
IF FILE(cTABLENAME+".DBF")                    && 判断输入的表文件是否存在
    IF USED(cTABLENAME)                       && 判断输入的表是否已打开
        Select (cTABLENAME)
    ELSE
        Select 0
        USE (cTABLENAME)
```

```
        ENDIF
ELSE
        =MESSAGEBOX("所输入的表不存在！",32)   &&提示输入的表不存在
ENDIF
```
② Command2（浏览表）的 Click 方法程序：
```
ThisForm.COMMAND1.CLICK        &&通过程序触发"打开表"命令按钮的Click事件
BROWSE NOEDIT                  &&在浏览窗口中浏览表，但不允许编辑
USE
```
③ Command3（退出）的 Click 方法程序：
```
ThisForm.RELEASE
```

7.3.4 命令按钮组

命令按钮组是将能执行一系列相关操作的命令按钮放在一起而编成的组。这样做的优点是可以将公共代码放在组内的同一个方法程序里。命令按钮组内的每一个命令按钮都具有命令的常用属性和常用事件，命令按钮组还有一些与命令按钮不同的常用属性，如下所述。

BackStyle：命令按钮组是否有透明或不透明的前景。

ButtonCount：命令按钮组中按钮的数目。

Value：当前选中的命令按钮的序号。

例：利用命令按钮组设计一个简单的计算器。表单格式设计如图 7-26 所示，表单及其对象属性设置如表 7-12 所示。

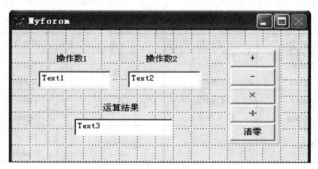

图 7-26　命令按钮组示例

命令按钮组的 Click 事件的方法程序代码 [CommandGroup1.Click()] 如下：
```
Do Case
    Case This.Value=1
    ThisForm.Text3.Value=ThisForm.Text1.Value+ThisForm.Text2.Value
    Case This.Value=2
    ThisForm.Text3.Value=ThisForm.Text1.Value-ThisForm.Text2.Value
    Case This.Value=3
    ThisForm.Text3.Value=ThisForm.Text1.Value*ThisForm.Text2.Value
    Case This.Value=4
    If ThisForm.Text2.Value#0
        ThisForm.Text3.Value=ThisForm.Text1.Value/ThisForm.Text2.Value
```

```
        Else
            =MessageBox("除数不能为零！",48)
        EndIf
        Otherwise
        ThisForm.Text1.Value=0
        ThisForm.Text2.Value=0
        ThisForm.Text3.Value=0
    EndCase
```

表 7-12　命令按钮组示例中表单及其对象属性设置

对象名	属性名	属性值	对象名	属性名	属性值
窗体 1	Name Caption	Form1 Form1	标签 1	Name Caption	Label1 操作数 1
标签 2	Name Caption	Label2 操作数 2	标签 3	Name Caption	Label3 运算结果：
文本框 1	Name Alignment Value	Text1 1-右 0	文本框 2	Name Alignment Value	Text2 1-右 0
文本框 3	Name Alignment Value Enabled DisabledBackColor DisabledForeColor	Text1 1-右 0 .F. 188,255,255 0,0,255	命令按钮组 1	Name ButtonCount	CommandGroup1 5
			命令按钮 1	Name Caption	Command1 +
			命令按钮 2	Name Caption	Command2 −
命令按钮 3	Name Caption	Command3 ×	命令按钮 4	Name Caption	Command4 ÷
命令按钮 5	Name Caption	Command3 清零			

7.3.5　选项按钮组

选项按钮组又称为单选按钮，它有两种工作状态：选中的单选按钮，这时圆按钮的中心有黑色圆点醒目显示；未选中的单选按钮，这时圆按钮的中心无黑色圆点。单选按钮的常用属性有以下几种。

ButtonCount：单选按钮的数目。

ControlSource：选按钮的数据来源。

DisabledBackColor：单选按钮失效时的背景颜色。

DisabledForeColor：单选按钮失效时的前景颜色。

Value：当前选中的单选按钮序号或当前选中的单选按钮的 Caption 属性值。

Caption：单选按钮的显示文本。

说明：Value 的初始值若为数值型，则该属性返回当前选中的单选按钮的序号；若初始值为字符型，则该属性返回当前选中的单选按钮的 Caption 属性值。

在每组单选按钮中任何时刻最多只能有一个选中的单选按钮。另外 InteractiveChange 事件是当用户通过鼠标或键盘更改控件的值时发生。

例：利用选项按钮组改变标签前景色和字体。表单布局设计如图 7-27 所示，表单及其对象属性设置如表 7-13 所示。

表 7-13　选项按钮组示例中表单及其对象属性设置

对象名	属性名	属性值	对象名	属性名	属性值
表单 1	Name Caption	Form1 选项按钮组应用示例	标签 1	Name Caption	Label1 中华人民共和国
标签 2	Name Caption	Label2 前景色	标签 3	Name Caption	Label3 字体
选项按钮组 1	Name ButtonCount Value	OptionGroup1 4 1	选项按钮组 2	Name ButtonCount Value	OptionGroup2 4 宋体
单选按钮 1	Name Caption BackColor	Option1 6 个空格 255,0,0	单选按钮 1	Name Caption BackColor	Option1 宋体 192,192,192
单选按钮 2	Name Caption BackColor	Option2 6 个空格 255,255,0	单选按钮 2	Name Caption BackColor	Option2 隶书 192,192,192
单选按钮 3	Name Caption BackColor	Option3 6 个空格 0,255,0	单选按钮 3	Name Caption BackColor	Option3 幼圆 192,192,192
单选按钮 4	Name Caption BackColor	Option4 6 个空格 255,0,255	单选按钮 4	Name Caption BackColor	Option4 黑体 192,192,192

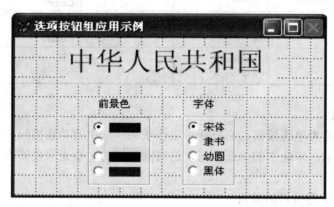

图 7-27　选项按钮组应用示例

本示例的方法程序代码如下所述。

① 表单的 Init 事件代码 [Form1.Init()]：

ThisForm.Label1.ForeColor=RGB(255,0,0)

② 选项按钮组 1 的 Click 事件代码 [OptionGroup1.Click()]：

```
Do Case
    Case This.Value=1
        ThisForm.Label1.ForeColor=This.Option1.BackColor
    Case This.Value=2
```

           ThisForm.Label1.ForeColor=This.Option2.BackColor

Case This.Value=3

           ThisForm.Label1.ForeColor=This.Option3.BackColor

Case This.Value=4

           ThisForm.Label1.ForeColor=This.Option4.BackColor

EndCase

③ 选项按钮组 2 的 Click 事件代码 [OptionGroup2.Click( )]：

ThisForm.Label1.FontName=This.Value

7.3.6 复选框

    复选框又叫选择框，它有 3 种状态：打开的选择框，这时框中有一个"√"，表示用户选择了该选择框；关闭的选择框，这时框中无任何标志；灰色的选择框，这时选择框和文本为暗淡色。复选框的常用属性有以下几种。

    Caption：指定选择项功能或值的文本。

    ControlSource：指定用作选择项的数据源，通常是表中的逻辑型字段。

    Value：返回选择项状态值。选中时为.T.，未选中时为.F.，无效状态为.Null.。

    例：使用复选框设置文本框中字体的式样。表单设计如图 7-28 所示，复选框应用示例表单中对象属性设置如表 7-14 所示。

    方法程序代码如下。

① Check1.Click( )：

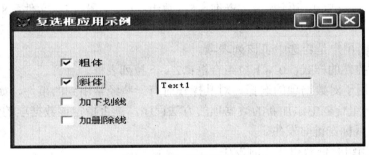

图 7-28　选项框应用示例

表 7-14　复选框应用示例表单中对象属性设置

对象名	属性名	属性值	对象名	属性名	属性值
表单 1	Name Caption	Form1 复选框应用示例	选择框 2	Name Caption Value	Check2 斜体 .T.
文本框 1	Name Value FontBold FontItalic FontUnderLine FontStrikethru	Text1 中华人民共和国 .T. .T. .F. .F.	选择框 3	Name Caption Value	Check3 加下划线 .T.
选择框 1	Name Caption Value	Check1 粗体 1	选择框 4	Name Caption Value	Check4 加删除线 0

ThisForm.Text1.FontBold=This.Value

② Check2.Click( )：

ThisForm.Text1.FontItalic=This.Value

③ Check3.Click( )：

ThisForm.Text1.FontUnderLine=This.Value

④ Check4.Click( )：

ThisForm.Text1.FontStrikethru=This.Value

7.3.7　组合框

组合框又称为下拉列表框或下拉组合框。它提供给用户从一组数据项中选择其中一个数据项的控件。常用的组合框属性有以下几种。

ColumnCount：指定组合框控件中列对象的数目。

ColumnLines：显示或隐藏列之间的分隔线。

ColumnWidths：指定组合框控件的列宽，有多列时指定。

ControlSource：用户从列表框中选择的值保存在何处。

IncrementalSearch：指定用户在键入每一个字母时，控件是否和列表中的项匹配。

ListCount：组合框列表部分数据项的数目。

ListIndex：组合框中选定数据项的索引值。

RowSource：组合框中显示的值的数据来源。

RowSourceType：指定与组合框建立联系的数据源的类型，可以是下面的一种：0—无；1—值；2—别名；3—SQL 语句；4—查询；5—数组；6—字段；7—文件；8—结构；9—弹出式菜单。

Selectd：判断用户是否选中了该列表项。

Style：指定控件的样式，0—下拉组合框；2—下拉列表框。

组合框通常用于对数据项的选择，对其操作时有一些经常用到的事件，如下所示。

AddItem：向组合框中添加新的数据项的方法程序，是否指定该数据项的索引是可选的。

Click：单击鼠标左键时发生。

GotFocus：当组合框获得焦点时发生。

InteractiveChang：当通过键盘或鼠标更改组合框的值时发生。

LostFocus：当组合框失去焦点时发生。

RemoveItem：从组合框中移去一个数据项时发生。

Requery：重新查询与组合框建立联系的行源。

组合框使用方法的难点在于掌握数据源类型（RowSourceType）的使用。通过设置 RowSource 和 RowSourceType 属性，可以用不同数据源中的项填充组合框。下面以组合框 Combo1 对象加以说明。

① RowSourceType 设为 0-无：此时不能自动填充数据项，可用 Additem 方法添加数据项。

Form1.Combo1.RowsurceType=0

Form1.Combo1.AddItem（"数据项1"）

Form1.Combo1.AddItem（"数据项2"）

但是在添加一个数据项之前，最好检查一下，保证在组合框中没有该值。如使用下面的程序代码添加在组合框中输入的数据项：

```
lItemExists=.F.
For ii=1 to This.ListCount
    If This.List(ii)=This.Text
        LItemExists=.T.
        Exit
    EndIf
EndFor
If ! lItemExists
    This.AddItem(This.Text)
EndIf
```

RemoveItem 方法程序将从数据项列表中移去指定的列表项。例如，下面的代码从列表中移去数据项中的第 2 项数据：Form1.combo1.RemoveItem(2)。

② RowSourceType 设为 1-值：若将 RowSourceType 属性设置为 1，可用 RowSource 属性指定多个要在数据项中显示的值。如果在"属性"对话框中设置 RowSource 属性，则要用逗号分隔列表项；要在程序中设置 RowSource 属性，则要用逗号分隔列表项，并用引号括起来：

```
Form1.Combo1.RowSourceType=1
Form1.Combo1.RowSource= "one,two,three,four"
```

③ RowSourceType 设为 2-别名：若将 RowSourceType 属性设置为 2，可以在列表中包含打开表的一个或多个字段值。如果 ColumnCount 属性设为 0 或 1，则列表将显示表中第一个字段值；如果 ColumnCount 属性设为 2，则列表将显示表中最前面的 2 个字段的值。依此类推。

注意：如果 RowSourceType 属性设置为 2 或 6，则当用户在列表中选择新值时，表的记录指针将移动到用户所选项的记录上。

④ RowSourceType 设为 3-SQL 语句：此时在 RowSource 属性中包含一个 SQL 语句。例如：

```
Form1.Combo1.RowSourceType=3
Form1.Combo1.RowSource= "Select * From 学生基本情况 Into Cursor Mylist"
```

在程序中设置 RowSource 属性时，要将 Select 语句用引号括起来。默认情况下，不带 Into 子句的 Select 语句立刻在"浏览"窗口中显示得出的临时表。

⑤ RowSourceType 设为 4-查询：如果将 RowSourceType 属性设置为 4，则可以用查询的结果填充组合框，即要将 RowSource 属性设置为.qpr 文件。例如，用下面的一行代码可将组合框的 RowSource 属性设置为一个查询 MyQuery.qpr：

```
Form1.Combo1.RowSource= "MyQuery.qpr""
```

⑥ RowSourceType 设为 5-数组：如果将 RowSourceType 属性设置为 5，可以用数组中的项填充列表。例如，将一个属于表单 Form1 的数组作为填充列表数据源：

```
Form1.Combo1.RowSourceType=5
Forml.Combo1.RowSourc= "ThisForm.Myarray"
```

⑦ RowSourceType 设为 6-字段：如果将 RowSourceType 设置为 6，则可指定一个字段或多个字段来填充列表。例如：

```
Form1.Combo1.RowSourceType=6
```

Form1.Combo1.RowSource="学生基本情况.Name，学生基本情况_ID，Birthday"

对于 RowSourceType 属性为 6 的组合框，可在 RowSource 属性中包含下列几种信息：

a. 字段；b. 别名.字段；c. 别名.字段，字段，字段…。

⑧ RowSourceType 设为 7-文件：如果将 RowSourceType 设置为 7，则表示可将当前目录下的文件填充列表，且列表中的选项允许选择不同的驱动器和目录，并在列表中显示其中的文件名。可将 RowSource 属性设置为列表中显示的文件类型（如：*.bmp）。

⑨ RowSourceType 设为 8-结构：此时表示用 RowSource 属性指定的表中的字段名来填充列表。

⑩ RowSourceType 设为 9-弹出式菜单：用已定义的弹出式菜单来填充列表。

例 使用组合框和选项按钮组配合对"学生基本情况"表中的记录进行查询。表单界面设计如图 7-29 所示，表单上控件的主要属性如表 7-15 所示。

图 7-29　组合框应用示例

表 7-15　组合框应用示例表单中对象属性设置

对象名	属性名	属性值	对象名	属性名	属性值
表单	Name Caption	Form1 数据选择	组合框 1	Name ControlSource RowSource RowSourceType Style Visible ColumnCount	Combo1 无 无 0-无 1-0-下拉组合框 .F. 0
选项按钮组	Name ButtonCount Value	OptionGroup1 4 4			
选项按钮 1	Name Caption	Option1 按班级	组合框 2	Name ControlSource RowSource RowSourceType Style Visible ColumnCount	Combo2 学生基本情况.Name 学生基本情况.Name 6-字段 0-下拉组合框 .T. 0
选项按钮 2	Name Caption	Option1 按性别			
选项按钮 3	Name Caption	Option1 按姓氏			
选项按钮 4	Name Caption	Option1 全　部			
标签 1	Name Caption	Label1 姓　名	文本框 1	Text1 学生基本情况.学号	
标签 2	Name Caption	Label2 学　号			

表单中的方法程序如下。

Form1.OptionGroup1.InteractiveChange()事件代码：

ThisForm.Combo1.DisplayValue=" "

ThisForm.Combo1.Visible=.T.

ThisForm.Combo1.RowSourceType=3

Do Case

    Case This.Value=1

        ThisForm.Combo1.RowSource="Select DISTINCT学生基本情况.Classes From ;

        Xsglxt!学生基本情况 Into CURSOR newquery"

    Case This.Value=2

        ThisForm.Combo1.RowSource="Select DISTINCT学生基本情况.Sex From ;

        Xsglxt!学生基本情况 Into CURSOR newquery"

    Case This.Value=3

ThisForm.Combo1.RowSource="Select DISTINCT Left(学生基本情况.Name，2) From ;

Xsglxt!学生基本情况 Into CURSOR newquery"

    Otherwise

        ThisForm.Combo1.RowSourceType=0

        ThisForm.Combo1.RowSource=" "

        ThisForm.Combo1.Visible=.F.

        Set Filter To

        Locate

        ThisForm.Refresh

ENDCase

ThisForm.Combo1.ListIndex=1

ThisForm.Combo1.SetFocus

ThisForm.Refresh

◆ Form1.Combo1.GotFocus()事件代码：

This.InteractiveChange

◆ Form1.Combo1.InteractiveChange()事件代码：

cExact=Set("Exact")

Set Exact On

Do Case

    Case ThisForm.OptionGroup1.Value=1

        cExpr='Set Filter To Classes="'+AllTrim(This.Value)+ '" '

    Case ThisForm.OptionGroup1.Value=2

        cExpr='Set Filter To Sex="'+AllTrim(This.Value)+""

    Case ThisForm.OptionGroup1.Value=3

        Set Exact Off

        cExpr='Set Filter To AllTrim(Name)="'+AllTrim(This.Value)+""

    Case ThisForm.OptionGroup1.Value=4

        cExpr='Set Filter To'

```
EndCase
&cExpr
Locate
ThisForm.Combo2.RowSourceType=6
ThisForm.Combo2.RowSource="学生基本情况.Name"
ThisForm.Combo2.ControlSource="学生基本情况.Name"
ThisForm.Refresh
Set Exact &cExact
```
◆ Form1.Combo2.Init( ) 事件代码：
```
This.ListIndex=1
```
◆ Form1.Combo2.InteractiveChange( ) 事件代码：
```
ThisForm.Text1.Refresh
```

7.3.8 列表框

列表框和下拉列表框（即 Style 属性值为 2 的组合框）为用户提供了包含一些选项和信息的可滚动列表。在列表框中，任何时候都能看到多个项；而在下拉列表中，只能看到一个项，用户可以单击向下按钮来显示可滚动的下拉列表。

列表框具有组合框中除 Style 以外的所有属性，另外还有下列常用属性。

MoverBars：是否在列表框左侧显示移动按钮。

MultiSelect：用户能否从列表中一次选择一个以上的项。

注意：列表框的 Value 属性可以是数值型，也可以是字符型，默认值为数值型。如果 RowSource 是一个字符型值，并且想让 Value 属性反映列表框中选定的字符串，则要将 Value 属性设置为空字符串。方法是先按空格键，再按"←"或"BackSpace"键。

列表框也具有组合框的常用事件和方法。列表框的 RowSourceType 属性和组合框相同，因而其 RowSource 属性和 ControlSource 属性的设置方法也基本相同。下面介绍一些列表框的其他使用方法。

（1）创建具有多列的列表框

虽然列表框默认为一列，但 Visual Fox Pro 6.0 中的列表框可以包含任列。多列列表框和表格的区别在于，在多列列表框中一次选择一行，而在表格中可以选择每一个单元。另外，不能直接编辑列表框中的数据。要在列表框中显示多列，有如下方法：

① 将 ColumnCount 属性设置为所需要的列数。

② 设置 ColumnWidths 属性。例如，如果列表框中有 3 项，下面的命令将各列的宽度分别设置为 25、40 和 75。

```
ThisForm.List1.ColumnWidths="25,40,75"
```
③ 将 RowSourceType 属性设置为 6-字段。

④ 将 RowSource 属性设置成为列中显示的字段。例如，用下面的命令将 3 列列表框的 3 个列数据源设置为 Student 表中的 Student_ID、Name 和 Sex 字段。

```
ThisForm.List1. RowSource="Student_ID，Name，Sex"
```
（2）允许用户选择列表框中的多项

默认情况下，一次只能选定列表框中的一项，但也允许用户选择列表框中的多个项。若要选择列表框中的多项，可将列表框的 MultiSelect 属性设置为.T.。

为了处理选定的项，例如，把它们复制到一个数组或在应用程序的其他地方使用它们，可以循环遍历各列表项，处理 Selected 属性为.T.的项。下面的代码包含在列表框的 InteractiveChange 事件中，在 Combo1 组合框中显示这个列表框中的选定项，并且在 Text1 文本框中显示选定项的数目。

```
nNumberSelected=0                          &&跟踪数目的变量
ThisForm.cboSelected.Clear                 &&清除组合框
For ii=1 To This.ListCount
    If This.Selected(ii)
        nNumberSelected= nNumberSelected +1
        ThisForm.Combo1.AddItem(This.List(ii))
    EndIf
EndFor
ThisForm.Text1.Value= nNumberSelected
```

（3）允许用户在列表框中添加项

除了让用户从列表框中选择项外，还允许用户交互地向列表框中添加项。若要以交互方式向列表框添加项，则需使用 Additem 方法程序。

7.3.9　微调按钮

微调按钮主要用于接受一定范围内的数值的输入，其常用属性如下表。微调按钮的向上箭头和向下箭头允许用户增加和减少数值。默认情况下，每次增加或减少的值为 1.00，但可以通过设置微调按钮的 Increment 属性来设置增加或减少的值。常用属性有以下几种。

Increment：用户每次单击向上或向下按钮时增加或减少的数值。

KeyboardHighValue：用户能输入到文本框中的最高值。

KeyboardLowValue：用户能输入到文本框中的最低值。

SpinnerHighValue：用户单击向上按钮时，微调控件能显示的最高值。

SpinnerLowValue：用户单击向下按钮时，微调控件能显示的最低值。

7.3.10　表格控件

Visual FoxPro 拥有一个强有力的工具：表格控件。它可显示和操作多行数据。表格控件是一个容器对象，它能包含列。这些列除了包含标头和控件外，每一个列还拥有自己的一组属性、事件和方法程序。表格对象能在表单或页面中显示并操作行和列中的数据。

如果没有指定表格的 RecordSource 属性，同时在当前工作区中有一个打开的表，那么表格将显示这个表的所有字段。

（1）常用的表格属性和列属性

ChildOrder：和父表主关键字相连的子表中的外部关键字。

ColumnCount：列的数目。如果 ColumnCount 设置为-1，表格将具有和表格数据源中字段一样多的列。

LinkMaster：显示在表格中的子记录的父表。

RecordSource：表格中要显示的数据。

RecordSourceType：表格中显示数据来源于何处，如表、别名、查询或用户根据提示选定的表。

ControlSource：在列中要显示的数据。

Sparse：如果将 Sparse 属性设置为.T.，表格中控件只有在列中的单元被选中时才显示为控件。列中的其他单元将显示文本框中下面的数据值。将 Sparse 设置为.T.，允许用户在滚动一个有很多显示行的表格时能快速重画 CurrentControl 表格中哪一个表格是活动的。默认值为"Textl"。如果在列中添加了一个控件，则可以将它指定为 CurrentControl。

注意：列中控件的 ReadOnly 属性被列的 ReadOnly 属性覆盖。如果在和 AfterRow-ColChange 事件相关的代码中设置列中控件的 ReadOnly 属性，则当指针位于该列时，新的设置有效。

（2）向表格添加记录

将表格的 AllowAddNew 属性设置为.T.，可以允许用户向表格中显示的表中添加新的记录。如果将 AllowAddNew 属性设置为.T.，当用户选中了最后一条记录，并且按下"↓"键时，就向表中添加新记录。如果还想进一步控制用户什么时候向表中添加新记录，则可以将 AllowAddNew 属性设置为默认的.F.，并使用 APPEND BLANK 或 INSERT 命令添加新记录。

（3）使用表格控件创建一对多表单

表格最常见的用途之一是：当文本框显示父记录数据时，表格显示表的子记录；当用户在父表中浏览记录时，表格记录显示相应变化。

如果表单的数据环境包含两表之间的一对多关系，那么要在表单中显示这个一对多关系非常容易。设置具有数据环境的一对多表单时，有如下方法：

① 将需要的字段从"数据环境"中的父表拖动到表单中。

② 从"数据环境"中将相关的表拖动到表单中。

（4）在表格列中显示控件

除了在表格中显示字段数据外，还可以在表格的列中嵌入控件，如嵌入的文本框、复选框、下拉列表框、微调按钮等控件。例如，如果表中有一个逻辑字段，当运行该表单时，通过辨认复选框就可以判定哪条记录值是.T.和哪条记录值是.F.。修改这些值只需设置或清除复选框即可。

（5）使用表格"生成器"生成表格

要使用表格"生成器"生成单表表格时，可用如下方法：

① 向表单"数据环境"中添加所需要的表，并将表格控件添加到表单中调整到所需大小；

② 在表格控件上单击鼠标右键，在快捷菜单中选择【生成器】。在当前数据库中选择一个表，并将需要在表格中显示的字段添加到【选定字段】列表框中；

③ 其他设置根据提示完成。

要使用表格"生成器"生成一对多表表单时，可用如下方法：

① 向表单"数据环境"中添加所需要的表，添加表的顺序是先加主表，后加子表；

② 在表格控件上单击鼠标右键，在快捷菜单中选择【生成器】。在当前数据库中选择子表，并将需要在表格中显示的字段添加到【选定字段】列表框中；

③ 主表和子表关系设置可以通过选择【4.关系】，在【父表中的关键字段】组合框中选择父表的主关键字，然后在【子表中的相关索引】组合框中选择与父表主关键字相匹配的子表索引；

④ 其他操作按提示完成。

7.3.11 图像控件

图像控件可以用来在表单中显示文件的图像，图像文件的类型可为：bmp、ico、gif、jpg

等 4 种。

图像控件的常用属性有以下几种。

Picture：要显示的.bmp 文件。

BorderStyle：决定图像是否具有可见的边框。

Stretch：设为 0(裁剪)，超出图像控件范围的部分不显示，设为 1(恒定比例)，将保留.bmp 图片的原有比例，并在图像控件中显示最大可能的图片，设为 2(伸展)，将图片调整到正好与图像控件的高度和宽度匹配。

7.3.12 计时器控件

计时器控件只与时间间隔有关，而与用户的操作无关，所以可通过编程使它在一定的时间间隔内完成某种操作。

每个计时器控件都有一个 Interval 属性，它指定一个计时器事件到下一个计时器事件之间的时间间隔(毫秒)。如果计时器有效，它将以近似等间隔的时间触发 Timer 事件。在使用计时器编程时，必须考虑 Interval 属性的几条限制。

① 间隔的范围从 0～2147483647，包括 0 和 2147483647，这意味着最长的间隔约为 596.5 小时(超过 24 天)。

② 间隔并不能保证经过时间的精确性。为确保精确，计时器应及时检查系统时钟，不以内部累积的时间为准。

③ 系统每秒钟产生 18 次时钟跳动，虽然 Interval 属性是以毫秒作为计量单位的，但间隔的真正精确度不会超过 1/18 秒。

计时器控件有以下两个主要属性。

Enabled：决定计时器是否工作。

Interval：Timer 事件之间的毫秒数。

注意：计时器的 Enabled 属性和其他对象的 Enabled 属性不同。对大多数对象来说，Enabled 属性决定对象是否能对用户引起的事件作出反应。对计时器控件来说，将 Enabled 属性设置为.F.，会挂起计时器的运行。

7.3.13 页框控件

页框控件是由若干页组成的容器对象，页中还可以包含若干控件。页框中定义了每页的位置和可见的页数，每页的左上角固定在页框的左上角上，而控件则置于每页上，只有顶层页中的控件是可见和活动的。

页框的常用属性有以下几种。

TabStretch：用于显示选项卡的长标题。如果选项卡的标题太长，应设为 0(堆积)，默认为 1(裁剪)。

Tabs：确定页面的选项卡是否可见。

PageCount：页框的页面数，默认值为 2。

Activepage：页框当前活动的页面。

7.3.14 形状和线条

形状和线条是设计图形用户界面时常要用到的控件，它们有助于可视地将表单中的组件归成组。需要注意的是，形状和线条均为对象，只有通过它们的方法来改变自身的属性才能改变显示效果。形状和线条的常用属性有以下几种。

（1）线条控件的常用属性

BorderWidth：设置线条的粗细。

Height：设置线条的对角矩形的高度，设置为 0 是水平线。

Width：设置线条的对象矩形的宽度，设置为 0 是垂直线。

LineSlant：设置线条的倾斜方向。

Bortercolor：设置线条的颜色。

（2）形状控件的常用属性

Curvature：设置图的形状，值在 0（矩形）~99（圆角矩形或椭圆）之间。

FillStyle：是否填充线图。

SpecialEffect：决定线图是平面图还是三维图。

习　题

1. 选择题

（1）能够将表单的 Visible 属性设置为.T.，并使表单成为活动对象的方法是（　）。

  A. Hide   B. Show   C. Release   D. SetFocus

（2）下面对编辑框(EditBox) 控制属性的描述正确的是（　）。

  A. SelLength 属性的设置可以小于 0

  B. 当 ScrollBars 的属性值为 0 时，编辑框内包含水平滚动条

  C. SelText 属性在做界面设计时不可用，在运行时可读写

  D. Readonly 属性值为.T.时，用户不能使用编辑框上的滚动条

（3）下面对控件的描述正确的是（　）。

  A. 用户可以在组合框中进行多重选择

  B. 用户可以在列表框中进行多重选择

  C. 用户可以在一个选项组中选中多个选项按钮

  D. 用户对一个表单内的一组复选框只能选中其中一个

（4）确定列表框内的某个条目是否被选定应使用的属性是（　）。

  A. Value B. ColumnCount C. ListCount D. Selected

（5）以下关于表单数据环境叙述错误的是（　）。

  A. 可以向表单数据环境设计器中添加表或视图

  B. 可以从表单数据环境设计器中移出表或视图

  C. 可以在表单数据环境设计器中设置表之间的关系

  D. 不可以在表单数据环境设计器中设置表之间的关系

（6）在表单中为表格控件指定数据源的属性是（　）。

  A. DataSource   B. RecordSource

  C. DataFrom   D. RecordFrom

（7）在 Visual FoxPro 中，为了将表单从内存中释放（清除），可将表单中退出命令按钮的 Click 事件代码设置为（　）。

  A. ThisForm.Refresh   B. ThisForm.Delete

  C. ThisForm.Hide   D. ThisForm.Release

（8）假定一个表单里有一个文本框 Text1 和一个命令按钮组 CommandGroup1，命令按钮组是一个容器对象，其中包含 Command1 和 Command2 两个命令按钮。如果要在 Command1 命令按钮的某个方法中访问文本框的 Value 属性值，下面哪个式子是正确的？

  A. ThisForm.Text1.Value   B. This.Parent.Value

C. Parent.Text1.Value   D. this.Parent.Text1.Value

（9）～（11）使用下图：表单名为 Form1，表单中有两个命令按钮(Command1 和 Command2)、两个标签、两个文本框(Text1 和 Text2)。

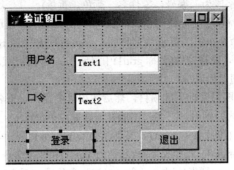

（9）如果在运行表单时，要使表单的标题显示"登录窗口"，则可以在 Form1 的 Load 事件中加入语句（　）。

    A. THISFORM.CAPTION="登录窗口"　　　B. FORM1.CAPTION="登录窗口"

    C. THISFORM.NAME="登录窗口"　　　　　D. FORM1.NAME="登录窗口"

（10）如果想在运行表单时，向 Text2 中输入字符，回显字符显示的是"*"是，则可以在 Form1 的 Init 事件中加入语句（　）。

    A. FORM1.TEXT2.PASSWORDCHAR="*"

    B. FORM1.TEXT2.PASSWORD="*"

    C. THISFORM.TEXT2.PASSWORD="*"

    D. THISFORM.TEXT2.PASSWORDCHAR="*"

（11）假设用户名和口令存储在自由表"口令表"中，当用户输入用户名和口令并单击"登录"按钮时，若用户名输入错误，则提示"用户名错误"；若用户名输入正确，而口令输入错误，则提示"口令错误"。若命令按钮"登录"的 Click 事件中的代码如下：

```
USE 口令表
GO TOP
flag =0
DO WHILE .not. EOF()
IF Alltrim(用户名)==Alltrim(Thisform.Text1.Value)
        If Alltrim(口令)==Alltrim(Thisform.Text2.Value)
            WAIT "欢迎使用" WINDOW TIMEOUT 2
ELSE
            WAIT"口令错误"WINDOW TIMEOUT 2
ENDIF
flag=1
EXIT
ENDIF
SKIP
ENDDO
IF _____
WAIT"用户名错误"WINDOW TIMEOUT2
ENDIF
```

则在横线处应填写的代码是（　）。

A. flag=−1   B. flag=0   C. flag=1   D. flag=2

2. 上机题

（1）首先新建一个名为"供应"的项目文件，然后在项目中建立一个名为"供应零件"的数据库，再在数据库上中建立"零件"表(字段为：编号，零件名，颜色，重量)。

设计名为 mysupply 的表单(表单的控件名和文件名均为 mysupply)。表单的标题为"零件供应情况"。表单中有一个表格控件和两个命令按钮"查询"(名称为 Command1)和"退出"(名称为 Command2)。运行表单时，单击"查询"命令按钮后，表格控件(名称 grid1)中显示"供应零件"数据库中"零件"表中的零件名、颜色和重量。单击"退出"按钮关闭表单。

（2）首先新建一个名为"图书管理"的项目，然后在项目中建立一个名为"图书"的数据库，再在数据库上中建立"图书"表(字段为：编号，书名，出版社，数量，单价)。

设计名为 formbook 的表单(控件名为 form1，文件名为 formbook)。表单的标题设为"图书情况统计"。表单中有一个组合框(名称为 Combo1)、一个文本框(名称为 Text1)和两个命令按钮"统计"(名称为 Command1)和"退出"(名称为 Command2)。运行表单时，组合框中有三个条目："清华"、"北航"、"科学"(只有三个出版社名称，不能输入新的)可供选择，在组合框中选择出版社名称后，如果单击"统计"命令按钮，则文本框显示出"图书"表中该出版社图书的总数。单击"退出"按钮关闭表单。

第8章 报表设计

报表是各种数据最常用的输出形式，它为显示并总结数据提供了灵活的途径。Visual FoxPro 提供的"报表设计"功能非常强大，不仅能控制打印输出数据记录的格式，而且它还综合了统计计算、自动布局等功能，使得打印复杂的报表也成为轻而易举的事。报表可以同基于单表的电话号码列表一样简单，也可以像基于多表的财务报表那样复杂，同时允许将各种格式的文本与图形对象组合一起输出，建立清晰的、图文并茂的"报表"。

通过本章学习我们应了解报表的相关知识，要求能够熟练利用报表向导和报表设计器设计各种报表，并能够进行报表的修改及输出。

8.1 创建报表

所谓报表是指利用数据库中的数据制作并打印输出的表格文档，常用于提供有关的数据信息，也是 Visual FoxPro 数据操作的最终结果。事实上，人们也经常把形成报表作为查看数据的一种方法。

报表主要包括两部分的内容：数据源和布局。数据源是报表的数据来源，报表的数据源通常是数据库中的表或自由表，也可以是视图、查询或临时表。视图和查询对数据库中的数据进行筛选、排序、分组，在定义了一个表，一个视图或查询之后，便可以创建报表。

Visual FoxPro 提供了三种方式来创建报表，它们是：用表向导创建简单的报表、用快速报表创建基本单表的简单报表和用报表设计器创建具有个性的报表或修改已有的报表。

8.1.1 利用报表向导创建报表

使用报表向导是创建报表的最简单的方法，并自动提供许多报表设计器的定制特征，适合初学者使用。使用报表向导首先应该打开报表的数据源。报表向导提示用户回答简单的问题，按照"报表向导"对话框的提示进行操作即可。启用报表向导可以通过 4 种方式。

① 从【文件】菜单中选择【新建】，或者单击工具栏上的【新建】按钮，打开【新建】对话框。在文件类型栏中选择【报表】，然后单击【向导】按钮。

② 单击菜单【工具】中选择【向导】子菜单，再选择【报表】。

③ 直接单击工具栏上的【报表向导】图标按钮。

④ 打开【项目管理器】，选择【文档】选项卡，从中选择【报表】，然后单击【新建】按钮，在弹出的【新建报表】对话框中单击【报表向导】按钮。

下面通过例子来说明报表向导的使用方法。

例 8-1 利用报表向导创建一个如图 8-1 所示的"学生信息表"，在此报表中，用到的数据源是表 Student。

操作步骤如下：

① 单击菜单【文件】下的【新建】命令，在弹出的【新建】对话框中选定【报表】单选按钮，然后单击【向导】按钮，打开如图 8-2 所示的【向导选取】对话框。

STUDENT

08/26/08

学号	姓名	性别	出生年月	政治面貌	籍贯
33006101	赵玲	女	08/06/86	团员	黑龙江省哈尔
33006102	王刚	男	06/05/85	党员	四川省自贡市
33006104	李广	男	03/12/86	团员	山东省荷泽市

图 8-1　学生信息一览表

② 向导选取。如果数据源只有一个数据表，应选择【报表向导】；如果数据源包括父表和子表等多个数据表，应选择【一对多报表向导】。本例选取【报表向导】项，单击【确定】按钮，将弹出【报表向导】对话框，如图 8-3 所示。

图 8-2　【向导选取】对话框

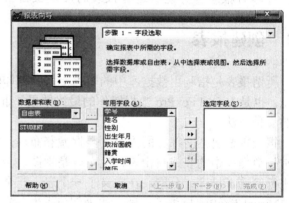

图 8-3　【报表向导】对话框

③ 选择数据表和字段。在【报表向导】对话框中的【数据库和表】列表中选择表，【可用字段】列表中将自动出现表中的所有字段。选中字段名之后单击 ► 按钮，或者直接双击字段名，该字段就移动到"选定字段"列表框中。单击 ►► 双箭头，则全部移动。此例选中了学号、姓名、性别、出生年月、政治面貌和籍贯字段。

④ 分组记录，如图 8-4 所示。此步骤确定数据分组方式，注意，只有按照分组字段建立索引之后才能正确分组，最多可建立三层分组。先易后难，本例目前没有指定分组选项。

⑤ 选择报表样式，单击【下一步】按钮，弹出【选择报表样式】对话框。在该对话框中，选取一种喜欢的报表样式，本例选取"经营式"，如图 8-5 所示。

⑥ 定义报表布局，单击【下一步】按钮，如图 8-6 所示，此步骤确定报表布局，本例选择纵向、单列的报表布局。

⑦ 排序记录，如图 8-7 所示，在该对话框中，可确定数据表的排序关键字，并指定升序或是降序以确定报表中数据记录出现的先后顺

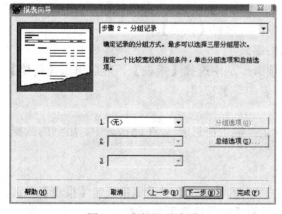

图 8-4　分组记录步骤

图 8-5 选择报表样式步骤

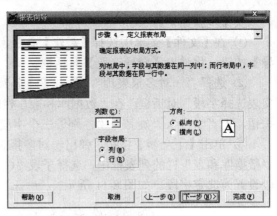

图 8-6 报表布局步骤

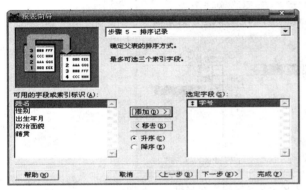

图 8-7 排序记录步骤

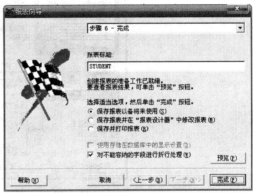

图 8-8 完成步骤

序，本例选择"学号"字段作为排序关键字。

⑧ 完成，如图 8-8 所示。在该对话框中，可指定报表的标题、选择报表的保存方式以及对不能容纳的字段是否进行折行处理。本例添加标题："STUDENT"。

为了查看所生成报表的情况通常单击【预览】按钮查看一下效果。在预览窗口中出现打印预览工具栏，单击相应的图标按钮可以改变显示的百分比、退出预览或直接打印报表。本例选择退出预览。

图 8-9 学生情况表

最后单击报表向导上的【完成】按钮，弹出【另存为】对话框，用户可以指定报表文件的保存位置和名称，将报表保存为扩展名为.frx 的报表文件，在保存报表文件的同时，也创建了一个与报表文件主文件名相同而扩展名是.frt 的报表备注文件。

在通常情况下，直接使用向导所获得的结果并不能满足要求，需要使用设计器来进行进一步的修改。

例 8-2 利用报表向导创建一个一对多报表。

"一对多报表"同时操作两个表或视图，并自动确定它们之间的连接关系。现在利用"学生"和"成绩"两个表建一个如图 8-9 所示的报表。

这两个表的关系在数据库已经明确，"学生"表与"成绩"表间是一对多的关系，"学生"是父表，"成绩"是子表。

225

操作步骤如下：

① 在【文件】菜单中选择【新建】命令，在【新建】对话框中，选择【报表】，单击【向导】按钮，将弹出【向导选取】对话框。

② 选择"一对多报表项"，单击【确定】按钮，弹出【一对多报表向导】的"步骤 1-从父表选择字段"对话框，在"数据库和表"栏的列表框中，选择父表"STUDENT"，利用 ▶ 按钮，把"学号"、"姓名"、"性别"三个字段设置为选定字段。如图 8-10 所示。

③ 单击【下一步】按钮，弹出一对多报表向导的"步骤 2-从子表选择字段"对话框，在"数据库和表"栏的列表框中，选择子表"CJ"，并把"课程代码"、"成绩"、"学期"三个字段设置为选定字段。如图 8-11 所示。

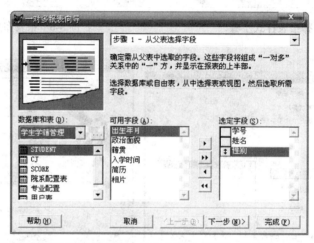

图 8-10　"步骤 1-从父表选择字段"对话框

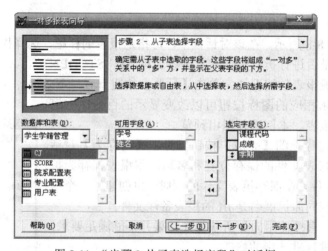

图 8-11　"步骤 2-从子表选择字段"对话框

④ 单击【下一步】按钮，弹出一对多报表向导的"步骤 3-为表建立关系"对话框，确定两表之间的关联字段，这两个表之间通过"STUDENT"中的"学号"字段与表"CJ"中的"学号"字段建立关联。如图 8-12 所示。

⑤ 单击【下一步】按钮，弹出一对多报表向导的"步骤 4-排序记录"对话框，选择父表的排序字段，这里选择"学号"为排序字段，并选择选项按钮组中的【升序】按钮，如图 8-13

所示。

⑥　单击【下一步】按钮，弹出一对多报表向导的"步骤 5-选择报表样式"对话框，选择 "样式"为"随意式"，方向为"纵向"。

⑦　单击【下一步】按钮，弹出一对多报表向导的"步骤 6-完成"对话框。"报表标题" 默认为"STUDENT"，可以更改。单击【预览】按钮，将在屏幕上看到如图 8-9 所示的报表。 如果有错误可单击【上一步】进行修改。

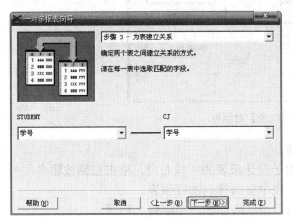

图 8-12　"步骤 3-为表建立关系"对话框　　　　　图 8-13　"步骤 4-排序记录"对话框

⑧　选择【保存报表供以后使用】，单击【完成】按钮，弹出【另存为】窗口进行保存。

8.1.2　利用快速报表创建报表

快速报表是一种在报表设计中使用的、类似报表向导的报表工具，它是创建简单报表文 件的最快速的方法，也是设计功能最简单的一种方法。通常先使用"快速报表"功能来创建 一个简单报表，然后在此基础上再做修改，达到快速构造所需报表的目的。

下面通过例子来说明创建快速报表的操作步骤。

例 8-3　　使用"快速报表"功能，将学生信息表 STUDENT 中的数据以报表的形式打印 出来。

操作步骤如下：

①　单击菜单【文件】中的【新建】命令，或单击工具栏上的【新建】按钮，选择【报表】 文件类型，单击【新建】文件按钮，打开如图 8-14 所示的【报表设计器】的窗口，出现一个 空白报表，此时系统菜单栏会增加一个【报表】菜单，也可以在命令窗口中输入命令：Create report 进入报表设计器。

②　打开【报表设计器】之后，在主菜单栏中出现【报表】菜单，从中选择【快速报表】

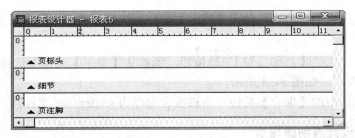

图 8-14　【报表设计器】窗口

选项。因为事先没有打开数据源，系统弹出【打开】对话框，选择数据源 student.dbf。

③ 系统将弹出如图 8-15 所示的【快速报表】对话框。在该对话框中选择字段布局、标题和字段。

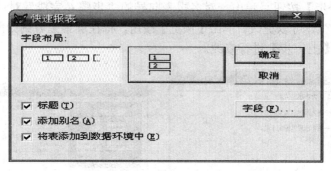

图 8-15 【快速报表】对话框

对话框中主要按钮和选项的功能如下所述。

选择布局：对话框中有两个较大的按钮用于设计报表的字段布局，单击左侧按钮产生列报表，如果单击右侧的按钮，则产生字段在报表中竖向排列的行报表。

选中【标题】复选框，表示在报表中为每一个字段添加一个字段名标题。

不选【添加别名】复选框，表示在报表中不在字段前面添加表的别名。由于数据源是一个表，别名无实际意义。

选中【将表添加到数据环境中】复选框，表示把打开的表文件添加到报表的数据环境中作为报表的数据源。

默认状况下，表的所有字段除通用型字段以外都会打印在报表上，如果只在报表上输出部分字段，请单击【字段】按钮，如图 8-16 所示。

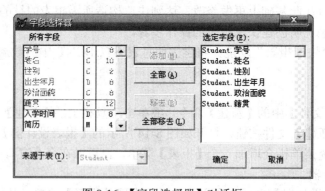

图 8-16 【字段选择器】对话框

④ 在【快速报表】对话框，单击【确定】按钮，快速报表便出现在【报表设计器】中，如图 8-17 所示。

⑤ 单击工具栏上的【打印预览】按钮，或者从【显示】菜单下选择【预览】，打开快速报表的预览窗口，如图 8-18 所示。

⑥ 单击工具栏中的【保存】按钮，将该报表保存为 student.frx 文件。

8.1.3 利用报表设计器创建报表

Visual FoxPro 提供的报表设计器允许用户通过直观的操作来直接设计报表，或者修改报

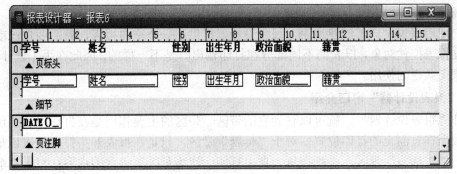

图 8-17 快速报表设计草图

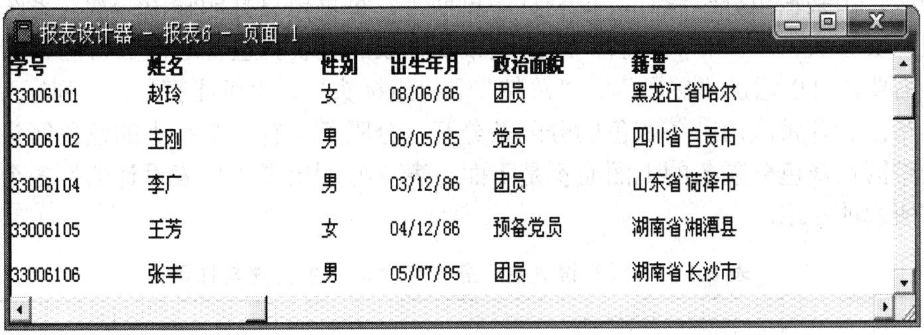

图 8-18 生成"快速报表"

表。如果需要直接设计报表的话，报表设计器将提供一个空白报表，在空白报表中，可以按需要和爱好加入各种控件对象，以生成更加灵活的独具特色的报表文件。也可以打开已有的报表文件，在其上对报表进行修改。调用报表设计器的三种方式如下所述。

（1）菜单方式调用

从【文件】菜单中选择【新建】，或者单击工具栏上的【新建】按钮，在弹出的【新建】对话框中选定【报表】按钮，然后单击【新建文件】按钮。也可以单击【文件】菜单中选择【打开】命令，或单击工具栏上的【打开】按钮，在弹出的【打开】对话框中选定已经存在的报表文件，单击【确定】按钮，就可以打开报表设计器。

（2）在项目管理器环境下调用

打开【项目管理器】对话框，在【文档】选项卡中选取【报表】项，然后单击【新建】按钮，从【新建报表】对话框中单击【新建报表】按钮。

（3）使用命令调用

在命令窗口中输入并执行如下命令：CREATE REPORT 或者 MODIFY REPORT。

在实际应用中，往往先创建一个简单报表，每当打开已经保存的报表文件时，系统自动打开"报表设计器"。关于"报表设计器"的具体使用方法，将在 8.2 节中详细介绍。

8.2 设计报表

"报表向导"和"快速报表"只能创建模式化的简单报表，而利用"报表设计器"可以创建符合用户要求和具有特色的报表。利用"报表设计器"可以方便地设置报表数据源、设计报表布局、添加各种报表控件、设计带表格线的报表、分组报表、多栏报表，对利用"报表向导"和"快速报表"创建的模式化简单报表可以进行各种修改操作。

8.2.1 报表工具栏

用户使用报表设计器创建报表，报表设计器提供了一个空白报表，就需要自己动手在报表上建立报表控件对象，报表的不同部分在打印输出时是不一样的，因此在手工设计报表前，必须报表工具栏的使用。

8.2.1.1 "报表设计器"窗口介绍

打开"报表设计器"，就可以看到它的带区。带区的主要作用是在打印报表或预览报表时控制数据在页面上的打印位置。对于"标题"带区，只是在报表开头打印一次该带区的内容；对于"页标头"带区，系统在每一页上打印一次该带区所包含的内容；对于"细节"带区，数据源中的输出数据记录，记录在该带区重复输出，但一条记录只输出一次；对于"页注脚"带区，用来输出分组统计、报表打印日期等，每页也只打印输出一次。系统默认显示三个带区：页标头、细节和页注脚。用快速报表生成的报表就包含这样的带区。如图 8-9 所示。根据需要，可以增加"标题"、"总结"、"组标头"、"组注脚"、"列标头"、"列注脚"等带区。各带区由一条灰色的分隔条分开，分隔条上有一个小小的蓝色箭头，该箭头表明报表带区在灰色分隔条的上面而不是下面。表 8-1 列出了"报表设计器"各个带区的产生方法与所起的作用。

表 8-1 "报表设计器"各个带区的产生方法与作用

带区名	带区产生与删除	作　　用
标题	单击【报表】菜单的【标题/总结】命令	每张报表开头打印一次，如报表标题
页标头	默认存在	每个页面开头打印一次，如报表字段名
列标头	单击【文件】菜单的【页面设置】命令	报表数据分栏时，每栏开头打印一次
组标头	单击【报表】菜单的【数据分组】命令	报表数据分组时，每组开头打印一次
细节	默认存在	每个记录打印一次
组注脚	单击【报表】菜单的【数据分组】命令	报表数据分组时，每组结尾打印一次
列注脚	单击【文件】菜单的【页面设置】命令	报表数据分栏时，每栏结尾打印一次
页注脚	默认存在	每个页面结尾打印一次，如页码和日期
总结	单击【报表】菜单的【标题/总结】命令	每张报表最后一页打印一次

8.2.1.2 报表设计工具

与报表设计有关的工具栏主要包括"报表设计器"工具栏和"报表控件"工具栏。若要显示或隐藏工具栏，通过单击菜单【显示】中选择【工具栏】，从而弹出【工具栏】对话框，在该对话框中选中或不选"报表设计器"、"报表控件"、"布局"、"调色板"复选框，单击【确定】按钮，即可打开对应的工具栏或隐藏对应的工具栏。

（1）【报表设计器】工具栏

【报表设计器】工具栏如图 8-19 左边小图形所示，该工具栏上有五个按钮，从左到右分别是"数据分组"、"数据环境"、"报表控件工具栏"、"调色板工具栏"和"布局工具栏"。

图 8-19 【报表设计器】工具栏和【报表控件】工具栏

【数据分组】按钮是显示【数据分组】对话框，用于创建数据分组及指定其属性；【数据环境】按钮是显示报表的【数据环境设计器】的窗口；【报表控件工具栏】按钮是显示或关闭【报表控件】工具栏；【调色板工具栏】按钮是显示或关闭【调色板】工具栏；【布局工具栏】按钮是显示或关闭【布局】工具栏。在设计报表时，利用【报表设计器】工具栏中的按钮可以很方便地进行操作。

（2）【报表控件】工具栏

Visual FoxPro 在打开【报表设计器】窗口的同时也会打开【报表控件】工具栏，如图 8-19 右边小图形所示，该工具栏中各图标按钮从左到右的功能如下所述。

①【选定对象】按钮：移动或更改控件的大小，在创建一个控件后，系统将自动选定该按钮，除非选中"按钮锁定"按钮。

②【标签】按钮：在报表上创建一个标签控件，用于输入并显示与记录无关的数据。

③【域控件】按钮：在报表上创建一个字段控件，用于显示字段、内存变量或其他表达式的内容。

④【线条】按钮、【矩形】按钮和【圆角矩形】按钮分别用于绘制相应的图形。

⑤【图片/ActiveX 绑定控件】按钮：显示图片或通用型字段的内容。

⑥【按钮锁定】按钮：允许添加多个相同类型的控件而不需要多次选中该控件按钮。

8.2.2　设置报表数据源

报表总是与一定的数据源相联系，因此在设计报表时，确定报表的数据源是首先要完成的任务。如果一个报表总是使用相同的数据源，就可以把数据源添加到报表的数据环境中。当数据源中的数据更新之后，使用同一报表文件打印的报表将反映新的数据内容，但报表的格式不变。

在用"报表设计器"创建了一个空白报表后，并直接设计报表时才需要指定数据源。其指定数据源的操作步骤如下：

① 在创建了一个空白报表后，从【显示】菜单中选择【数据环境】命令；也可以在报表设计器的空白处单击鼠标右键，从会弹出报表设计器快捷菜单中选择【数据环境】命令；还可以单击"报表设计器"工具栏中的【数据环境】按钮，打开【数据环境设计器】窗口，如图 8-20 所示。

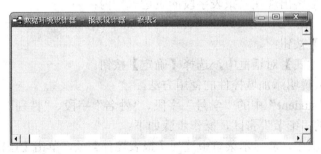

图 8-20　【数据环境设计器】窗口

② 从【数据环境】菜单中选择【添加】命令，或在【数据环境设计器】窗口中单击右键，选择【添加】命令。将会弹出【打开】对话框，选择自由表或数据库表，本例选择的是数据库表 student.dbf，将会弹出如图 8-21 所示的对话框。

③ student.dbf 在"学生学籍管理"数据库中，选择数据库中的表下的列表中的"Student"，并单击【添加】按钮。将会在"数据环境设计器"中添加了数据源，如图 8-22 所示。

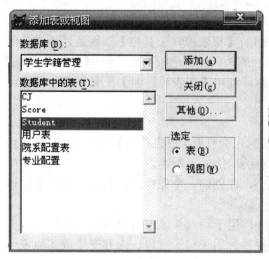

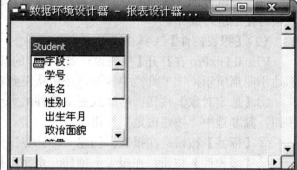

图 8-21 【添加表或视图】对话框　　　　　图 8-22　向【数据环境设计器】中添加数据源

8.2.3　设计报表布局

一个设计良好的报表会把数据放在报表合适的位置上。在报表设计器中，报表包括若干个带区，带区名标识在带区下的标识栏上。报表的带区是指报表的一块区域，每个带区中都可以放置一些报表控件，一个报表不一定需要所有的栏，可根据用户的要求选定所需的栏。在确定后所需的栏数后，就需在报表中添加控件，可以安排所要打印的内容。

8.2.3.1　添加域控件

添加域控件有两种方法，方法一：

① 打开报表的数据环境；

② 选择表或视图；

③ 拖放字段到布局上。

方法二：

① 在【报表表达式】对话框中，选择【表达式】框后的对话按钮；

② 在【字段】列表框中，双击所需的字段名；

③ 表名和字段名将出现在"报表字段的表达式"内；

注：若"字段"框为空，则应该向数据环境添加表或视图。

④ 选择【确定】按钮；

⑤ 在【报表表达式】对话框中，选择【确定】按钮。

下面通过例子来说明添加域控件的使用方法。

例 8-4　将表"student"中的"学号"字段、"姓名"字段、"性别"字段、"出生年月"字段加入到报表中的"细节"带区，操作步骤如下：

① 在报表设计器中，从显示菜单中选择【报表控件】项，单击【按钮锁定】按钮，其功能是可能添加多个同类型控件，而不必多次重复选择同一个按钮。

② 在【报表控件】工具栏中单击【域控件】按钮，在【细节】带区拖出一个方框，松开左键，即弹出【报表表达式】对话框，如图 8-23 所示。

③ 单击对话框中的"表达式"文本框右侧的"..."钮，弹出【表达式生成器】对话框。在"字段"列表框中双击"Student.学号"，这一字段即出现在"报表字段的表达式"框中，如图 8-24 所示。

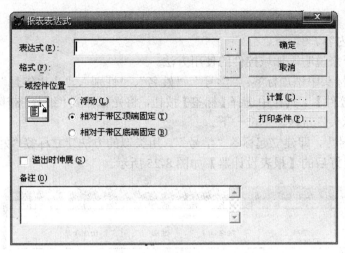

图 8-23 【报表表达式】对话框

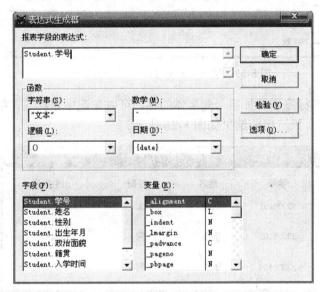

图 8-24 【表达式生成器】对话框

④ 单击【确定】按钮，返回【报表表达式】对话框，这时【表达式】框中出现了表达式"Student.学号"，单击【确定】按钮返回【报表设计器】，这时在【细节】带区中字段控件"学号"就建立起来了。

⑤ 用相同的方法将"Student"表中"学号"、"姓名"、"性别"、"出生年月"加入到报表细节带区中。

8.2.3.2 添加标签控件

① 向报表中添加标签控件，操作步骤如下：

步骤一：从【报表控件】工具栏中，单击【标签】按钮；

步骤二：在【报表设计器】中需要添加标签处单击；

步骤三：键入该标签的字符。

② 编辑标签控件，操作步骤如下：

a. 从【报表控件】工具栏中，单击【标签】按钮，然后在【报表设计器】中单击所需编

233

辑的标签；

b. 键入修改内容。

下面通过例子来说明添加域控件的使用方法。

例 8-5 在页标头中添加标签："学号"、"姓名"、"性别"、"出生年月"。操作步骤如下：

① 在【报表控件】工具栏中选择【标签】按钮，将光标移到"细节"带区中字段控件"学号"上方的"页标头"带区，单击一下。

② 输入"学号"，即建立起标签"学号"。用类似的方法建立标签"姓名"、"性别"、"出生年月"，建好后的【报表设计器】如图 8-25 所示。

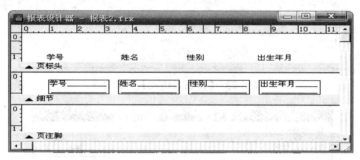

图 8-25　建立标签的【报表设计器】窗口

③ 若页标头中的标签需要加粗，变字体的话，可以先选中该标签，单击【格式】菜单中的【字体】进行更改。预览出的结果如图 8-26 所示。

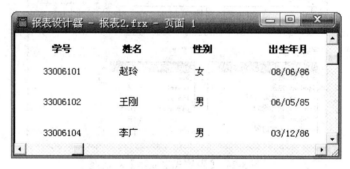

图 8-26　加入"标签"后的预览结果

8.2.3.3　设置控件布局

利用【布局】工具栏中的按钮可以方便地调整报表设计器中被选控件的相对大小或位置。【布局】工具栏可以通过单击报表设计器工具栏上的【布局】工具栏按钮，或选择【显示】菜单中【布局工具栏】命令打开或关闭。

【布局】工具栏如图 8-27 所示，其中共有 13 个按钮。

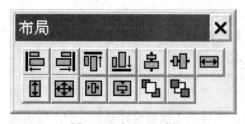

图 8-27　布局工具栏

【左边对齐】按钮使选定的所有控件向其中最左边的控件左侧对齐，【右边对齐】按钮、【顶边对齐】按钮、【底边对齐】按钮同理；【垂直居中对齐】按钮和【水平居中对齐】按钮使所有选定控件的中心处在一条垂直轴或水平轴上；【相同宽度】按钮和【相同高度】按钮使所有选定控件的宽度或高度调整到与其中最宽或最高控件相同；【相同大小】按钮使所有选定控件具有相同的大小；【置前】按钮和【置后】按钮使选定控件移到其他控件的最上层或最下层。

当调整一组控件的大小和方向时，如果要以其中某一个控件为标准，可以单击此控件，然后控件 Ctrl 键，再选择相应的【布局】工具按钮。

8.2.3.4　设计分组报表

例 8-6　将 student.dbf 中的记录按"性别"进行分组报表打印输出。操作步骤如下：

① 打开数据表 student.dbf，在表设计器中建立一个"性别"为关键字的索引。

② 采用菜单方式或命令方式打开【报表设计器】窗口。利用快速报表方式创建一个快速报表框架。

③ 单击菜单【报表】中的【数据分组】命令或者单击【报表设计器】工具栏上的【数据分组】按钮，弹出【数据分组】对话框。在该对话框中，单击第一个分组表达式右边的"…"按钮，在随后出现的【表达式生成器】对话框左下角的【字段】框中双击选择"Student.性别"，使"Student.性别"字段出现在"表达式生成器"对话框左上角的"按表达式分组记录<expr>："框中，单击【确定】按钮，返回【数据分组】对话框，如图 8-28 所示。

④ 在【数组分组】对话框下面的【组属性】对话框中，可选择进一步的设置，然后单击【确定】按钮，可以看到【报表设计器】窗口中增加了"组标头"和"组注脚"两个带区。

⑤ 单击菜单【报表】中的【标题/总结】命令，弹出【标题/总结】对话框，选中"标题带区"复选框和"总结带区"复选框，单击【确定】按钮，"标题带区"出现在"报表设计器"窗口的顶部，"总结带区"出现在底部。调整"标题带区"到适当的高度，在"标题带区"适当位置输入报表标题：学生信息表。并设置标题字体格式为：小三号、粗体、楷体_GB2312、蓝色。

⑥ 拖动各个带区"标头"使各个带区有适当的空间，将"性别"字段域控件从"细节"带区拖到"组标头"带区的左侧，调整各个控件的位置，使各个控件水平和垂直方向对齐、美观。在"页标头"带区各个"字段"标签的上、下各添加一条直线，如图 8-29 所示。

图 8-28　【数据分组】对话框

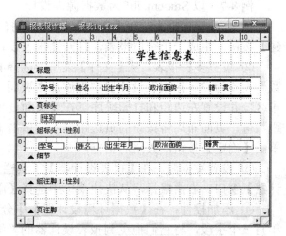

图 8-29　完成的分组报表设计

235

⑦ 指定数据源的主控索引。在报表空白位置单击鼠标右键打开快捷菜单，单击快捷菜单的【数据环境】命令或者单击【报表设计器】工具栏上的【数据环境】按钮，打开 [数据环境设计器] 窗口。指向数据表 Student 区域的任何一点单击鼠标右键，在弹出的快捷菜单中单击【属性】命令，打开【属性】窗口，确定对象框中显示的是"Cursor1"，单击"数据"选项卡，将属性框中的"Order"属性设置为：性别。如图 8-30 所示。

⑧ 单击菜单【文件】中【另存为】命令，打开【另存为】对话框，将该文件保存。单击常用工具栏上的【打印预览】按钮，预览效果如图 8-31 所示。

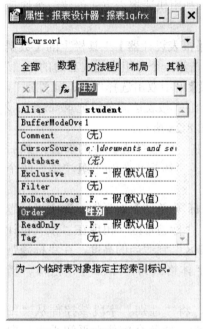

图 8-30　数据源属性窗口　　　　　　　图 8-31　报表打印预览效果

8.2.3.5　设置多栏报表

多栏报表是一种分为多个栏目打印输出的报表。如果打印的内容较多，横向只占用部分页面，设计成多栏报表比较合适。

例 8-7　以 Student.dbf 为数据源，设计一个多栏报表。其操作步骤如下：

① 生成空白报表。在【文件】菜单中选择【新建】命令，或者在常用工具栏中单击【新建】按钮，生成一个空白报表，打开【报表设计器】对话框。

② 设置多栏报表。从【文件】菜单中选择【页面设置】，在【页面设置】对话框中把"列数"设置为 3。在报表设计器中将添加占页面三分之一的一对"列标头"带区和"列注脚"带区。并设置左边距和打印顺序，在【页面设置】对话框的【左边页距】框中输入 1 厘米边距数值，页面布局将按新的页边距显示。单击【自左向右】打印顺序按钮，如图 8-32 所示。单击【确定】按钮，关闭对话框。

③ 设置数据源。在【报表设计器】工具栏上单击【数据环境】按钮，打开【数据环境设计器】窗口。右击鼠标，从快捷菜单中选择【添加】命令，添加表 Student.dbf 作为数据源。

④ 添加控件：在【数据环境设计器】中分别选择 Student.dbf 表中的学号、姓名、出生年月三个字段，将它们拖曳到报表设计器的"细节"带区，自动生成字段域控件。调整它们的位置。

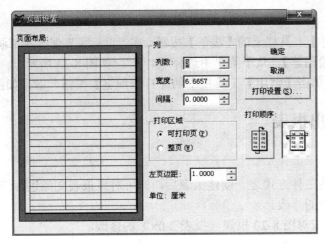

图 8-32 【页面设置】对话框

单击【报表控件】工具栏上的【线条】按钮，在"细节"带区底部画一条丝，从【格式】菜单下选择【绘图笔】命令，从子菜单中选择【点划线】。

单击【报表控件】工具栏的【标签】按钮，在"页标头"带区添加"学生信息表"标签。单击【格式】菜单下的【字体】命令，选择"楷体_GB2312"、"三号"、"粗体"，并设置水平

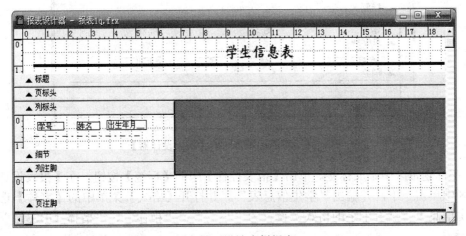

图 8-33 设计多栏报表

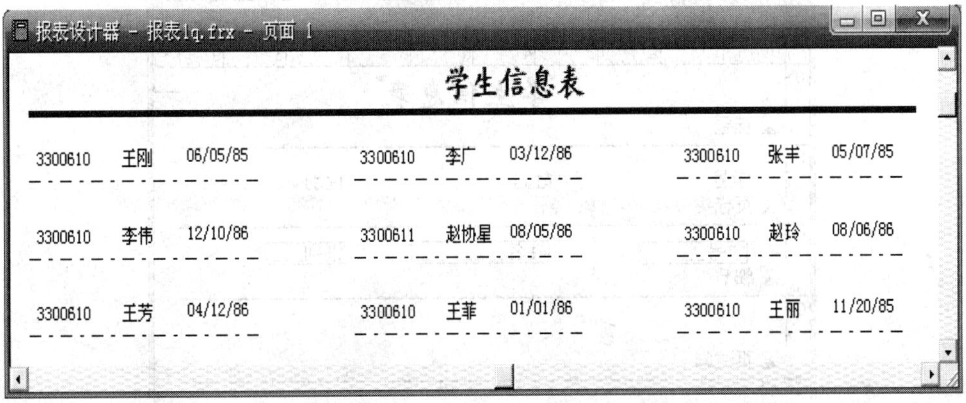

图 8-34 预览多栏报表

居中和垂直居中。

单击【报表控件】工具栏上的【线条】按钮，在"页标头"带区底部画一条线，并从【格式】菜单下选择【绘图笔】，从子菜单中选择"4 磅"。如图 8-33 所示。

⑤ 预览效果。单击【常用】工具栏上的【打印预览】按钮，效果如图 8-34 所示。

8.3 修改和输出报表

8.3.1 修改报表

当用以述介绍的三种方式之一创建报表后，即可对该报表文件进行修改、优化报表。下面讲述对报表的修改。

例 8-8 下面完成对图 8-20 报表（报表 2.frx）的修改。

操作步骤如下：

① 修改报表的结构。增加标题带区。单击【报表】菜单下拉列表的【标题/总结】。将弹出【标题/总结】对话框架，选择报表标题中的标题带区（T）。将会出现图 8-35 所示的窗口。

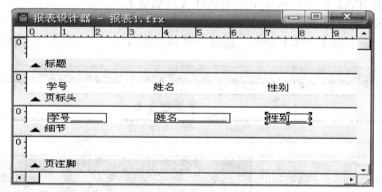

图 8-35 添加标题带区的【报表设计器】

② 在标题带区中添加标签。单击【报表控件】中的【标签】按钮，在【报表设计器】的标题带区中单击一下，并输出"学生信息表"。并打开【格式】菜单中的【字体】选项，修改"学生信息表"这五个字的格式，设置为"小三"、"粗体"、"楷体_GB2312"。如图 8-36 所示。

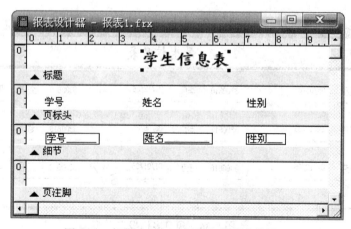

图 8-36 标题中添加"标签"的报表设计器

238

③ 在细节带区中增加"出生年月"、"政治面貌"、"籍贯"三个域控件。单击"报表控件"中的域按钮,在细节带区中拖出一个方框,将弹出一个"报表表达式"对话框,单击对话框中的"表达式"文本框右侧的"…"按钮,弹出"表达式生成器"对话框。在"字段"列表框中双击"Student.出生年月",这一字段即出现在"报表字段的表达式"框中,并单击"确定"返回。用同样的方式增加"政治面貌"、"籍贯"。如图 8-37 所示。

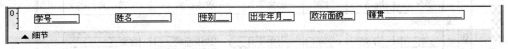

图 8-37 在"细节"带区中添加了"出生年月"、"政治面貌"、"籍贯"三个域控件

④ 在页标头中添加"出生年月"、"政治面貌"、"籍贯"三个标签。并选中标签或控件,利用键盘上的←、↑、→、↓移动到需要的位置。移动后如图 8-38 所示。

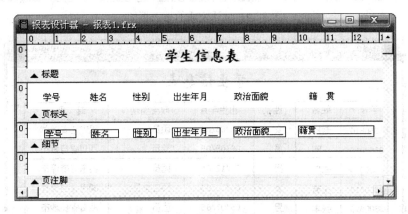

图 8-38 "页标头"带区添加了标签的"报表设计器"

⑤ 调整各带区高度,画表格线。调整各带区高度,可以用鼠标上下拖动各带区标识栏,调整带区高度到适当位置。在页标头带区和细节带区中画上表格线。单击【报表控件】工具栏上的【线条】按钮,然后在报表设计器窗口的需要位置进行画线。

根据本例要求可在"页标头"带区内围绕各个标签字段名画出如下表格线:

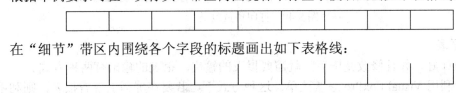

在"细节"带区内围绕各个字段的标题画出如下表格线:

画线时要注意,各个线条的长短应统一,上下线条对齐。同样的线条如上述表格线中的竖线画出 1 条后,可借助"复制"、"粘贴"操作,产生其他竖线,选中复制后的竖线,移动到需要的位置。线条的精细可通过单击【格式】菜单,在【绘图笔】子菜单中单击中相应的子命令,进行相应的选择。设置好后,如图 8-39 如示。

注:在拖动控件移动到预定位置的过程中,往往难以准确定位,这主要是由于控件以半个网格为单位移动,可以选择【格式】菜单中【设置网络刻度】命令及【显示】菜单中【网络线】命令,调整网格大小及显示网格线,控件即可准确定位。

⑥ 单击【文件】菜单中的【另存为】命令,打开【另存为】对话框,将该文件保存。并单击常用工具栏上的【打印预览】按钮,预览效果如图 8-40 所示。

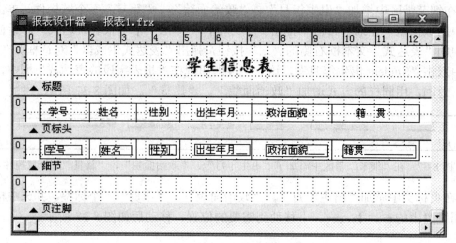

图 8-39　设计完成的报表框架

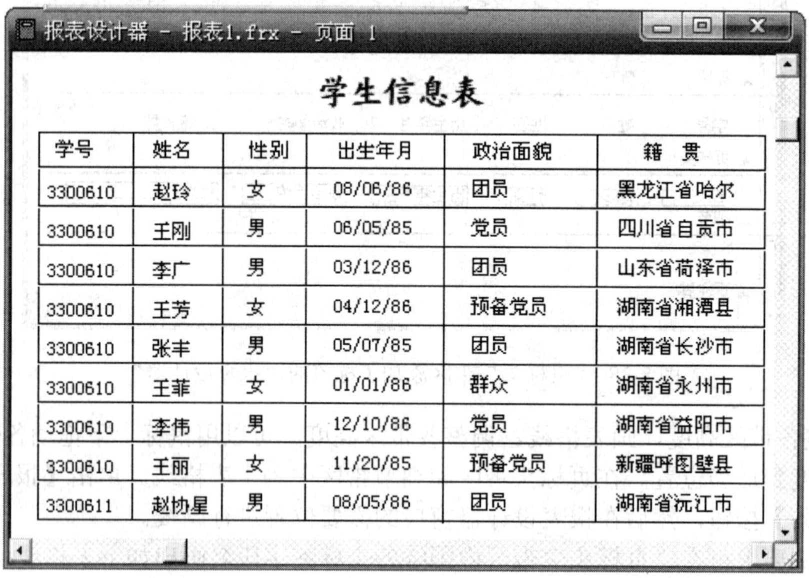

图 8-40　打印预览效果

8.3.2　输出报表

将报表设计好，并且修改完毕后，就需要报表的输出。报表的输出有两种方式。

方法一：利用 Visual FoxPro 系统菜单。这种方式下，若要在屏幕上观看报表，则利用预览选项；若要打印输出，则先将打印机与计算机连接好，打开打印机电源，单击常用工具栏上的【打印】按钮，或单击菜单【文件】中的【打印】命令，或单击菜单【报表】中的【运行报表】命令，或在 [报表设计器] 窗口内单击鼠标右键选择快捷菜单中的【打印】命令，也可以打开【打印】对话框进行打印。如图 8-41 所示。

方法二：采用命令方式。在命令方式下，打印报表的命令是 REPORT。

下面介绍报表输出打印命令。

（1）格式

REPORT FORM <报表文件名> [ENVIRONMENT] [<范围>] [FOR <逻辑表达式>]
[HEADING <字符表达式>] [NOCONSOLE] [PLAIN] [RANGE 开始页[, 结束页]]

[PREVIEW] [[IN] WINDOW <窗口名>
IN SCREEN][NOWAIT]]

[TO PRINTER [PROMPT]|TO FILE <文
件名> [ASCII]]

[SUMMARY]

（2）参数介绍

① <报表文件名>：指出要打印的报表
文件名，默认扩展名为.frx。

② ENVIRONMENT：用于恢复存储在
报表文件中数据环境的信息。

③ HEADING <字符表达式>：<字符表
达式>的值作为页标题打印在报表的每一
页上。

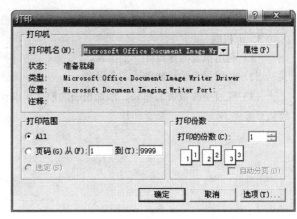

图 8-41　【打印】对话框

④ NOCONSOLE：在打印机上打印报表时禁止报表内容在屏幕上显示。

⑤ PLAIN：将 HEADING 设置的页标题仅在报表的第一页中显示。

⑥ RANGE 开始页[，结束页]：指定打印的开始页和结束页，结束页的缺省设置尾 9999。

⑦ PREVIEW 子句：指定报表在屏幕上打印预览，不在打印机上输出，并可指定打印预览的输出窗口。

⑧ TO PRINTER 子句：将指定报表文件在打印机上输出。如果有 PROMPT 选项，打印前弹出【打印】对话框，供用户进行打印范围、打印份数的选择。

⑨ TO FILE 子句：将报表输出内容输出到文本文件，ASCII 使打印机代码不写入文件。

⑩ SUMMARY：打印或打印预览"总结"带区的内容，不打印"细节"带区的内容。

例如：用命令方式，将报表文件在打印机上输出。

REPORT FORM Student.frx TO PREVIEW　　　　&&指定报表在屏幕上打印预览

REPORT FORM Student.frx to PRINTER　　　　&&指定报表在打印机上输出

习　题

1．选择题

（1）在"报表设计器"中，可以使用的控件是(　　　)。

　　A. 标签、文本框和列表框　　　　　　　B. 布局和数据源

　　C. 标签、域控件和列表框架　　　　　　D. 标签、域控件和线条

（2）报表的数据源可以是(　　)。

　　A. 自由表或其他报表　　　　　　　　　B. 数据库表、自由表或视图

　　C. 表、查询或视图　　　　　　　　　　D. 数据库表、自由表或查询

（3）在创建快速报表时，基本带区包括(　　)。

　　A. 标题、细节和总结　　　　　　　　　B. 页标头、细节和页注脚

　　C. 报表标题、细节和页注脚　　　　　　D. 组标头、细节和组注脚

2．填空题

（1）报表主要包括两部分的内容：＿＿＿＿＿和＿＿＿＿＿。

（2）使用＿＿＿＿＿是创建报表的最简单的方法。

（3）＿＿＿＿＿＿是创建简单报表文件的最快速的方法。

（4）"报表设计器"的带区，系统默认显示三个带区：_____、_____和_____。

3．上机题

（1）利用报表向导设计一个报表。

（2）利用报表设计器设计一个报表。

（3）通过更改报表的布局、添加报表的控件和设计数据分组等方式，美化、修改一个用报表向导生成的简单报表。

第9章 菜单与工具栏设计

一个应用程序一般以菜单的形式列出其具有的功能，而用户则通过菜单调用应用程序的各种功能。菜单是应用程序中使用最广泛的命令，它们为用户提供了一个友好的、结构化的、可访问的方式和界面。

Visual FoxPro 用户菜单，类似 Windows 的菜单，它分为主菜单和子菜单。用户可以利用系统提供的创建用户应用系统菜单的工具，设计自己所需要的菜单。

在 Visual FoxPro 中如何恰当地设计菜单，使应用程序的主要功能得到体现，是我们这一章将要学习的内容。

9.1 菜单系统及其规划

9.1.1 菜单系统的结构

菜单系统（menu system）是菜单栏（menu bar）、菜单标题(menu title)、菜单(menu)和菜单项(menu item)的组合。

① 菜单栏：位于窗口标题下的水平条形区域，用于放置各菜单标题。

② 菜单标题：也叫菜单名，用于标识菜单。

③ 菜单：单击菜单标题可以打开相应的菜单，菜单由一系列菜单项组成，包括命令、过程和子菜单等。

④ 菜单项：列于菜单上的菜单命令，用于实现某个具体的任务。

典型的菜单系统一般是一个下拉菜单，由一个条形菜单和一组弹出式菜单组成。其中条形菜单作为主菜单，弹出菜单作为子菜单。每一个条形菜单都有一个内部名字和一组菜单选项，每个菜单选项都有一个名称和内部名字。每一个弹出式菜单也有一个内部名字和一组菜单选项，每个菜单选项则有一个名称和选项序号。菜单项的名称显示于屏幕供用户识别，菜单及菜单项的内部名字或选项序号则用于在代码中引用。

每一个菜单选项都可以选择设置一个热键和一个快捷键。热键通常是一个字符，当菜单激活时，可以按菜单项的热键快速选择该菜单项。快捷键通常是 Ctrl 键和另一个字符键组成的组合键。不管菜单是否激活，都可以选择其中某个选项时都会有一定的动作。这个动作可以是下面三种情况中一种：执行一条命令、执行一个过程和激活另一菜单。快捷菜单一般由一个或一组上下级的弹出式菜单组成。

9.1.2 系统菜单

Visual FoxPro 系统菜单是一个典型的菜单系统，其主菜单是一个条形菜单。条形菜单中常见选项的名称及内部名字如表 9-1 所示。

条形菜单本身的内部名字为_MSYSMENU，也可看作是整个菜单系统的名字。

选择条形菜单中的每一个菜单项都会激活一个弹出式菜单，各弹出式菜单的内部名字如表 9-2 所示。表 9-3 是【编辑】菜单中常用选项的选项名称和内部名字。

通过 SET SYSMENU 命令可以允许或者禁止在程序执行时访问系统菜单，也可以重新配

表 9-1　主菜单（_MSYSMENU）常见选项

选项名称	内部名字	选项名称	内部名字
文件	_MSM_FILE	程序	_MSM_PROG
编辑	_MSM_EDIT	窗口	_MSM_WINDO
显示	_MSM_VIEW	帮助	_MSM_SYSTEM
工具	_MSM_TOOLS		

表 9-2　弹出式菜单的内部名字

弹出式菜单	内部名字	弹出式菜单	内部名字
"文件"菜单	_MFILE	"程序"菜单	_MPROG
"编辑"菜单	_MEDIT	"窗口"菜单	_MWINDOW
"显示"菜单	_MVIEW	"帮助"菜单	_MSYSTEM
"工具"菜单	_MTOOLS		

表 9-3　"编辑"菜单（_MEDIT）常用选项

选项名称	内部名字	选项名称	内部名字
撤销	_MED_UNDO	清除	_MED_CLEAR
重做	_MED_REDO	全部选定	_MED_SLCTA
剪切	_MED_CUT	查找	_MED_FIND
复制	_MED_COPY	替换	_MED_REPL
粘贴	_MED_PASTE		

置系统菜单：

　　SET SYSMENU ON | OFF | AUTOMATIC

　　　　| TO[<弹出式菜单名表>]

　　　　| TO[<条形菜单项名表>]

　　　　| TO [DEFAULT] | SAVE | NOSAVE

　　说明：

　　ON：允许程序执行时访问系统文件。

　　OFF：禁止程序执行时访问系统菜单。

　　AUTOMATIC：可使系统菜单显示出来，可以访问系统菜单。

　　TO<弹出式菜单名称>：重新配置系统菜单，以内部名字列出可用的弹出式菜单。例如，命令"SET SYSMENU TO _MFILE，_MWINDOW"将使系统菜单只保留"文件"和"窗口"两个子菜单。

　　TO<条形菜单项名表>：重新配置系统菜单，以条形菜单项内部名表列出可用的子菜单。例如，上面的系统菜单配置命令也可以写成"SET SYSMENU TO _MSM_FILE，_MSM_WINDO"。

　　TO DEFAULT：将系统菜单恢复为缺省配置。

　　SAVE：将当前的系统菜单配置指定为缺省配置。如果在执行了 SET SYSMENU SAVE 命令后，修改了系统菜单，那么执行 SET SYSMENU TO DEFAULT 命令，就可以恢复 SET SYSMENU SAVE 命令执行之前的菜单配置。

　　NOSAVE：将缺省配置恢复成 Visual FoxPro 系统菜单的标准配置。要将系统菜单恢复成标准配置，可先执行 SET SYSMENU NOSAVE 命令，然后执行 SET SYSMENU TO DEFAULT 命令。

不带参数的 SET SYSMENU TO 命令将屏蔽系统菜单，使系统菜单不可用。

9.1.3 菜单系统的规划

打开应用程序，首先看到的是菜单，应用程序界面的友好程度、质量高低，在一定程度上取决于菜单系统。所以在进行应用程序菜单设计前，首先应该做好菜单内容的组织和规划，规划合理的菜单，可使用户易于接受应用程序，同时对应用程序很有帮助。

在设计菜单系统时，应遵循下列准则。

① 按照用户所要执行的任务组织菜单系统，避免应用程序的层次影响菜单系统的设计。应用程序最终是要面向用户，用户的思考习惯、完成任务的方法将直接决定用户对应用程序的认同程度。用户通过查看菜单和菜单项，可以对应用程序的组织方法有一个感性认识。因此，规划合理的菜单系统，应该与用户执行的任务是一致的。

② 给每个菜单一个有意义的、言简意赅的菜单标题。此标题对菜单任务能够做简单明了的说明。

③ 按照预计菜单项的使用频率、逻辑顺序或字母顺序合理组织菜单项。当菜单项较多时，按字母顺序特别有效。太多的菜单项需要用户花费一定的时间才能浏览一遍，而按字母顺序则便于用户查看菜单项。

④ 在菜单项的逻辑组之间放置分隔线。

⑤ 将菜单上菜单项的项目限制在一个屏幕之内。如果菜单项的数目超过一屏，则应为其中的一些菜单创建子菜单。

⑥ 为菜单和菜单项设置访问键或键盘快捷键。

⑦ 使用能够准确描述菜单项的文字。描述菜单项时，请使用日常用语而不要使用计算机术语。同时，说明选择一个菜单项产生的效果时，应使用简单、生动的动词，而不要将名词当作动词使用。另外，请使用相似语句结构说明菜单项。

⑧ 在菜单项中混合使用大小写字母。

9.2 菜单设计

当一个菜单系统规划好后，就可利用 Visual FoxPro 系统提供的"菜单设计器"来进行菜单设计。

9.2.1 菜单设计的基本过程

用"菜单设计器"设计菜单的基本过程如下。

9.2.1.1 调用"菜单设计器"

无论是建立菜单或修改已有菜单，都需要打开菜单设计器窗口。若需要新建一个菜单，其方式如下：

① 选择【文件】菜单中的【新建】命令，从中选择"菜单"，然后单击右边的【新建文件】按钮；

② 在"项目管理器"中，选择【其他】选项卡，从中选择"菜单"项，按【新建】按钮；

③ 在命令窗口使用建立菜单命令：CREATE MENU。

若需要用菜单设计器修改一个已有的菜单，则可用如下方式：

① 选择【文件】菜单中的【打开】命令，打开一个菜单定义文件（.mnx 文件），打开【菜单设计器】窗口；

② 可以用命令调用菜单设计器，格式为：MODIFY MENU <文件名>，命令中的<文件名>指定菜单定义文件，默认扩展名.mnx 允许缺省，若<文件名>为新文件，则为建立菜单，否则为打开已有菜单。

9.2.1.2　菜单设计

在"菜单设计器"窗口中定义菜单，指定菜单的各项内容，如菜单项的名称、快捷键等。具体的方法在 9.2.2 节中介绍。

9.2.1.3　保存菜单定义

指定完菜单的各项内容后，应将菜单定义保存到.mnx 文件中。方法是从【文件】菜单中选择【保存】命令或按 Ctrl+W 组合键。

9.2.1.4　生成菜单程序

系统保存当前的菜单定义，生成菜单文件（.mnx 文件）和菜单备注文件（.mnt）。而菜单文件其本身是一个表文件，并不能够直接运行，要运行就必须生成相应相应的菜单程序代码（.mpr）。其方法是在菜单设计器环境下，选择【菜单】菜单中的【生成】命令，然后在【生成菜单】对话框中指定菜单程序文件的名称和存放路径，最后单击【生成】按钮。

9.2.1.5　运行菜单

可在命令窗口中输入"DO <文件名>"运行菜单程序，但其中文件名的扩展名.mpr 不能省略。运行菜单程序时，系统将菜单程序（.mpr 文件）编译成扩展名为（.mpx 文件）的菜单目标程序。

9.2.2　下拉式菜单设计

下拉式菜单是一种最常见的菜单，用 Visual FoxPro 提供的菜单设计器可以方便地进行下拉式菜单的设计，其步骤如下。

9.2.2.1　创建菜单

选择【文件】菜单中的【新建】命令，从中选择"菜单"，然后单击右边的【新建文件】按钮。将弹出【新建菜单】对话框，如图 9-1 所示。

9.2.2.2　创建菜单项

在【新建菜单】对话框中选择【菜单】按钮，将弹出【菜单设计器】对话框，如图 9-2 所示。

菜单设计器窗口用来定义菜单，可以是条形菜单（菜单栏），也可以是弹出式菜单（子菜单）。【菜单设计器】窗口打开时，首先显示和定义的是条形菜单。使用菜单设计器可以创建菜单、菜单项、菜单项的子菜单和分隔菜单组的线条等。

菜单设计器包含下列内容。

（1）菜单名称

用来输出菜单项的名称。如果用户想为菜单项添加访问键的话，可在要设定为访问键的字母前面加"\<"。如菜单项的名称为"文件（\<F）"表示字母 F 为该菜单项的

图 9-1　【新建菜单】对话框

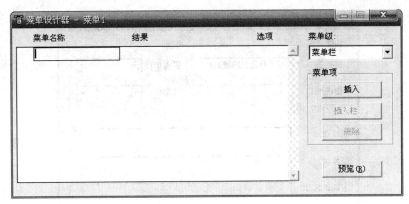

图 9-2　【菜单设计器】对话框

访问键。菜单显示时，该键用加有下划线的字符表示，菜单打开后，只要按下该访问键，该菜单项就被执行。

可以根据各菜单项功能的相似性或相近性，将弹出式菜单的菜单项分组，如将剪切、复制、粘贴分为一组，将查找、替换分为一组等。系统提供的分组手段是在两组之间插入一条水平的分组线，方法是在相应行的"菜单名称"列上输入"\-"两个字符。

此外，每个提示文本框的前面有一个小方块按钮，当鼠标移动到它上面时形状会变成上下双箭头的样子。这个按钮是标准的移动指示器，用鼠标拖动它可上下改变当前菜单项在菜单列表中的位置。

（2）结果

指定用户选择菜单项时的动作，它的下拉列表包括以下几个选项。

① 命令：当选中这一项后，在其右侧出现一个文本框，在这个文本框中输入要执行的命令。这个选项仅对应于执行一条命令或调用其他程序的情况。如果所要执行的动作需要多条命令完成，而又无相应的程序可用，那么在这里应该选择"过程"。

② 填空名字或菜单项#：选择此选项，列表框右侧会出现一个文本框。可以在文本框输入菜单项的内部名字或序号。选择这一项的目的主要是为了在程序中引用它。若当前定义的菜单是条形菜单，该选项是"填充名称"，应指定菜单项的内部名字。若当前菜单为弹出式子菜单，该选项为"菜单项#"，就指定菜单项的序号。

③ 子菜单：若用户所定义的当前菜单项还有子菜单的话就应该选择这一项。当选中这一项后，在其右侧将出现一个【编辑】按钮，按下【编辑】按钮后将进入新的一屏来设计子菜单。此时，窗口右下方的"菜单级"下拉列表框内会显示当前子菜单的内部名字。选择"菜单级"下拉列表框内的选项，可以返回到上级子菜单或最上层的条形菜单定义页面。

注：最上层的条形菜单不能指定内部名字，其在"菜单级"下拉列表框内显示为"菜单栏"。

④ 过程：用于定义一个与菜单项关联的过程。选择此项，列表框右边会出现【创建】命令按钮，单击【创建】按钮将打开一个文本编辑窗口，可在其中输入和编辑过程代码。以后，再进行过程编辑时，右边将出现【编辑】命令按钮而不是【创建】命令按钮。注意，在输入过程代码时，不需要写入 PROCEDURE 语句。

（3）选项

每个菜单项的"选项"都有一个无符号按钮，单击该按钮就会出现【提示选项】对话框，如图 9-3 所示。此对话框是用来定义菜单项的附加属性。一旦定义过属性，选项就会显示符

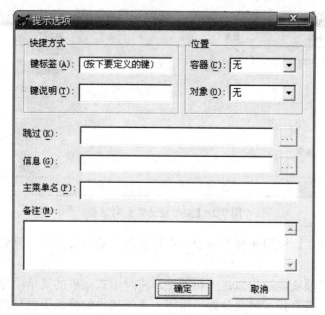

图 9-3 【提示选项】对话框

号"√"。

　　【提示选项】对话框允许在定制的菜单中指定提示的选项。使用此对话框可以定义键盘快捷键、确定废止菜单或菜单项的时间等，对话框中的主要属性如下。

　　① "快捷方式"项：指定菜单项的快捷键，快捷键是指菜单项右边标示的组合键（Ctrl键或 Alt 键和其他键的组合，Ctrl+J 除外）。方法是选用鼠标单击"键标签"文本框，使光标定位于该文本框，然后在键盘上按快捷键。比如，按下 Ctrl+E，则"键标签"文本框内就会出现 Ctrl+E。另外，"键说明"文本框内也会出现相同的内容，但该内容可以修改。当菜单激活时，"键说明"文本框内的内容将显示在菜单项标题的右侧，作为对快捷键的说明。要取消已定义的快捷键，可以先用鼠标单击"键标签"文本框，然后按空格键。

　　② "跳过"项：用于设置菜单或菜单项的跳过条件，单击编辑框右侧【…】按钮，将弹出【表达式生成器】对话框，用户可在"表达式生成器"中指定一个表达式，由表达式的值决定该菜单项是否可选。当菜单激活时，如果表达式的值为.T.时，该菜单项将以灰色显示，表示当前状态不可选用。

　　③ "信息"项：定义菜单项的说明信息。指定一个字符串或字符表达式。当鼠标指向该菜单项时，该字符串或字符串表达式的值就会显示在 Visual FoxPro 主窗口的状态栏上。

　　④ "主菜单名"或"菜单项#"项：指定条形菜单菜单项的内部名字或弹出式菜单项的序号，使用户可以在程序中通过该标题引用菜单项。

　　⑤ "备注"项：在这里输入对菜单项的注释。不过这里的注释不会影响到生成菜单程序代码，在运行菜单程序时 Visual FoxPro 将忽略所有的注释。

　　除此之外，"菜单设计器"窗口中还有以下按钮。

　　① 菜单级：这个列表框显示出当前所处的菜单级别。当菜单的层次较多时利用这一项可知当前的位置。从子菜单返回上面任意一级菜单也要使用这一项。

　　②【插入】按钮：单击该按钮，可以在当前菜单行之前插入一个新的菜单行。

　　③【插入栏】按钮：在当前菜单项行之前插入一个 Visual FoxPro 系统菜单命令。方法是：单击该按钮，打开【插入系统菜单栏】对话框，如图 9-4 所示。然后在对话框中选择所需的

菜单命令（可以多选），并单击【插入】按钮。该按钮仅在定义弹出式菜单时有效。

④【删除】按钮：单击该按钮，即可删除当前的菜单行。

⑤【预览】按钮：单击该按钮，即可预览菜单效果。

建立应用程序菜单，应用程序菜单设计包括主菜单、子菜单项的设计。

例 9-1　主菜单的设计。设计一个"学生信息管理系统"的主菜单，名称为 scxc.mnx。它的菜单栏包括"系统设置"、"学籍管理"、"班级管理"、"课程设置"、"成绩管理"和"帮助"六个菜单栏。其操作步骤如下：

① 选择【文件】菜单中的【新建】命令，

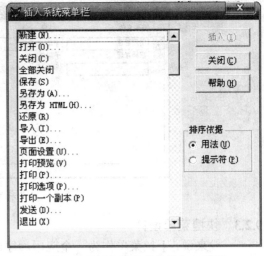

图 9-4　【插入系统菜单栏】对话框

从中选择"菜单"，然后单击右边的【新建文件】按钮。将弹出【新建菜单】对话框。在其选择【菜单】按钮，将弹出【菜单设计器】对话框。

② 在【菜单设计器】对话框的"菜单名称"栏输入要建立的六个菜单的名称，结果如图 9-5 所示。

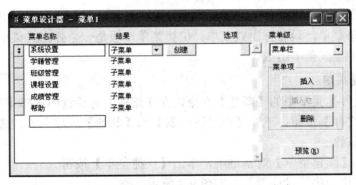

图 9-5　【菜单设计器】对话框

③ 选择【文件】菜单中的【保存】命令，保存菜单名为 scxc.mnx。

例 9-2　子菜单的设计。为主菜单 scxc.mnx 中的菜单名称"系统设置"，设计对应的子菜单。使它含有两个子菜单选项：用户管理和密码管理。

操作步骤如下：

① 打开主菜单 scxc.mnx，并选中菜单名称"系统设置"。

② 单击"创建"按钮，再次进入"菜单设计器"，进行子菜单设计。

③ 在"菜单设计器"窗口"系统设置"的两个选项："用户管理"和"密码管理"。如图 9-6 所示。

④ 退出"菜单设计器"，并保存。结束子菜单选项的定义。

如果需要，用户还可以重复上面的工作，为子菜单继续定义下一级子菜单。

用户还可以将子菜单分组，分组的方法是：在定义子菜单名称时，在需要分组的地方，定义一个"\-"的菜单项即可。

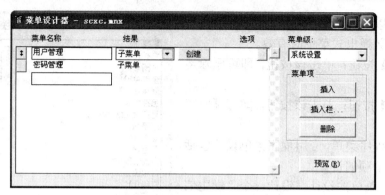

图 9-6 为"系统设置"建立两个选项

9.2.3 快捷菜单设计

一般来说，下拉菜单作为一个应用程序的菜单系统，列出了整个应用程序所具有的功能。而快捷菜单一般从属于某个界面对象，当用鼠标单击该对象时，就会在单击处弹出快捷菜单。所以说快捷菜单是一种在控件或对象上单击右键时出现的弹出式菜单，它可以快速展示当前对象可用的所有功能。可用 Visual FoxPro 创建快捷方式菜单，并将这些菜单附加在控件中。例如，可创建包含"剪切"、"复制"和"粘贴"命令的快捷菜单，当用户在表格控件所包含的数据上单击右键时，将出现快捷菜单。实际上，菜单设计器仅能生成快捷菜单本身，实现单击右键来弹出一个菜单的动作还须编程。

利用系统提供的快捷菜单设计器可以方便地定义与设计快捷菜单。与下拉式菜单相比，快捷菜单没有条形菜单，只有弹出式菜单。快捷菜单一般是一个弹出式菜单，或者由几个具有上下级关系的弹出式菜单组成。

9.2.3.1 创建快捷菜单

① 选择【文件】菜单中的【新建】命令，在【新建】对话框中选择【菜单】单选按钮，然后单击【新建文件】按钮；或在【项目管理器】的【其他】选项卡中，选择【菜单】，然后单击【新建】按钮。

② 在弹出的【新建菜单】对话框中，单击【快捷菜单】按钮。

③ 将出现【快捷菜单设计器】，如图 9-7 所示。

进入"快捷菜单设计器"后，添加菜单项的过程与创建菜单完全相同。

④ 在插入了菜单项之后，需生成菜单程序。选定【菜单】菜单项的生成命令，保存菜单文件其扩展名为.mnx 和菜单备注文件其扩展名为.mnt，在【生成菜单】对话框中单击【生成】

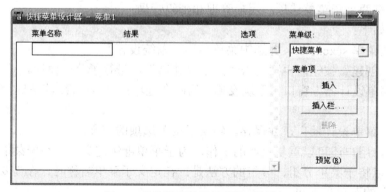

图 9-7 【快捷菜单设计器】对话框

按钮，生成菜单程序其扩展名为.mpr。

9.2.3.2　将快捷菜单附加到控件中

创建并生成了快捷菜单以后，就可将其附加到控件中。当用户在控件上单击鼠标右键时，显示典型的快捷菜单。在控件的 right-click 事件中输入少量代码即可将快捷菜单附加到特定的控件中。

操作步骤如下：

① 选择要附加快捷菜单的控件；

② 在控件"属性"窗口中，选择【方法程序】选项卡并选择【Right Click Event】。

③ 在代码窗口中，键入"DO <快捷菜单程序文件名>"，如 DO menu.mpr，其中 menu 是快捷菜单的文件名。

注意：引用快捷菜单时，必须使用.mpr 作为扩展名。

例 9-3　为某表单建立一个快捷菜单，其选项有：剪切、复制、粘贴、撤销和全部选定。撤销和全部选定之间用分隔线，如图 9-8 所示。

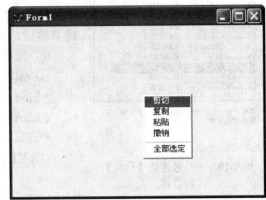

图 9-8　表单的快捷菜单

操作步骤：

① 打开【快捷菜单设计器】对话框，然后按要求定义快捷菜单各选项的内容，如图 9-9 所示。

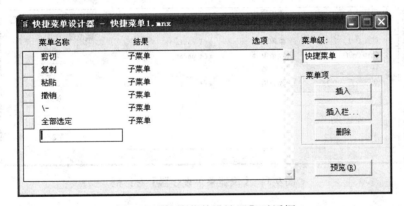

图 9-9　【快捷菜单设计器】对话框

②【文件】菜单中的【保存】按钮，将结果保存为菜单文件"快捷菜单 1.mnx"和菜单备注文件"快捷菜单 1.mnt"。

③在【生成菜单】对话框中单击【生成】按钮，生成菜单程序"快捷菜单 1.mpr"。

④打开需要设置快捷菜单的表单，将打开其【属性】对话框，所图 9-10 所示。

⑤ 选择【属性】对话框中的"方法程序"选项卡，并双击"Right Click Event"，并在其中键入 DO 快捷菜单 1.mpr 即可。

例 9-4　建立一个包含有剪切、复制、粘贴、撤销和全部选定功能的快捷菜单，在浏览 student.dbf 时使用。

操作步骤如下：

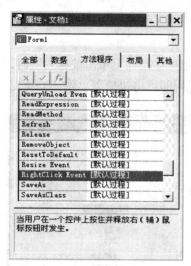

图 9-10 表单控件的【属性】
对话框

① 打开【快捷菜单设计器】对话框：选择【文件】菜单中的【新建】命令，在【新建】对话框中选择【菜单】单选按钮，然后单击【新建文件】按钮，选择【快捷菜单】按钮。

② 插入系统菜单栏：在【快捷菜单设计器】对话框中选定【插入栏】按钮，分别添加"剪切"、"复制"、"粘贴"、"撤销"和"全部选定"菜单项，单击【关闭】按钮，返回"快捷菜单设计器"窗口，如图 9-11 所示。

③ 保存 kjscd.mnx 与生成快捷菜单程序 kjscd.mpr。

④ 编辑调用快捷菜单程序：

```
* kjcd.prg
CLEAR ALL
PUSH KEY CLEAR                    && 清除功能键的定义
ON KEY LABEL RIGHTMOUSE DO kjscd.mpr
                                 && 设置鼠标右键运行快捷菜单
USE student
```

```
BROWSE
USE
PUSH KEY CLEAR
```

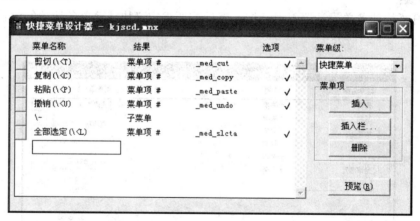

图 9-11 【快捷菜单设计器】对话框

⑤ 运行程序 kjcd.prg 及快捷菜单程序，如图 9-12 所示。

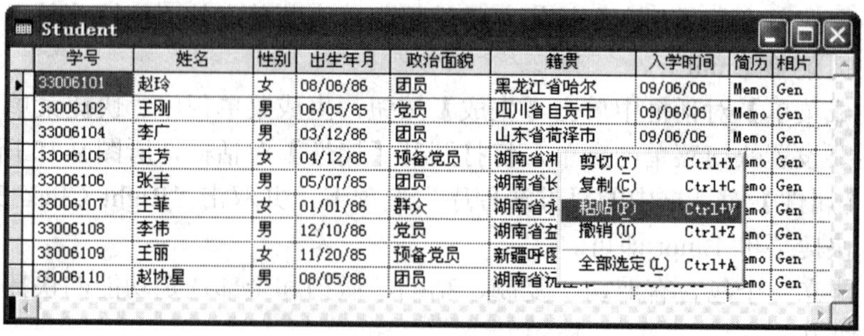

图 9-12 弹出的快捷菜单

9.3 菜单的常规选项和菜单选项

在【菜单设计器】窗口打开时，系统的显示菜单中会出现两条命令：常规选项和菜单选项，它们与"菜单设计器"相互配合使用，使菜单设计更加完善。

9.3.1 常规选项

在【显示】菜单中选择【常规选项】命令，将打开【常规选项】对话框，如图 9-13 所示。【常规选项】对话框允许为整个菜单系统指定代码，即可定义整个下拉菜单系统的总体属性，包括设置代码和清理代码。该功能还可以指定菜单的执行方式，例如，是添加到活动菜单的后面，还是替换已有的活动菜单。此功能在打开菜单设计器时可用。

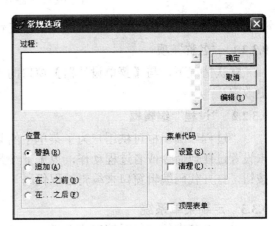

图 9-13 【常规选项】对话框

（1）"过程"编程框

用于建立整个菜单系统的过程代码。如果在第一级菜单中有些菜单未设置过任何命令或过程，则可在该"过程"框直接输入过程代码，也可在选定【编辑（T）】按钮打开一个代码编辑窗口。

注：该编辑窗口要单击【确定】按钮才可激活。

（2）"位置"区域

有四个选项按钮，用来描述用户定义的菜单与系统菜单的关系。

①【替换】选项按钮：将用户定义的菜单替换系统菜单，是系统默认选项。

②【追加】选项按钮：将用户定义的菜单添加到当前菜单系统的右边。

③【在…之前】选项按钮：将用户定义的菜单插入到某菜单项的前面，选定该按钮后右边会出现一个用来指定菜单项的下拉列表。

④【在…之后】选项按钮：将用户定义的菜单插入到某菜单项的后面，选定该按钮后右边会出现一个用来指定菜单项的下拉列表。

（3）"菜单代码"区域

有二个复选框，包括"设置(S)…"和"清理(C)…"

①"设置(S)…"复选框：选中此复选框，将打开一个编辑窗口，该编辑窗口需要单击【确定】按钮才可激活。它用于设置菜单程序的初始化代码。该代码一般包含设置变量、定义数组和创建环境等操作内容。

②"清理(C)…"复选框：选中此复选框，也会打开一个编辑窗口，用于设置菜单程序的清理代码，清理代码在菜单显示出来后执行。

（4）"顶层表单"复选框

选中此复选框，则允许用户定义的菜单在顶层表单中使用。如果未选定，只允许在 Visual FoxPro 框架中使用该菜单。

9.3.2 菜单选项

在【显示】菜单中选择【菜单选项】命令，将打开【菜单选项】对话框，如图 9-14 所示。

图 9-14 【菜单选项】对话框

【常规选项】对话框允许为特定的菜单指定代码，此命令在打开菜单设计器时可用。

9.3.2.1 "名称"项

默认情况下，与【菜单设计器】窗口的"提示"列的文本相同，可以键入一个新名称来更改它。

9.3.2.2 "过程"编辑框

"过程"编辑框可供用户为子菜单中的某些菜单项创建过程代码，这些菜单项的特点是未设置过任何命令或者过程动作，也无下级菜单。用户可单击【编辑(T)...】按钮和【确定】按钮，打开代码编辑窗口来编辑过程代码。

9.3.3 定制菜单系统

当一个基本的菜单系统建成之后，可以对其进行进一步定制。例如，可以创建状态栏信息、定义菜单的位置及定义默认过程等。

9.3.3.1 显示状态栏信息

在选择一个菜单或菜单项时，可以定义状态栏以显示一些相应的说明信息。这种信息可以帮助用户了解所选菜单的有关情况。

在选择菜单或菜单项时显示信息，操作步骤如下：

① 在"菜单名称"栏中，选择相应的菜单标题或菜单项；

② 单击"选项"栏中的按钮，弹出【提示选项】对话框；

③ 在"信息"框中键入适当的信息，或单击"信息"框右侧的【...】按钮，弹出【表达式生成器】对话框，键入适当的信息。

注意：如果键入的信息是字符串，应用引号括起来。

9.3.3.2 定义菜单标题的位置

在应用程序中，可以设置用户自定义菜单标题的位置。操作步骤如下：

① 从【显示】菜单中，选择【常规选项】；

② 在弹出的【常规选项】对话框中，选择适当的"位置"选项，如"替换"、"追加"、"在...之前"、"在...之后"。通过这些选项，可以设置自定义菜单相对于活动菜单系统的相对位置。

此外，Visual FoxPro 会重新排列所有菜单标题的位置。如果只想设置其中的几个而不是全部，可以在"菜单设计器"中将想要移动的菜单标题旁边的移动按钮拖到正确的位置。

9.4　顶层表单的菜单加载

设计好的应用程序的主菜单，可通过如下的步骤加载到顶层表单中。

① 设置主菜单为顶层菜单：在菜单设计器中设计菜单系统，并选择【显示】菜单中的【常规选项】命令，将出现【常规选项】对话框，选中【顶层表单】复选框，单击【确定】按钮，返回【菜单设计器】对话框，保存好菜单，并生成菜单程序。

② 设置表单为顶层表单：将表单的 ShowWindow 属性值定义为 2。

③ 在表单的 Init 事件代码中添加调用菜单程序的命令，该命令的格式如下：

DO <主菜单名.mpr> WITH THIS[，"<菜单内部名>"]

其中：主菜单名.mpr 指定被调用的菜单程序文件，其中的扩展名.mpr 不能省略。

THIS：表示当前表单对象的引用。

菜单内部名：用于为当前添加的主菜单指定一个内部名字。

④ 在表单的 Destroy 事件代码中添加清除菜单的命令，使得在关闭菜单时能同时清除菜单，释放其所占用的内在空间。命令格式如下：

RELEASE MENU<菜单内部名>

例 9-5　建立一个顶层表单 scxc.scx，然后将例 9-2 的菜单 scxc.mpr 设为顶层菜单，并加载到顶层表单上。

① 将 scxc 菜单修改设置成为顶层菜单：打开菜单文件 scxc.mnx，在"菜单设计器"环境下，选择【显示】菜单中的【常规选项】命令，将出现【常规选项】对话框，选中【顶层

表 9-4　属性设置

对象	属性	属性值	说明
Form1	Caption	学生信息管理系统主窗口	
	ShowWindow	2	设为顶层表单
	BackColor	255,255,255	白色背景
Label1	Caption	学生信息管理系统	
	FontSize	30	
	BackStyle	0	透明

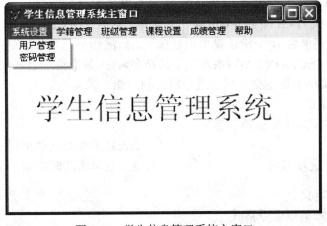

图 9-15　学生信息管理系统主窗口

255

表单】复选框，单击【确定】按钮，返回"菜单设计器"窗口，并保存菜单，重新生成菜单程序 scxc.mpr。

② 建立顶层表单，选择新建表单，进入表单设计器，在表单中添加一个标签。设置对象属性如表 9-4 所示。

③ 编写表单事件代码。

表单 FORM1 的 Init 事件代码为：DO scxc.mpr with this，"stu"。

表单 FORM1 的 Destroy 事件代码为：RELEASE MENU stu

保存表单设置，运行结果如图 9-15 所示。

9.5　用编程方式定义菜单

无论是条形菜单还是弹出式菜单，都可以通过命令进行定义和设计。这里只简单介绍有关菜单的定义命令。关于菜单定义命令的详细格式及使用方法，请参阅其他文献。

9.5.1　条形菜单定义

（1）定义条形菜单命令格式

DEFINE MENU<条形菜单名>　　　　　　　　&&指定条形菜单的内部名字

[BAR]　　　　　　　　　　　　　　　　　&&建立类似系统菜单行为的条形菜单

[IN [WINDOW]<窗口名>|IN SCREEN]　　　　&&指定菜单放置在哪个窗口或屏幕上

（2）定义条形菜单菜单项命令格式

DEFINE PAD<菜单项名字>OF<条形菜单名>

PROMPT <字符表达式>　　　　　　　　　　&&指定菜单项的标题

[BEFORE<弹出式菜单名字>　　　　　　　　&&指定菜单项的位置

|AFTER<弹出式菜单名字>]

[KEY<键标签>[,<键说明>]]　　　　　　　　&&指定快捷键

[MESSAGE<字符表达式>]　　　　　　　　　&&指定提示信息

[SKIP[FOR<逻辑表达式>]]　　　　　　　　　&&指定跳过条件

[COLOR SCHEME<颜色配置号>]　　　　　　&&指定颜色配置

（3）指定菜单项的动作

格式 1：ON PAD<条形菜单选项名>OF<条形菜单名 1>

　　　　　　　　[ACTIVATE POPUP<弹出式菜单名>|ACTIVATE MENU<条形菜单名 2>]

功能：当<条形菜单名 1>中指定菜单项被选中时，激活另一个条形菜单或者弹出式菜单。

格式 2：ON SELECTION PAD<条形菜单选项名>OF<条形菜单名>[<命令>]

功能：当条形菜单中指定菜单项被选中时，执行指定的命令。

（4）激活条形菜单

ACTIVATE MENU<条形菜单名字>

[NOWAIT]　　　　　　　　　　　　　　　&&显示和激活菜单后不等待

[PAD<条形菜单选项名>]　　　　　　　　　&&菜单激活时指定的菜单项自动被选中

9.5.2　弹出式菜单定义

（1）定义弹出式菜单命令格式

DEFINE POPUP<菜单名>　　　　　　　　　&&指定弹出式菜单的内部名字

[SHORTCUT]　　　　　　　　　　　　　　&&用作快捷菜单
[FORM<行号>，<列号>]　　　　　　　　&&菜单显示的左上角坐标
[MARGIN]　　　　　　　　　　　　　　　&&菜单项的两边是否放置一个空格
[MESSAGE<字符表达式>]　　　　　　　　&&指定提示信息
[RELATIVE]　　　　　　　　　　　　　　&&相对放置菜单选项
[SCROLL]　　　　　　　　　　　　　　　&&需要时出现滚动条
[SHADOW]　　　　　　　　　　　　　　　&&是否要阴影
[COLOR SCHEME<颜色配置号>]　　　　　&&指定颜色配置

（2）定义弹出式菜单菜单项命令格式

DEFINE BAR<菜单项序号>|<系统菜单选项名>

OF<弹出式菜单名>　　　　　　　　　　　&&指明是哪个弹出式菜单的选项
PROMPT<字符表达式>　　　　　　　　　　&&指定菜单项的标题
[KEY<键标签>[，<键说明>]]　　　　　　&&指定快捷键
[MESSAGE<字符表达式>]　　　　　　　　&&指定提示信息
[SKIP[FOR<逻辑表达式>]]　　　　　　　&&指定跳过条件

（3）定义菜单项的动作

格式 1：ON BAR<弹出式菜单选项名>OF<弹出式菜单名 1>

　　　　　　[ACTIVATE POPUP<弹出式菜单名 2>|ACTIVATE MENU<条形菜单名>]

功能：当<弹出式菜单名 1>中的指定菜单项被选中时，激活另一个弹出式菜单或者条形菜单。

格式 2：ON SELECTION BAR<弹出式菜单选项名>OF<弹出式菜单名>[<命令>]

功能：当弹出式菜单中的指定菜单项被选中时，执行指定的命令。命令也可以是 DO 命令，这样就能够执行一个过程或程序。

（4）激活弹出式菜单

ACTIVATE POPUP<弹出式菜单名字>

[NOWAIT]　　　　　　　　　　　　　　　&&显示和激活菜单后不等待
[BAR<弹出式菜单选项号>]　　　　　　　&&菜单激活时光条定位于指定的菜单项

例 9-6　下面是例 9-2 中由菜单设计器自动生成的菜单程序代码。阅读该程序有益于对上面有关命令的理解。在命令窗口中输入 MODIFY COMMAND 主菜单名.mpr，即可打开菜单源程序，相关程序如下：

```
SET SYSMENU TO
SET SYSMENU AUTOMATIC
DEFINE PAD _2gi182ob6 OF _MSYSMENU PROMPT "系统设置" COLOR SCHEME 3
DEFINE PAD _2gi182ob7 OF _MSYSMENU PROMPT "学籍管理" COLOR SCHEME 3
DEFINE PAD _2gi182ob8 OF _MSYSMENU PROMPT "班级管理" COLOR SCHEME 3
DEFINE PAD _2gi182ob9 OF _MSYSMENU PROMPT "课程设置" COLOR SCHEME 3
DEFINE PAD _2gi182oba OF _MSYSMENU PROMPT "成绩管理" COLOR SCHEME 3
DEFINE PAD _2gi182obb OF _MSYSMENU PROMPT "帮助" COLOR SCHEME 3
ON PAD _2gi182ob6 OF _MSYSMENU ACTIVATE POPUP 系统设置
DEFINE POPUP 系统设置 MARGIN RELATIVE SHADOW COLOR SCHEME 4
DEFINE BAR 1 OF 系统设置 PROMPT "用户管理"
```

DEFINE BAR 2 OF 系统设置 PROMPT "密码管理"

9.6 设计工具栏

当应用程序中有一些需要用户经常重复执行的任务时，若还是通过菜单系统来选择执行，显然不是合适的。这时若能添加相应的工具栏，就可以简化操作，加速任务的选择执行。例如，如果用户要经常从菜单中选择存盘命令，则最好能提供带有存盘按钮的工具栏，从而简化这项操作。用户可以根据需要定制 Visual FoxPro 提供的工具栏，也可以用 Visual FoxPro 提供的工具栏基类创建自己的工具栏。

9.6.1 定制 Visual FoxPro 工具栏

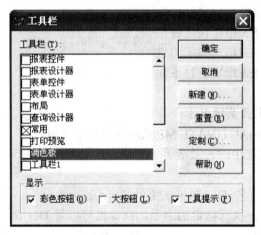

图 9-16 【工具栏】对话框

用户可以制定 Visual FoxPro 提供的工具栏，也可以由其他工具栏上的按钮组成的自己的工具栏。

9.6.1.1 定制 Visual FoxPro 工具栏

其操作步骤如下：

① 在【显示】菜单中选择【工具栏】命令，将弹出【工具栏】对话框，如图 9-16 所示。

② 选择要定制的工具栏，然后单击【定制】按钮，系统将显示出要定制的工具栏和【定制工具栏】的对话框。例如，在【工具栏】对话框窗口的左边选择【布局】工具栏，并选择【定制】按钮后，将弹出如图 9-17 所示的画面。

③ 选择【定制工具栏】对话框的分类，然后将选定按钮拖动到定制工具栏上。例如，将【文件】工具栏类中的【新建】和【打开】拖到【布局】工具栏上，【布局工具栏】如图 9-18 所示。

④ 单击【定制工具栏】对话框中的【关闭】按钮，关闭工具栏窗口，完成工具栏定制。

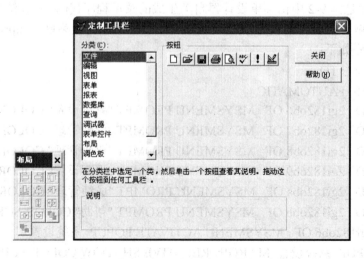

图 9-17 【布局】和【定制工具栏】对话框

图 9-18 添加了按钮的【布局】工具栏

注意：如果更改了 Visual FoxPro 工具栏，可以先选择【工具栏】对话框中已更改过的工具栏，然后再选择【重置】按钮，将工具栏还原到系统默认的配置。

9.6.1.2 创建自己的工具栏

其操作步骤如下：

① 从【显示】菜单中，选择【工具栏】命令，打开【工具栏】对话框。

② 选择【新建】按钮，将弹出【新工具栏】对话框，如图 9-19 所示。

③ 在【新工具栏】对话框中，为工具栏命名，然后单击【确定】按钮，弹出【定制工具栏】对话框。

④ 选择【定制工具栏】左边的一个分类，然后拖动需要的按钮到工具栏上，按钮就会添加到工具栏中。工具栏的按钮可以通过拖动来重排按钮。

⑤ 选择【定制工具栏】对话框中的【关闭】按钮，完成创建工具栏的操作。

图 9-19 【新工具栏】对话框

9.6.1.3 删除自己创建的工具栏

其操作步骤如下所述。

① 从【显示】菜单中，选择【工具栏】命令，打开【工具栏】对话框。

② 选择要删除的工具栏，单击【删除】按钮。

③ 单击【确定】按钮以确定删除。

注：创建自定义的工具栏，不能重置其工具栏按钮，只能通过删除其自定义的工具栏。但 Visual FoxPro 提供的工具栏不能被删除。

9.6.2 定制工具栏类

要创建自定义工具栏，它要包含已有工具栏所没有的按钮，必须首先为它定义一个类。Visual FoxPro 提供了一个工具栏基类，在此基础上可以创建所需的类。

9.6.2.1 定义一个自定义工具栏

① 从【文件】菜单中选择【新建】命令，然后选择【类】，单击【新建文件】按钮，则弹出【新建类】对话框。或者从【文件】菜单中选择【新建】命令，然后选择【项目】，单击【新建文件】按钮，打开【项目管理器】对话框，在其对话框中选定【类】选项卡，单击【新建…】按钮，则会弹出【新建类】对话框。

② 在"类名"框中键入该类的名称。从"派生类"框中选择"Toolbar"，以使用工具栏基类创建基类。在"存储于"框中键入类库名，保存创建的新类。此时，【新建类】对话框如图 9-20 所示。

③ 单击【确定】按钮，弹出【类设计器】对话框，如图 9-21 所示。

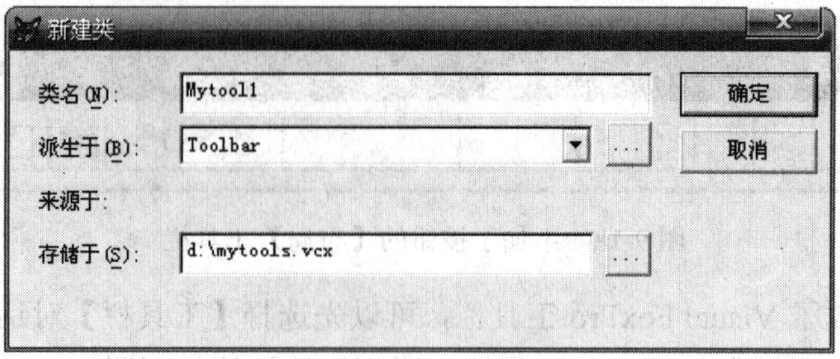

图 9-20 【新建类】对话框

图 9-21 【类设计器】窗口

9.6.2.2 在自定义工具栏类中添加对象

创建好一个自定义工具栏后，便可在其中添加对象，它所使用的也是表单控件工具栏。在添加对象之后，同样也可以进行调整对象的大小、移动对象的位置、删除对象、复制对象、设置对象属性等操作。例如，用户可在类设计器中添加如下控件，它由三个图像控件组成，如图 9-22 所示。

为添加的控件指定属性，本例中是指定 Image1、Image2 和 Image3 的 Picture 属性，如图 9-23 所示，这样就可以给控件添加位图或图标。【类设计器】中已设计了工具栏，如图 9-24 所示。

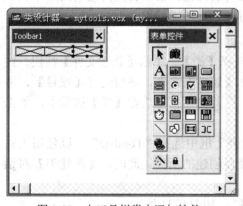

图 9-22 向工具栏类中添加控件

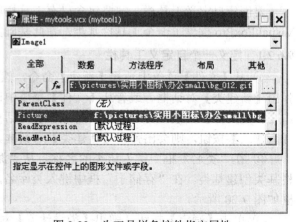

图 9-23 为工具栏各控件指定属性

9.6.3　在表单集中添加自定义工具栏

在定义一个工具栏类之后，便可以用这个类创建一个工具栏，可以用表单设计器或用编写代码的方法将工具栏与表单对应起来，使得打开表单的同时也打开工具栏。

例如：把新建的工具栏类 mytools.vcx 保存在盘符 D 上，那么使用"表单设计器"在表单集中添加工具栏，操作步骤如下：

① 新建一个表单。

② 选择须添加的工具栏所在的类。方法是在【表单控件】工具栏中选择【查看类】按钮，系统将弹出其快捷菜单，如图 9-25 所示。

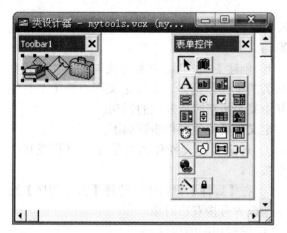

图 9-24　在【类设计器】中创建工具栏

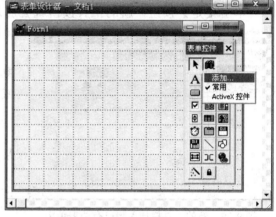

图 9-25　"查看类"的快捷菜单

③ 单击快捷菜单中的【添加】命令，系统将打开选择文件对话框，从中选择包含工具栏的类库，本例保存的路径为："D:\ mytools.vcx"。单击【打开】按钮后，包含该工具栏的类库如图 9-26 所示。

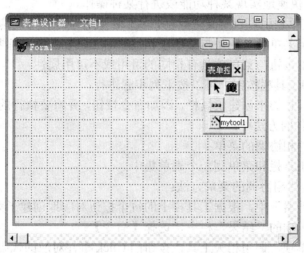

图 9-26　新建的可视类库

单击图 9-26 中表单控件的【查看类】按钮，新建的类库 Mytools 作为注册类显示在菜单中，如图 9-27 所示。

④ 单击【表单】控件中的"mytool1"控件，并在表单中单击某个地方，由于未创建表

图 9-27　新建类的库 Mytools

图 9-28　系统提示在添加之前先创建表单集

单，系统将给出如图 9-28 所示的提示框。

单击【是】按钮，新的工具按钮就会加入到已有的表单中，如图 9-29 所示。执行表单即可。

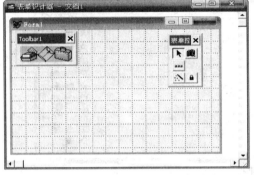

图 9-29　新的工具栏加入到已有的表单中

⑤　创建工具栏后，必须定义与工具栏及其对象相关的操作。例如，必须定义用户单击工具栏或其中某个按钮时所发生的活动。

定义工具栏的操作步骤如下：

①　选定要定义操作的对象如工具栏或其中某个按钮。

②　在【属性】窗口中，选择【方法程序】选项卡，或者直接双击对象。

③　编辑相应的事件。

④　添加代码，指定操作。

9.6.4　协调菜单和用户自定义工具栏的关系

在创建包含菜单和工具栏的应用程序时，某些工具栏按钮与菜单项的功能可能相同。使用工具栏可以使用户快速地实现某种功能或进行某种操作。

（1）为了协调菜单和用户自定义工具栏，我们在设计应用程序时应注意以下几点：

①　不论用户使用菜单项，还是与菜单项相关联的工具栏按钮，都要执行同样的操作；

②　相关的工具栏按钮与菜单项具有相同的可用或不可用属性。

（2）协调菜单和工具栏按钮，可以按下列步骤进行：

①　通过定义工具栏类来创建工具栏，添加命令按钮，并将要执行的代码包括在对应于此命令按钮的 Click 事件的方法中；

②　创建与工具栏相协调的菜单；

③　添加协调的工具栏和菜单到一个表单集中。

（3）创建与工具栏相协调的菜单方法：

①　在"菜单设计器"中，根据工具栏上的每个按钮对应地创建子菜单；

②　在每个子菜单项的"结果"栏中，选择【命令】；

③　在每个子菜单项，调用相关工具栏按钮的 Click 事件对应的代码；

④　在"选项"栏选择选项按钮，打开【提示选项】对话框，选择【跳过】；

⑤　在【跳过】的"表达式生成器"中输入表达式，指出当工具栏命令按钮失效时，菜单功能应该【跳过】；

⑥　生成菜单，把菜单添加到拥有此工具栏的表单集中，并运行表单集。

习　题

1．选择题

（1）设计菜单时，不需要完成的操作是(　　　)。

  A. 创建主菜单及子菜单　　　　B. 浏览菜单

  C. 指定各菜单任务　　　　　　D. 生成菜单系统

（2）用菜单设计器设计好的菜单保存后，其生成的文件扩展名为(　　)。

  A. scx 和.sct　　　　　　　　B. mnx 和.mnt

  C. frx 和.frt　　　　　　　　D. pjx 和.pjt

（3）使用菜单和工具栏按钮对数据系统进行操作时，(　　)。

  A. 菜单比工具栏按钮动作快　　B. 工具栏按钮比菜单动作快

  C. 都一样快　　　　　　　　　D. 都一样慢

2．填空题

（1）典型的菜单系统一般是一个_____，由一个_____和一组_____组成。

（2）当一个菜单系统规划好后，就可利用 Visual FoxPro 系统提供的_____来进行菜单设计。

（3）快捷菜单是一种在控件或对象上单击_____键时出现的弹出式菜单

3．简答题

（1）简述创建菜单的一般步骤。

（2）什么是快捷菜单？

（3）创建菜单时，如何为菜单指定快捷键？

（4）怎样在常用工具栏中添加新的命令按钮？

4．上机题

（1）请设计用于工资管理系统的菜单，主菜单及子菜单的要求如下：

从左到右的主菜单为初始化（子菜单有建立新表、增减部门）、数据管理（子菜单有人员变动、部门修改、数据修改）、查询（子菜单有姓名查询、部门查询）、计算汇总（子菜单有个人工资、汇总工资）、退出系统。

（2）为表 student.dbf 设计一个快捷菜单，快捷菜单要求有五项，其中第三项和第四项需用分隔符隔开。

（3）将第 1 题的下拉菜单添加到一个表单里，作为顶层菜单。

参 考 文 献

[1] 教育部考试中心.全国计算机等级考试二级教程——Visual FoxPro 程序设计.北京：清华大学出版社，2005.

[2] 邵静，张鹏.全国计算机等级考试二级教程——Visual FoxPro 程序设计.北京：中国铁道出版社，2004.

[3] 杨克昌，莫熙.Visual FoxPro 程序设计教程.长沙：湖南科学技术出版社，2004.

[4] 卢春霞，李雪梅，王莉，林旺.Visual FoxPro 程序设计与应用.北京：中国铁道出版社，2005.

[5] 杨绍增.中文 Visual FoxPro 应用系统开发教程.北京：清华大学出版社，2006.

[6] 程玉民. Visual FoxPro 6.0 程序设计.北京：中国水利水电出版社，2003.

[7] 朱珍.Visual FoxPro 数据库程序设计.北京：中国铁道出版社，2007.

[8] 李平，李军，梁静毅.Visual FoxPro 数据库基础.北京：清华大学出版社，2005.

[9] 杨连初，刘震宇，曹毅. Visual FoxPro 程序设计教程.修订版.长沙：湖南大学出版社，2004.

[10] 柏万里，方安仁.Visual FoxPro 数据库基础教程.北京：清华大学出版社，2004.

[11] 彭小宁.湖南省普通高校计算机水平等级考试辅导教材.长沙：中南大学出版社，2002.

[12] 马秀峰，崔洪芳.Visual FoxPro 实用教程与上机指导.北京：北京大学出版社，2007.

[13] 何樱. Visual FoxPro 实用教程.北京：人民邮电出版社，2006.